Lohn und Gehalt 2

Marita Schwarzbach

Lohn und Gehalt 2

Autorinnen:

Marita Schwarzbach,
Dozentin für Lohn und Gehalt, Rechnungswesen
und Mitglied des Prüfungsausschusses betriebliche Steuerpraxis der Xpert Business Prüfungszentrale
Deutschland

Herausgeber:
Volkshochschulverband Baden-Württemberg e.V.

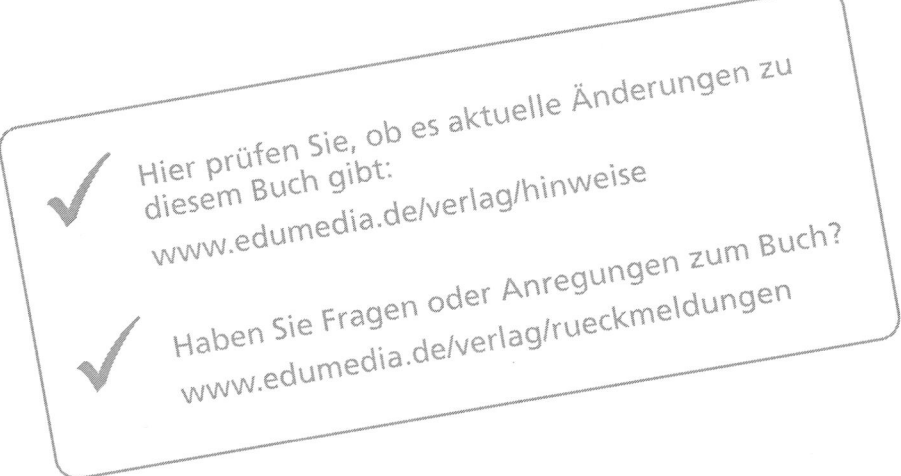

Hier prüfen Sie, ob es aktuelle Änderungen zu diesem Buch gibt:
www.edumedia.de/verlag/hinweise

Haben Sie Fragen oder Anregungen zum Buch?
www.edumedia.de/verlag/rueckmeldungen

1. Auflage, Druckversion vom 31.01.2024, POD-24.0

Verlag: EduMedia GmbH, Ziegelhüttenweg 4, 98693 Ilmenau
Redaktion: Julia Koschig
Layout, Satz und Druck: Schlötel GmbH, Arnoldstraße 13, 04299 Leipzig
Printed in Germany

Internetadresse: https://www.edumedia.de

ISBN 978-3-86718-**504**-2

Lernen leicht gemacht!

Für Ihren optimalen Lernerfolg enthält dieses Buch ...

Basiswissen:
verständliche Texte, hilfreiche Grafiken und Tabellen

Beispiele:
Anwendungsszenarien aus der beruflichen Praxis

Wissenskontrollfragen:
das erworbene Wissen wiedergeben

Übungen:
das erworbene Wissen anwenden

Glossar:
die wichtigsten Fachbegriffe auf einen Blick

Anhang:
Formulare, Übersichten und Lernhilfen

Lohnsteuertabelle:
Übungs-Lohnsteuertabelle zur Bearbeitung der Übungen

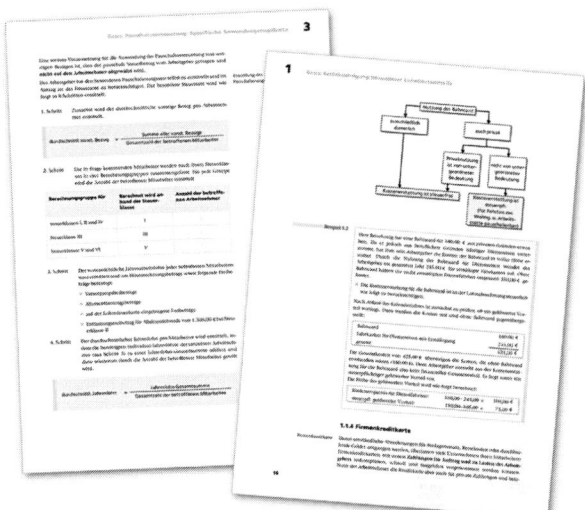

Was Sie wissen sollten ...

Aus Gründen der besseren Lesbarkeit wird bei Personenbezeichnungen und personenbezogenen Hauptwörtern auf die gleichzeitige Verwendung der Sprachformen männlich, weiblich und divers (m/w/d) verzichtet. Entsprechende Begriffe gelten im Sinne der Gleichbehandlung grundsätzlich für alle Geschlechter. Die verkürzte Sprachform hat nur redaktionelle Gründe und beinhaltet keine Wertung.

Unser Unterrichtsmaterial soll Kursteilnehmenden helfen, Zusammenhänge zu erkennen und Verfahren zu erlernen - unabhängig von den im konkreten Einzelfall eingesetzten Rechenwerten. Aus didaktischen Gründen wurden daher die in Beispielen und Übungen verwendeten Lohnsteuerbeträge und Vorsorgeaufwendungen nicht aus der aktuellen Lohnsteuertabelle, sondern aus der beiliegenden Übungs-Lohnsteuertabelle ermittelt.

Bei der Ermittlung der Lohnsteuerbeträge wird in den Beispielen, wie auch in den Aufgaben, auf die Ermittlung der tatsächlichen Vorsorgeaufwendungen verzichtet. Es sind die beigefügten Muster-Lohnsteuertabellen (A und B) zu verwenden.

Wird der Begriff Ehegatten verwendet, sind damit auch gleichzeitig Lebenspartnerschaften gemeint. Weiterhin werden die Begriffe Arbeitsverhältnis und Dienstverhältnis synonym verwendet – auf Ausnahmen wird an gegebener Stelle hingewiesen.

So kommen Sie weiter:

Dieses Buch führt Sie zum Xpert Business Zertifikat

Lohn und Gehalt 2

Dies ist u.a. Bestandteil folgender Abschlüsse:

Geprüfte Fachkraft Lohn und Gehalt

- Lohn und Gehalt 1 ☐
- Lohn und Gehalt 2 ☑
- Lohn und Gehalt 3 (EDV) DATEV oder Lexware ☐

Buchhalter/in (XB) Finanz- und Lohnbuchhalter/in

- Finanzbuchführung 2 ☐
- Finanzbuchführung 3 (EDV) DATEV oder Lexware ☐
- Finanzwirtschaft ☐
- Kosten- und Leistungsrechnung ☐
- Lohn und Gehalt 2 ☑
- Lohn und Gehalt 3 (EDV) DATEV oder Lexware ☐

	Xpert Business Abschlüsse | Betriebswirtschaft								
	Geprüfte Fachkraft (XB)				Buchhalter*in (XB)			Manager*in (XB) Betriebswirtschaft	
	Finanzbuch-führung	Internes Rech-nungswesen	Externes Rech-nungswesen	Lohn und Gehalt	Finanzbuch-halter*in	Personal- und Lohnbuch-halter*in	Finanz- und Lohnbuch-halter*in	Rechnungs-wesen und Controlling	Rechnungs-wesen | Lohn | Controlling
Finanzbuchführung (1)	✓ *	✓ *							✓
Finanzbuchführung (2)	✓		✓ *		✓		✓	✓	✓
Finanzbuchführung (3) EDV	✓				✓		✓		✓
Bilanzierung			✓		✓ alternativ		✓ alternativ	✓	✓
Finanzwirtschaft		✓ *			✓ alternativ		✓ alternativ	✓	✓
Kosten- und Leistungsrechnung		✓			✓		✓	✓	✓
Controlling		✓						✓	✓
Betriebliche Steuerpraxis		✓						✓	✓
Lohn und Gehalt (1)				✓ *				✓	✓
Lohn und Gehalt (2)				✓		✓	✓		✓
Lohn und Gehalt (3) EDV				✓		✓	✓		✓
Personalwirtschaft						✓			✓
Personale Kompetenzen									✓

* optionales, aber empfohlenes Modul

Kooperierende Hochschulen und Handwerkskammern rechnen Xpert Business Abschlüsse als Studienleistung an. Nähere Informationen dazu finden Sie unter https://www.xpert-business.eu.

Bitte informieren Sie sich bei Ihrer Volkshochschule oder der Xpert Business Prüfungszentrale Deutschland.

Xpert Business Prüfungszentrale Deutschland

Tel. 0711 - 7590036
E-Mail: xpert-business@vhs-bw.de
Web: https://www.xpert-business.eu

Xpert Business
Kurs- und Zertifikatssystem

Das bundeseinheitliche Kurs- und Zertifikatssystem Xpert Business (XB) für kaufmännische und betriebswirtschaftliche Weiterbildung an Volkshochschulen und vielen weiteren Bildungsinstituten vermittelt seit über 20 Jahren fundierte Kompetenzen vom Einstieg bis zum Hochschulniveau.

Praxisnah. Aktuell. Bundesweit anerkannt.

Die besondere Praxisnähe und Aktualität zeichnet die Kurse aus. Sie lernen anhand aktueller Beispiele und erhalten Fähigkeiten, die direkt im beruflichen Alltag einsetzbar sind. Die passgenau auf die Xpert Business-Lernzielkataloge abgestimmten Lehr- und Übungsmaterialien bereiten Sie optimal auf die Prüfungen vor. Ihre XB-Zertifikate und Abschlüsse sind von kooperierenden Kammern und Hochschulen auch als Studienleistungen anerkannt.

www.xpert-business.eu/
lernzielkataloge

Modular. Flexibel. Zukunftssicher.

Je nach Interesse und vorhandenen Kenntnissen können Sie die Kursmodule auswählen und miteinander kombinieren. Im Anschluss an den Kurs gibt es die Möglichkeit eine Prüfung abzulegen und Sie erhalten bei Erfolg ein bundesweit anerkanntes Zertifikat. Die Kombination von Zertifikaten befähigt Sie dazu, übergeordnete Abschlüsse zu erreichen.

Der nahtlose Anschluss von Aufbaukursen ist durch das modulare System und die bundesweit hohe Flächendeckung mit XB-Bildungsinstituten möglich. So können Sie z.B. einen in Baden-Württemberg bestandenen Grundkurs durch einen Aufbaukurs in einem anderen Bundesland kombinieren und dadurch einen Abschluss als Fachkraft erhalten.

Erfahrungen. Berichte. Erfolge.

Erfahrungsberichte von XB-Absolvent*innen können Sie auf unserer Homepage nachlesen. Hier finden Sie Informationen dazu, wie diese Personen beim Lernen Unterstützung erfahren haben, wie die berufsbegleitende Qualifizierung zu schaffen war und wie Xpert Business bei der weiteren Karriere fördern konnte.

www.xpert-business.eu/
erfahrungsberichte

Mit Ihrem Xpert Business-Kurs wünschen wir Ihnen viel Spaß und viel Erfolg bei den Prüfungen.

Ihre Prüfungszentrale Xpert Business Deutschland

Inhaltsverzeichnis

1

Berücksichtigung besonderer Lohnbestandteile

In diesem Kapitel wird auf verschiedene Arten von Arbeitsentgelt und Sachbezügen hinsichtlich ihrer Steuer- und Beitragspflicht eingegangen. Sie lernen die einzelnen Bezüge steuer- und sozialversicherungsrechtlich richtig einzuordnen, geldwerte Vorteile zu erkennen und Freibeträge oder Pauschalbeträge richtig anzuwenden.

Inhalt

- Arbeitslohn nach § 3 EStG

- Zuschläge nach § 3b EStG

- Incentives / Belohnungen

- Privatnutzung von Firmenfahrzeugen

- Steuerabzug bei Leistungen von Dritten

- Feiern aus Anlässen, die in der Person des Arbeitnehmers liegen

1.1 Ermittlung und Beurteilung von Arbeitslohn nach § 3 EStG

Eine wesentliche Aufgabe der Lohn- und Gehaltsbuchführung ist die Ermittlung des steuer- bzw. sozialversicherungspflichtigen Arbeitsentgeltes, das als **Bemessungsgrundlage** für den Lohnsteuerabzug und zur Berechnung der Sozialversicherungsbeiträge herangezogen wird. Dabei gilt es zu beachten, dass nicht jede **Geldzahlung** des Arbeitgebers an den Arbeitnehmer steuerpflichtigen Lohn darstellt, umgekehrt aber auch Sachleistungen einen **geldwerten Vorteil** für den Arbeitnehmer mit sich bringen und somit steuerpflichtig sein können. Hinzu kommt die Beachtung von Freibeträgen oder Pauschalierungsmöglichkeiten. Die Prüfung der einzelnen Lohnbestandteile hinsichtlich ihrer steuer- und sozialversicherungsrechtlichen Behandlung ist daher grundlegende Voraussetzung für eine korrekte Lohnabrechnung.

In § 3 EStG sind sämtliche Einnahmearten festgelegt, die steuerfrei sind. Aus den einzelnen Regelungen dieses Paragraphen lassen sich daher die Kriterien zur Prüfung der steuerlichen Behandlung verschiedener Lohnbestandteile ableiten. Das Sozialversicherungsrecht wiederum lehnt sich eng an das Steuerrecht an, sodass in der Regel steuerfreie Lohnbestandteile auch in der Sozialversicherung beitragsfrei bleiben.

1.1.1 Auslagenersatz

Durchlaufende Gelder und Auslagenersatz

Wenn der Arbeitgeber einem Arbeitnehmer Geld überlässt, damit dieser für ihn Käufe tätigt, werden die überlassenen Beträge als durchlaufende Gelder bezeichnet. Beträge, die ein Arbeitnehmer vom Arbeitgeber erstattet bekommt, weil er für diesen Auslagen getätigt hatte, nennt man Auslagenersatz.

Durchlaufende Gelder sowie Auslagenersatz stellen **keine Vergütung für Arbeitsleistung** dar und gehören deshalb nicht zum steuer- und beitragspflichtigen Arbeitsentgelt. Zu beachten ist, dass die Ausgaben des Arbeitnehmers **auf Rechnung des Arbeitgebers** gemacht werden, der durch die Ausgabe tatsächlich Belastete also der Arbeitgeber ist. Das Risiko der Aufwendung darf nicht beim Arbeitnehmer liegen.

Pauschaler Auslagenersatz

Um das Abrechnungsverfahren zu vereinfachen, ist es möglich, einen pauschalen Auslagenersatz anzusetzen. Voraussetzung dafür ist, dass der Auslagenersatz regelmäßig wiederkehrt und der Arbeitnehmer die entstandenen Aufwendungen vorher für einen Zeitraum von drei Monaten im Einzelnen nachweist. Der pauschale Auslagenersatz bleibt so lange unverändert und steuerfrei, bis sich die Verhältnisse wesentlich ändern.

Pauschaler Auslagenersatz beruflicher Telefonkosten

Ist der berufliche Anteil der Telefonkosten nicht genau ermittelbar, können 20 % der Monatsabrechnung, maximal jedoch 20,00 € pro Monat, pauschal steuerfrei ersetzt werden.

Pauschaler Auslagenersatz für Stromkosten

Zur Vereinfachung des steuerfreien Auslagenersatz für das Aufladen eines Elektro- oder Hybridelektrofahrzeug beim Arbeitnehmer zu Hause können für den Zeitraum vom 01.01.2021 bis zum 31.12.2030 folgende monatlichen Pauschalen angesetzt werden:

Elektrofahrzeug: 70,00 € / Hybridelektrofahrzeug: 35,00 €

Besteht eine zusätzliche Lademöglichkeit beim Arbeitgeber können folgende monatlichen Pauschalen angesetzt werden:

Elektrofahrzeug: 30,00 € / Hybridelektrofahrzeug: 15,00 €

1.1.2 Dienstfahrräder/Firmenfahrräder

Für den Zeitraum vom 01.01.2019 bis zum 31.12.2030 bleibt der geldwerte Vorteil, der aus der Privatnutzung eines Firmenfahrrades entsteht, das zusätzlich zum laufenden Arbeitsentgelt vom Arbeitgeber dem Arbeitnehmer unentgeltlich oder verbilligt überlassen wird, steuerfrei (§ 3 Nr. 37 EStG) und sozialversicherungsfrei. Die Steuer- und Sozialversicherungsbefreiung gilt für normale Fahrräder, Elektrofahrräder und für Pedelecs (Elektrofahrrad mit elektronischer Unterstützung). Die 1 %-Regelung entfällt für den oben genannten Zeitraum.

Wird dem Arbeitnehmer vom Arbeitgeber ein geleastes Firmenfahrrad zur Verfügung gestellt und der Arbeitnehmer zahlt die Leasingraten durch Arbeitsentgeltsverzicht kommt die Steuerbefreiung nicht zum Ansatz. Der private Nutzwert wird mit der 0,25 %-Regelung[1] ermittelt. Durch den Arbeitsentgeltverzicht sinkt das steuer- und sozialversicherungspflichtige Bruttoarbeitsentgelt um den Betrag der Leasingrate.

Beispiel
Geleastes Firmenfahrrad

Arbeitnehmer Heinze erhält vom Arbeitgeber ab dem 01.01.2024 ein geleastes Firmenfahrrad zur Verfügung gestellt, dessen Inlandsbruttolistenneupreis beträgt zum Zeitpunkt der Inbetriebnahme 2.590,00 €. Von seinem monatlichen Arbeitsentgelt in Höhe von 2.800,00 € trägt er die Leasingrate von 72,00 €.

Ermittlung des geldwerten Vorteils und des steuer- und sozialversicherungspflichtigen Arbeitsentgelts:

Arbeitsentgelt	2.800,00 €
Arbeitsentgeltverzicht (Leasingrate)	- 72,00 €
geldwerter Vorteil 0,25 % von 2.500,00 €	+ 6,25 €
steuer- und sozialversicherungspflichtiges Arbeitsentgelt	**2.734,25 €**

Kauft der Arbeitnehmer das geleaste Firmenfahrrad am Ende der Leasingzeit von einem Dritten (Leasinggeber) zu einem geringeren Preis als den ortsüblichen Endpreis, entsteht ein geldwerter Vorteil. Der geldwerte Vorteil kann gemäß § 37b EStG mit einem Pauschalsteuersatz von 30 % (zuzüglich Solidaritätszuschlag und Kirchensteuer) versteuert werden.

1.1.3 Privatnutzung betrieblicher Telekommunikation

Ein Arbeitnehmer erhält durch die private Nutzung betrieblicher Datenverarbeitungs- und Telekommunikationsgeräte einen geldwerten Vorteil - etwa, wenn er vom Arbeitsplatz aus privat telefoniert oder das Internet nutzt. Der Gesetzgeber hat hier umfassende Steuerfreiheit vorgesehen.

Steuerfreiheit

Die private Nutzung von betrieblichen Computern und Telekommunikationsgeräten, die im Eigentum des Arbeitgebers stehen, war schon bisher steuerfrei. Aufgrund der technischen Entwicklung hat der Gesetzgeber den § 3 Nr. 45 EStG am 08.05.2012 erweitert. Die private Nutzung von betrieblichen Datenverarbeitungs- und Telekommunikationsgeräten ist steuerfrei; zu denen folgende gehören:

Telekommunikationsgeräte	Datenverarbeitungsgeräte
▪ Telefon	▪ Computer
▪ Handy	▪ Laptops / Notebooks
▪ Telefax	▪ Tablets
	▪ Smartphones

---

1   Einführung zur 0,25 %-Regelung siehe Lehrbuch für Einsteiger.

Außerdem ist nicht nur die Nutzung dieser Geräte steuerfrei, sondern auch deren Zubehör (z. B. Monitore, Drucker, Scanner, Ladegeräte, Transportbehältnisse wie Laptop-Tasche oder Handy-Hülle) sowie die Erstattung der laufenden Kosten für den Betrieb der Geräte (z. B. Grundgebühr oder Verbindungsgebühren). Voraussetzung ist, dass der Arbeitgeber die Telekommunikationsverträge abgeschlossen hat. Es ist unerheblich, ob die Privatnutzung betrieblicher Datenverarbeitungs- und Telekommunikationsmittel

■ am Arbeitsplatz,

■ in der Wohnung des Arbeitnehmers

■ oder unterwegs erfolgt.

Datenverarbeitungs- und Telekommunikationsgeräte müssen gegenüber Abspielgeräten (E-Reader, Digital-Kameras, DVD-Player) abgegrenzt werden. Die Überlassung von Abspielgeräten ist nicht steuerfrei.

Das Verhältnis von beruflicher und privater Nutzung ist nicht von Belang; die Steuerfreiheit gilt auch dann, wenn die Datenverarbeitungs- und Telekommunikationsgeräte ausschließlich privat genutzt werden. Gleiches gilt für die Nutzung von **Zubehör und Software**. Die zusätzlichen Komponenten sind steuerfrei, soweit es sich um Software handelt, die auch im Betrieb des Arbeitgebers verwendet wird.

Eigentum an den Geräten

Da die Steuerfreiheit nur für **betriebliche** Geräte und Zubehör gilt, ist, insbesondere wenn die private Nutzung nicht am Arbeitsplatz, sondern z. B. in der Wohnung des Arbeitnehmers erfolgt, zu beachten, dass die Geräte im **Eigentum des Arbeitgebers** bleiben; sie dürfen dem Arbeitnehmer lediglich zur Verfügung gestellt, aber **nicht übereignet** werden *(zur Übereignung von Datenverarbeitungs- und Telekommunikationsgeräten siehe Kapitel 3.2.2)*.

Beispiel
Computer-Überlassung

> Die BestTool AG stellt Frau Habermann ein Komplettpaket aus Computer, Drucker, Scanner, Bildschirm und Internetanschluss zur Verfügung, das sie in ihrer Wohnung sowohl dienstlich als auch zu privaten Zwecken nutzt.
>
> ■ Wie ist der private Nutzwert steuerlich zu behandeln?
>
> Solange die Geräte nicht an Frau Habermann übereignet werden, sondern im Eigentum der BestTool AG verbleiben, liegt in der Privatnutzung des Computers, der Zubehörgeräte und des Internetanschlusses kein steuerpflichtiger geldwerter Vorteil.

1.1.4 Telearbeitsplatz/Homeoffice

Von einem häuslichen Telearbeitsplatz wird gesprochen, wenn ein Arbeitnehmer seine dienstlichen Tätigkeiten an einem Telekommunikationsgerät (Telefon, Computer) nicht in einem Firmenbüro, sondern teilweise oder vollständig von seiner Privatwohnung aus verrichtet. Bei den dabei entstehenden Betriebskosten, wie Internetgebühren, Telefonkosten oder auch Stromkosten etc., wird grundsätzlich unterschieden, ob diese auf Rechnung des Arbeitgebers oder des Arbeitnehmers anfallen.

Betriebskosten auf
Rechnung des Arbeitgebers

Betriebskosten, die auf **Rechnung des Arbeitgebers** anfallen und direkt durch diesen getragen werden, sind lohnsteuerrechtlich ohne Belang. Zumeist handelt es sich dabei um Kosten, die durch betriebliche Telekommunikationsanlagen entstehen, die sich im Eigentum des Arbeitgebers befinden und dem Arbeitnehmer lediglich zur häuslichen Nutzung zur Verfügung gestellt wurden (z. B. Computer, Telefon, Internetanschluss etc.) Die Nutzung solcher betrieblicher Geräte zu privaten Zwecken stellt ebenfalls keinen lohnsteuerpflichtigen geldwerten Vorteil dar *(zur Privatnutzung betrieblicher Telekommunikationsanlagen siehe Kapitel 1.1.3)*.

Handelt es sich dagegen bei den Anschlüssen für Telefon, Internet oder Strom etc. nicht um betriebliche, sondern um **private Einrichtungen** des Arbeitnehmers, die auch für dienstliche Zwecke genutzt werden, können die entsprechenden Betriebskosten durch den Arbeitgeber als Auslagenersatz und damit steuer- und beitragsfrei erstattet werden. Voraussetzung dazu ist der Nachweis über tatsächlich angefallene private und dienstliche Kosten durch den Arbeitnehmer. (*Näheres dazu finden Sie im Kapitel 1.1.1*).

Betriebskosten auf Rechnung des Arbeitnehmers

Aufwendungen für das häusliche Arbeitszimmer (Kaltmiete, Mietnebenkosten) können nicht steuer- und beitragsfrei ersetzt werden. Ein solcher Kostenersatz ist grundsätzlich als steuerpflichtiger Arbeitslohn zu behandeln.

1.1.5 Fortbildungskosten

Die ständige Weiterbildung der Mitarbeiter stellt heute einen wesentlichen Bestandteil betrieblicher Investitionen in das so genannte Humankapital dar. Viele Betriebe übernehmen daher die Fortbildungskosten für Schulungen, Weiterbildungskurse, Meisterlehrgänge etc. oder erstatten den Mitarbeitern entsprechende Kosten.

Eine solche **Erstattung bzw. Übernahme von Fortbildungskosten** durch den Arbeitgeber ist steuer- und beitragsfrei, wenn die Fortbildung des Arbeitnehmers im überwiegenden Interesse des Arbeitgebers liegt. Ein Indiz dafür kann zum Beispiel die teilweise oder vollständige Anrechnung der Fortbildungszeiten auf die Arbeitszeit sein.

Außerdem ist es zwingend erforderlich, dass die Rechnung auf den Arbeitgeber, welcher die Fortbildungskosten erstattet, ausgestellt ist. Lautet die Rechnung auf den Arbeitnehmer, liegt steuer- und beitragspflichtiger Arbeitslohn vor. Eine Ausnahme hiervon ist, wenn der Arbeitgeber dem Arbeitnehmer die Übernahme der Fortbildungskosten **vor Vertragsabschluss** mit dem Bildungsträger (schriftlich) zugesagt hat. Darüber hinaus ist der Arbeitgeber verpflichtet, die Originalrechnung zum Lohnkonto zu nehmen oder auf dem Original die Höhe der übernommenen Kosten zu vermerken und eine Kopie hiervon aufzubewahren. Damit soll vermieden werden, dass der Arbeitnehmer die Fortbildungskosten nochmals als Werbungskosten geltend machen kann.

Häufig knüpft der Arbeitgeber die Übernahme der Fortbildungskosten an bestimmte Erfolgsbedingungen, wie z. B. an das Bestehen einer Meisterprüfung oder Ähnliches. Bei Nichterfüllung dieser Erfolgsbedingungen kann der Arbeitgeber die Fortbildungskosten vom Arbeitnehmer zurückfordern *(zur Rückforderung von Fortbildungskosten siehe Kapitel 2.3.2)*.

Rückzahlungsklausel

Beispiel
Fortbildungskosten

Die acht leitenden Angestellten der Steuerberaterkanzlei Finanzwelt GmbH gehen jährlich zur Fortbildungsveranstaltung der Steuerberaterkammer. Die anfallen Kosten trägt die Finanzwelt GmbH in vollem Umfang.

Beispiel
Weiterbildung
als Ivestition

Die ModeFix GmbH trägt für einen Mitarbeiter zur Hälfte die Kosten seiner Weiterbildung zum Schneidermeister, da dringend noch ein Mitarbeiter dieser Qualifikation im Betrieb benötigt wird. Im Gegenzug verpflichtet sich der Arbeitnehmer, im Anschluss an die Fortbildungsmaßnahme noch mindestens zwei Jahre dem Betrieb anzugehören.

Beispiel
Sprachkurs

> Die ModeFix GmbH beabsichtigt, Geschäftsbeziehungen nach Italien aufzunehmen. Hierfür werden der Chefeinkäufer und seine Stellvertreterin zu einem Sprachkurs angemeldet. Die anfallenden Kosten trägt die ModeFix GmbH in vollem Umfang.

1.1.6 Gesetzliche Zukunftssicherungsleistungen Sonderfall: Berufsständische Versorgungswerke

Zukunfssicherungsleistungen

Da die sozialen Sicherungssysteme der Bundesrepublik im Grundsatz paritätisch finanziert werden, ist jeder Arbeitgeber verpflichtet, einen Beitrag zur gesetzlichen Altersvorsorge seiner Arbeitnehmer zu leisten. Diese gesetzlichen Zukunfssicherungsleistungen des Arbeitgebers sind nach § 3 Nr. 62 Satz 1 EStG steuerfrei, sofern der Arbeitgeber hierzu nach sozialversicherungsrechtlichen oder anderen gesetzlichen Vorschriften oder nach einer auf gesetzlicher Ermächtigung beruhenden Bestimmung verpflichtet ist. Neben den Arbeitgeberbeiträgen zur gesetzlichen Rentenversicherung *(siehe dazu ausführlich im Lehrbuch für Einsteiger)* zählen auch Zahlungen in ein **berufsständisches Versorgungswerk** zu den gesetzlichen Zukunfssicherungsleistungen des Arbeitgebers.

Versorgungswerke

Für kammerfähige freie Berufsgruppen gibt es separate Alterssicherungssysteme, die berufsständigen Versorgungswerke. Diese sichern die Alters-, Erwerbsminderungs- und Hinterbliebenenversorgung für Arbeitgeber und deren Arbeitnehmer ab. Versorgungswerke sind öffentlich-rechtliche Versorgungseinrichtungen, die sich selbst verwalten. Nachfolgende Berufsgruppen haben die Möglichkeit, sich von der gesetzlichen Rentenversicherungspflicht befreien zu lassen und dann Beiträge zu einem berufsständigen Versorgungswerk zu zahlen:

- Ärzte, Zahnärzte, Tierärzte

- Apotheker

- Rechtsanwälte, Notare

- Steuerberater, Steuerbevollmächtigte

- Wirtschaftsprüfer, vereidigte Buchprüfer

- Psychotherapeuten

- Architekten, Ingenieure

Arbeitgeberzuschüsse

Arbeitgeberzuschüsse sind auch bei dieser Form der Altersvorsorge **steuerfrei**, wenn folgende Voraussetzungen erfüllt sind:

- Die Beiträge zur berufsständischen Versorgung sind einkommensbezogen, wobei das Einkommen maximal bis zur Höhe der Beitragsbemessungsgrenze der gesetzlichen Rentenversicherung angerechnet werden darf.

- Die Befreiung von der gesetzlichen Rentenversicherung ist auf Antrag des Arbeitnehmers erfolgt.

- Der Arbeitgeberzuschuss entspricht höchstens dem Arbeitgeberanteil zur gesetzlichen Rentenversicherung.

- Der Arbeitgeberzuschuss wird nur während Beschäftigungszeiten gewährt, in denen der Arbeitgeber zur Leistung des Arbeitgeberanteils verpflichtet ist.

- Durch die Versorgungseinrichtung werden Leistungen für den Fall verminderter Erwerbsfähigkeit und des Alters sowie Leistungen für Hinterbliebene erbracht.

Die Berechnung der Beiträge richtet sich nach den Berechnungsgrundlagen der gesetzlichen Rentenversicherung (2024: 18,6 % des sozialversicherungspflichtigen Bruttoarbeitsentgeltes). Die Verteilung des Beitragssatzes ist wie bei der gesetzlichen Rentenversicherung, 50 % Arbeitgeber und 50 % Arbeitnehmer, falls die Satzung des jeweiligen Versorgungswerkes nichts anderes festlegt. Die berufsständischen Versorgungswerke erhalten keine Zuschüsse von staatlicher Seite, sondern finanzieren sich lediglich aus den Mitgliedsbeiträgen.

Beitragshöhe

Seit dem 01.01.1996 ist eine Befreiung von der gesetzlichen Rentenversicherungspflicht nur noch möglich, wenn bereits vor dem 01.01.1995 eine Verpflichtung der Berufsgruppe zur Mitgliedschaft (Pflichtmitgliedschaft) zu einer berufsständigen Kammer bestand. Des Weiteren müssen Arbeitgeber oder Arbeitnehmer Mitglieder eines berufsständigen Versorgungswerkes sein, das bis zum 31.12.1995 gegründet worden ist. Mitglieder von berufsständigen Versorgungswerken, die ab dem 01.01.1996 gegründet worden sind, können sich nicht von der Versicherungspflicht in der gesetzlichen Rentenversicherung befreien lassen. Der Antrag auf Befreiung von der gesetzlichen Rentenversicherungspflicht muss elektronisch gestellt werden.

Voraussetzungen für die Befreiung von der gesetzlichen Rentenversicherung

1.1.7 Unterstützungsleistungen in besonderen Fällen

Unterstützungsleistungen sind einmalige oder gelegentliche Geld- oder Sachzuwendungen eines Arbeitgebers an solche Arbeitnehmer, die z. B. aufgrund einer **Krankheit** oder eines **Unglücksfalls** im privaten Bereich erhöhte Aufwendungen zu tragen haben. Diese Aufwendungen können zum Beispiel entstehen durch:

- Krankheits-, oder Todesfälle

- besondere Notfälle (z. B. Unglücksfälle, Naturkatastrophen)

Derartige Unterstützungsleistungen durch private Arbeitgeber sind bis zu einem Betrag von **600,00 € im Kalenderjahr steuerfrei**, wenn der Arbeitgeber **weniger als fünf Mitarbeiter** beschäftigt. Ab einer Betriebsgröße von **fünf Mitarbeitern** muss mindestens eine der folgenden Voraussetzungen erfüllt sein, damit Unterstützungsleistungen gemäß LStR R3.11 Abs. 2 steuerfrei bleiben:

Freibetrag 600,00 €

- Die Unterstützungsleistung wird aus einer mit eigenen Mitteln des Arbeitgebers geschaffenen, aber von ihm unabhängigen und mit ausreichender Selbständigkeit ausgestatteten Einrichtung, z. B. Unterstützungskasse oder Hilfskasse gewährt.

- Die Unterstützungsleistung wird aus Beträgen gezahlt, die der Arbeitgeber dem Betriebsrat oder sonstigen Vertretern der Arbeitnehmer überwiesen hat, damit daraus Unterstützungen an Arbeitnehmer ohne maßgebenden Einfluss des Arbeitgebers gewährt werden können.

- Die Unterstützungsleistung wird vom Arbeitgeber selbst gewährt; jedoch erst nach Anhörung des Betriebsrats oder gemäß einheitlichen Grundsätzen, denen der Betriebsrat zugestimmt hat.

Für die Steuerfreiheit unschädlich ist es, wenn der Anlass der Unterstützung (Krankheit, Unglücksfall, etc.) einen nahen Angehörigen des Arbeitnehmers betrifft. Der Arbeitnehmer muss also nicht selbst direkt betroffen, aber in jedem Fall **wirtschaftlich belastet** sein.

Bei Unterstützungsleistungen von **mehr als 600,00 €** ist der übersteigende Betrag **steuerpflichtig** zu behandeln, wobei in besonderen Notfällen und unter Berücksichtigung der wirtschaftlichen und familiären Verhältnisse des Arbeitnehmers auch höhere Zahlungen steuerfrei sein können. Die Finanzverwaltung erkennt z. B. bei Unwetterschäden auch eine höhere Unterstützung als steuerfrei an.

Unterstützungsleistungen über 600,00 €

Öffentlicher Dienst	Unterstützungsleistungen für besondere Notfälle wie Krankheiten oder Todesfälle, die an Arbeitnehmer im öffentlichen Dienst (bei Bund, Ländern, Körperschaften, Anstalten und Stiftungen des öffentlichen Rechts) gezahlt werden, sind in vollem Umfang steuerfrei (LStR R3.11 Abs. 1 Nr. 1 und 2).
Erholungsbeihilfen	Von Unterstützungsleistungen im engeren Sinne sind die so genannten **Erholungsbeihilfen** abzugrenzen. Grundsätzlich gelten Erholungsbeihilfen des Arbeitgebers als **steuerpflichtiger Arbeitslohn**. Unter bestimmten Voraussetzungen können Erholungsbeihilfen mit 25 % pauschal versteuert und somit Beitragsfreiheit in der Sozialversicherung erlangt werden *(siehe Kapitel 3.2.2)*.
Kuraufwendungen	Als steuerfreie Unterstützungsleistungen im oben erläuterten Sinne gelten Erholungsbeihilfen nur dann, wenn sie dem ganz überwiegenden **betrieblichen Interesse** des Arbeitgebers dienen. Dies ist zum Beispiel der Fall bei Aufwendungen für eine Kur, wenn diese nicht der reinen Erholung, sondern der Genesung und Wiederherstellung der Arbeitsfähigkeit oder der Vorbeugung gegen Gesundheitsschäden aus berufstypischen Krankheiten dient.

1.1.8 Trinkgelder

In vielen Dienstleistungsbranchen, wie zum Beispiel dem Gastronomie- und Hotelgewerbe, ist es üblich, dass Kunden dem Servicepersonal Trinkgelder geben. Für die Lohnabrechnung stellt sich dabei die Frage, inwieweit solche Trinkgelder zum steuer- und beitragspflichtigen Arbeitslohn gehören. **Steuer- und beitragsfrei** sind Trinkgelder, wenn sie:

- von einem Dritten (also nicht dem Arbeitgeber) gezahlt werden und

- zusätzlich zur Entlohnung für die Arbeitsleistung gezahlt werden und

- freiwillig gezahlt werden, also ohne dass ein Rechtsanspruch auf das Trinkgeld besteht.

Ist eine dieser Bedingungen nicht erfüllt - was insbesondere der Fall sein dürfte, wenn es sich um Zahlungen handelt, die ein Dritter als **Entgelt für eine Leistung** erbringt oder auf die ein **Rechtsanspruch** besteht - handelt es sich um eine steuer- und beitragspflichtige Lohnzahlung. In diesem Fall hat der Arbeitgeber, wenn er in den Vorgang der Vorteilsgewährung eingeschaltet war oder davon Kenntnis hat, den entsprechenden **Lohnsteuerabzug** vorzunehmen und die Sozialversicherungsbeiträge abzuführen.

Beispiel Trinkgeld für Friseur	Ein Friseur erhält von einem Kunden zusätzlich zum Rechnungsbetrag für den Haarschnitt ein Trinkgeld. Da der Friseur keinen Rechtsanspruch auf das Trinkgeld hat, bleibt dieses steuerfrei.
Beispiel Trinkgeld für Croupier	Ein Croupier erhält Tronc-Einnahmen vom Spielcasino. Da ein Rechtsanspruch besteht, ist dieser Bezug steuerpflichtig.
Beispiel Trinkgeld für Bedienung	Das Restaurant „Alberto" hat eine Regelung getroffen, wonach die Kellner die Trinkgelder in einen gemeinsamen Topf gibt, der am Ende eines Tages zwischen allen Bedienungs- und Küchenangestellten aufgeteilt wird. Diese Regelung des Restaurants stellt einen Rechtsanspruch dar. Die aufgeteilten Trinkgelder sind daher steuerpflichtig.

1.1.9 Nebenberufliche Tätigkeit / Übungsleiterfreibetrag und Ehrenamtsfreibetrag

Es wird zwischen Übungsleiterfreibetrag (Übungsleiterpauschale) und dem Ehrenamtsfreibetrag (Ehrenamtspauschale) unterschieden. Einnahmen aus **nebenberuflichen** Tätigkeiten mit **gemeinnützigem, mildtätigem und/oder kirchlichem** Charakter sind bis zu einer Höhe von 3.000,00 € pro Jahr steuer (§ 3 Nr. 26 EStG).

Übungsleiterfreibetrag

Zu diesen Tätigkeiten gehören:

- Nebenberufliche Tätigkeiten als Übungsleiter, Ausbilder, Erzieher, Betreuer oder vergleichbare Tätigkeiten. Die Tätigkeit muss eine eindeutig **pädagogische** Ausrichtung haben, indem etwa durch persönlichen Kontakt auf andere Menschen Einfluss genommen wird, um deren geistige und körperliche Fähigkeiten zu entwickeln und zu fördern.

- Nebenberufliche **künstlerische** Tätigkeiten (z. B. eine Gesangsdarbietung in einem Seniorenheim)

- Nebenberufliche **Pflege** alter, kranker oder behinderter Menschen

Einnahmen aus nebenberuflichen ehrenamtlichen Tätigkeiten sind bis zu einer Höhe von 840,00 € pro Jahr steuerfrei (§ 3 Nr. 26a EStG). Der Ehrenamtsfreibetrag ist für Personen gedacht, die nebenberuflich für einen gemeinnützigen, mildtätigen und/oder kirchlichen Verein tätig sind, aber nicht unter die Regelung des § 3 Nr. 26 EStG fallen. Dieser Steuerfreibetrag begünstigt beispielsweise Tätigkeiten als Vereinsvorstand, Vereinskassierer, Gerätewart, Büro- oder Reinigungskraft.

Ehrenamtsfreibetrag

Sofern für eine Tätigkeit sowohl der Übungsleiterfreibetrag als auch der Ehrenamtsfreibetrag angesetzt werden kann, hat der Übungsleiterfreibetrag Vorrang. Eine Addition der beiden Beträge ist nicht möglich.

Vorrang

Werden jedoch unterschiedliche Tätigkeiten ausgeübt, z. B. Platzwart und Trainer im Fußballverein, können beide Steuerfreibeträge nebeneinander gewährt werden.

Freibeträge nebeneinander

Voraussetzung für die Steuerfreiheit ist, dass der Arbeitgeber bzw. Auftraggeber eine **juristische Person des öffentlichen Rechts** ist (z. B. Bund, Länder, Gemeinden, IHK, Universitäten usw.) oder wegen der Förderung gemeinnütziger, mildtätiger oder kirchlicher Zwecke steuerbegünstigt ist. Dies gilt auch für die Einrichtungen innerhalb der EU bzw. Mitgliedsstaaten der EWG.

Eigenschaften des Arbeitgebers

Als **nebenberuflich** gelten Tätigkeiten, deren zeitlicher Umfang nicht mehr als **ein Drittel** einer vollen Erwerbstätigkeit ausmachen.

Nebenberuflichkeit

Durch die Steuerfreibeträge sollen die Aufwendungen, die durch die nebenberufliche gemeinnützige Tätigkeit entstehen, berücksichtigt werden. Übersteigende Einnahmen sind steuer- und sozialversicherungspflichtig.

1.1.10 Betriebliche Gesundheitsförderung

Nach § 3 Nr. 34 EStG hat der Arbeitgeber die Möglichkeit, dem Arbeitnehmer zusätzlich zum laufenden Entgelt Zuschüsse zur Verbesserung des allgemeinen Gesundheitszustands und der betrieblichen Gesundheitsförderung in Höhe von 600,00 € im Kalenderjahr steuer- und beitragsfrei zukommen zu lassen. Es handelt sich hier um einen jährlichen Freibetrag pro Arbeitnehmer pro Arbeitsverhältnis, d. h. bei einem Arbeitgeberwechsel kann der Freibetrag 2-fach in Anspruch genommen werden. Bei Mehrfachbeschäftigung hat der Arbeitnehmer bei jedem Arbeitgeber Anspruch auf den Freibetrag.

Die Förderung durch den Arbeitgeber kann in Form von Sachleistungen, z. B. Kurse im Unternehmen und/oder in Form von Geldleistungen, z. B. Zuschuss zu einem Kurs bei einem externen Anbieter, erfolgen und muss zusätzlich zum ohnehin geschuldeten Arbeitslohn geleistet werden. Bei Barzuschüssen muss der Arbeitnehmer die zweckgebundene Verwendung nachweisen.

Allgemeine Gesundheitsförderung

Zur Beurteilung der steuerbegünstigten Leistungen zur allgemeinen Gesundheitsförderung sind die Regelungen des § 20 und 20a SGB V und die gesundheitsfachlichen Bewertungen der Krankenkassen maßgebend.

1.2 Zuschläge im Rahmen des § 3b EStG

Obwohl dem Grundsatz nach alle Zulagen, die regelmäßig und zusätzlich zum laufenden Arbeitsentgelt gezahlt werden (z. B. Erschwerniszulagen), steuerpflichtiges Bruttoarbeitsentgelt darstellen, sind nach § 3b EStG die Zuschläge für **Sonn-, Feiertags-** und **Nachtarbeit** bis zu bestimmten Grenzsätzen **steuerfrei**. Diese steuerfrei gewährten Zuschläge sind auch in der Sozialversicherung **beitragsfrei**.

Die nachstehende Tabelle zeigt die begünstigten Zeiten sowie die Grenzen, bis zu denen die Zuschläge steuerfrei bleiben.

Sonntagsarbeit (0 - 24 Uhr[a])	Feiertagsarbeit (0 - 24 Uhr[a])	Nachtarbeit (20 - 6 Uhr)
▦ bis 50 % vom Grundlohn	▦ gesetzliche Feiertage und Silvester (14 - 0 Uhr) bis 125 % vom Grundlohn	▦ bis 25 % vom Grundlohn
	▦ Heiligabend (ab 14 Uhr), Weihnachten (25.12. und 26.12.) und 1.Mai bis 150 % vom Grundlohn	▦ bis 40 % vom Grundlohn für Arbeit von 0 - 4 Uhr (Arbeitsbeginn vor 0 Uhr)

a. Hinweis: Abweichend vom Arbeitszeitgesetz definiert das EStG bereits Arbeitsstunden ab 20 Uhr als Nachtarbeit. Als Sonn- bzw. Feiertagsarbeit gilt auch die Zeit von 0 bis 4 Uhr des Folgetages, wenn der Arbeitsbeginn vor 24 Uhr liegt.

Die jeweilige Feiertagsregelung der einzelnen Bundesländer ist zu beachten.

Maximaler Stundenlohn

Neben den Zuschlagssätzen ist auch der **Stundenlohn**, auf den die Zuschläge gewährt werden, begrenzt. Steuerfrei sind nur Zuschläge, die auf einem Stundengrundlohn von höchstens **50,00 €** beruhen. Abweichend von der steuerrechtlichen Regelung sind sozialversicherungsrechtlich nur noch Zuschläge beitragsfrei, die auf einem Stundengrundlohn von maximal **25,00 €** beruhen.

1.2.1 Grundlohnberechnung

Ermittlung des Grundlohns

Um steuerfreie Zuschlagsbeträge berechnen zu können ist zunächst erforderlich den Grundlohn korrekt zu ermitteln. Zum Grundlohn gehören der **Basisgrundlohn** (laufendes regelmäßiges Arbeitsentgelt) und die **Grundlohnzusätze (Zuschläge, Zulagen)**.

Wird das laufende regelmäßige Arbeitsentgelt als Monatsgehalt gezahlt, muss das Monatsgehalt in einen Stundenlohn umgerechnet werden.

Es darf kein durchschnittlicher maßgeblicher Grundlohn ermittelt werden; die Berechnung muss für jeden einzelnen Arbeitnehmer für jeden Lohnzahlungszeitraum durchgeführt werden.

Zum **maßgeblichen Grundlohn** gehören folgende Bezüge:

- Laufendes Arbeitsentgelt in Form von Geld oder Sachbezügen

- Pauschal versteuerte Arbeitsentgelte gemäß § 40a (Pauschalierung der Lohnsteuer für Teilzeitbeschäftigte und geringfügig Beschäftigte) und § 40b (Pauschalierung der Lohnsteuer bei bestimmten Zukunftssicherungsleistungen) EStG

- Erschwerniszulagen und Schichtzulagen die während der laufenden regelmäßigen Arbeitszeit gezahlt werden

- Vermögenswirksame Leistungen

- Arbeitsentgeltvorauszahlungen

- Arbeitsentgeltnachzahlungen

- Laufende steuerfreie Arbeitgeberbeiträge gemäß § 3 Nr. 63 EStG im Rahmen der betrieblichen Altersvorsorge (Pensionsfond, Pensionskasse, Direktversicherung) zum Aufbau einer kapitalgedeckten betrieblichen Altersversorgung

Alle anderen Bezüge gehören nicht zum maßgeblichen Grundlohn.

Der für die steuerfreien Zuschlagssätze maßgebende Stundenlohn wird anhand folgender Formel errechnet:

Grundlohnberechnung und maßgeblicher Stundenlohn

$$\text{maßgeblicher Stundengrundlohn} = \frac{\text{maßgeblicher Grundlohn}}{\text{Stunden der regelmäßigen Arbeitszeit}}$$

Bei der Berechnung ist darauf zu achten, dass sich der maßgebliche Grundlohn und die Stunden der regelmäßigen Arbeitszeit auf denselben **Lohnzahlungszeitraum** beziehen. Da der Grundlohn oftmals auf Monatsbasis, die Arbeitszeit jedoch auf Wochenbasis festgelegt ist, kann eine Umrechnung erforderlich werden. Dabei ist dann die **monatliche Arbeitszeit** mit dem **4,35-fachen** der **Wochenarbeitszeit** anzusetzen.

Die zur Berechnung heranzuziehende regelmäßige Arbeitszeit richtet sich nach der vertraglich festgelegten **Normalarbeitszeit**. Unerheblich ist dabei, wie viele Arbeitsstunden der Arbeitnehmer im entsprechenden Lohnzahlungszeitraum tatsächlich geleistet hat. Urlaub oder Krankheit werden nicht abgezogen.

Zur Berechnung des maßgeblichen Stundengrundlohns dient folgende erweiterte Formel:

$$\text{maßgeblicher Stundenlohn} = \frac{\text{maßgeblicher Grundlohn}}{\text{Stunden der regelmäßigen Wochenarbeitszeit} \times 4{,}35}$$

Krankenschwester Sabine Meyer erhält für ihren Sonntagsdienst zwischen 7:00 Uhr und 14:00 Uhr einen Lohnzuschlag von 3,50 € pro Stunde zu ihrem laufenden monatlichen Gehalt von 2.000,00 €. Außerdem gewährt ihr Arbeitgeber vermögenswirksame Leistungen von monatlich 40,00 € und einen Erschwerniszuschlag von 1,20 € pro Stunde - für insgesamt 19 Stunden in diesem Monat.

■ Ist der Zuschlag für Sonntagsarbeit steuerfrei?

Schwester Sabine hat in diesem Fall innerhalb der begünstigten Zeiten Sonntagsarbeit geleistet. Daher ist zu prüfen, ob der Zuschlagssatz von 3,50 € pro Stunde mehr als 50 % des maßgebenden Stundenlohns beträgt:

laufendes monatliches Arbeitsentgelt	2.000,00 €
vermögenswirksame Leistungen	40,00 €
Erschwerniszuschlag für 19 Stunden von 1,20 €/Stunde	22,80 €
monatlicher maßgeblicher Grundlohn	**2.062,80 €**

tarifvertragliche wöchentliche Arbeitszeit	**38 Stunden**

$$\text{maßgeblicher Stundenlohn} = \frac{2.062,80\ €}{38\ \text{Std.} \times 4,35} = \mathbf{12,48\ €\ /\ \text{Std.}}$$

maximaler steuerfreier Zuschlag	12,48 €	x	50 % =	**6,24 €**

Der Zuschlag von 3,50 €, den Schwester Sabine für die Sonntagsarbeit erhält, liegt deutlich unter dem maximal steuerfreiem Zuschlagssatz in Höhe von 6,24 € und bleibt somit steuer- und beitragsfrei.

1.2.2 Zuschläge für Sonn-, Feiertags- und Nachtarbeit nebeneinander und neben Überstundenzuschlägen

Fallen mehrere Zuschlagsarten **gleichzeitig** an so ist zu prüfen, ob diese ggf. kombiniert, also nebeneinander steuerfrei ausgezahlt werden können.

Im Wesentlichen gilt es dabei, drei Regelungen zu beachten:

■ Fällt ein **Feiertag** auf einen **Sonntag**, kann maximal der höhere Feiertagszuschlag steuerfrei ausgezahlt werden; eine Addition der Zuschläge ist nicht möglich.

■ Fällt **Nachtarbeit** auf einen **Sonn- oder Feiertag**, können beide Zuschläge nebeneinander steuerfrei ausgezahlt werden.

■ Werden **Mehrarbeitsstunden** geleistet, die in eine der begünstigten Zeiten fallen, können die entsprechenden Zuschläge **nebeneinander** ausgezahlt werden. Jedoch bleiben die für Mehrarbeit gezahlten Zuschläge **steuerpflichtig**, selbst wenn keine Zuschläge gemäß § 3b EStG gezahlt werden. Hier kommt es auf die vertragliche Vereinbarung an.

Herr Albrecht arbeitet an einem Feiertag, der auf einen Sonntag fällt, in der Zeit von 16:00 Uhr bis 23:00 Uhr und hat dafür gemäß Arbeitsvertrag Anspruch auf je einen Zuschlag von 50 % für Sonntagsarbeit, von 125 % für Feiertagsarbeit und von 25 % für Nachtarbeit.

Steuerfrei können hier nur 125 % Feiertagszuschlag und 25 % Nachtzuschlag, somit insgesamt 150 %, bezahlt werden. Der zusätzlich bezahlte Sonntagszuschlag ist steuerpflichtig.

Frau Schulz arbeitet an einem Feiertag, der auf einen Sonntag fällt und hat dafür gemäß Arbeitsvertrag einen Anspruch auf je einen Zuschlag für Mehrarbeit von 25 % und Sonntagsarbeit von 25 %. Zuschläge für Feiertagsarbeit und Nachtarbeit wurden für diesen Tag nicht vereinbart.

Der Zuschlag für Sonntagsarbeit von 25 % ist steuerfrei, während der Zuschlag für Mehrarbeit von 25 % steuerpflichtig ist.

1.2.3 Mischzuschläge

Einige Arbeitgeber haben mit ihren Arbeitnehmern so genannte Mischzuschläge vereinbart. Beim Zusammentreffen von **Sonn-, Feiertags- oder Nachtarbeit** mit **Mehrarbeit** werden dabei die jeweiligen Zuschläge bewusst nicht nebeneinander ausgezahlt *(siehe Kapitel 1.2.2)*, sondern zu einem **gemeinsamen Zuschlag** zusammengefasst. Da in einem solchen Mischzuschlag sowohl steuerfreie Zuschläge für begünstigte Zeiten, als auch steuerpflichtige Zuschläge für Mehrarbeit enthalten sind, muss der Mischzuschlag im Rahmen der Lohn- und Gehaltsabrechnung in einen **steuerfreien** und einen **steuerpflichtigen Teil** aufgeteilt werden.

Der steuerfreie Teil des Mischzuschlags wird wie folgt ermittelt:

$$\text{steuerfreier Anteil*} = \frac{\text{Nacht-/Sonntagsarbeitszuschlag}}{\text{Nacht-/Sonntagsarbeitszuschl. + Mehrarbeitszuschl.}}$$

* jedoch höchstens nach §3b EStG *(siehe Tabelle Kapitel 1.2)*

Der steuerpflichtige Teil des Mischzuschlags wird wie folgt ermittelt:

```
  vereinbarter Mischzuschlag
- steuerfreier Anteil
= steuerpflichtiger Anteil
```

Beispiel
Mischzuschläge

Herr Albrecht erhält gemäß Arbeitsvertrag folgende Zuschläge:

- Nachtarbeit 25 % steuerfrei
- Sonntagsarbeit 50 % steuerfrei
- Mehrarbeit 20 % steuerpflichtig
- tatsächlicher Mischzuschlag 80 %

Für Mehrarbeit, die er an **einem Sonntag** geleistet hat, hat er einen Anspruch auf Mischzuschlag für 5 Arbeitsstunden. Der maßgebliche Stundengrundlohn beträgt 15,00 € pro Stunde.

Mischzuschlag pro Stunde	15,00 € x 80 % =	**12,00 €**

Der steuerfreie Anteil des Mischzuschlags ist nach dem Verhältnis der Einzelzuschlagssätze zu berechnen.

$$\text{Steuerfreier Anteil} = \frac{50\%}{50\% + 20\%} = 5/7$$

12,00 € x 5/7 = 8,57 €		
jedoch max. 50 % des Stundengrundlohns nach § 3b Abs. 1 EStG		
max. steuerfreier Zuschlag:	15,00 € x 50 % =	**7,50 €**

Ermittlung des steuerpflichtigen Anteils:

Mischzuschlag	12,00 € x 5 Stunden =	60,00 €
abzgl. steuerfreier Anteil	7,50 € x 5 Stunden =	- 37,50 €
steuerpflichtiger Anteil		**22,50 €**

1.2.4 Zeitversetzte Auszahlung von Zuschlägen

Häufig werden Zuschläge zeitversetzt ausbezahlt, also später als zu dem Zeitpunkt, an dem sie erwirtschaftet wurden. In diesem Fall ist zu beachten, dass die Steuerfreiheit nach § 3b EStG nur für Zuschläge gilt, die bereits vereinbart waren, **bevor** die entsprechende Arbeitsleistung erbracht wurde. Nachträglich vereinbarte Zuschläge sind dagegen stets steuerpflichtig. Zeitversetzt ausgezahlte steuerfreie Zuschläge sind bis zur Auszahlung dem Arbeitszeitkonto als **Wertguthaben** gutzuschreiben und getrennt auszuweisen.

Beispiel
Zeitversetzte Auszahlung
von Zuschlägen

Frau Schönhuber befindet sich seit dem 01.08.2023 in der Freistellungsphase einer mit ihr getroffenen Altersteilzeitregelung. Während der Arbeitsphase hatte sie auch Ansprüche auf Nachtarbeitszuschläge nach § 3b EStG erwirtschaftet, die ihr zum damaligen Zeitpunkt jedoch nur zur Hälfte ausgezahlt wurden; die andere Hälfte wurde ihrem Arbeitszeitkonto gutgeschrieben. In der jetzigen Freistellungsphase können diese Zuschläge steuerfrei ausgezahlt werden.

1.2.5 Pauschale Abschlagszahlungen

Oftmals ist es schwierig, bereits zum Zeitpunkt der Zuschlagszahlung den nach § 3b EStG steuerfrei möglichen Betrag genau festzustellen. Der Gesetzgeber ermöglicht in diesem Fall die Zahlung von **steuerfreien Abschlagszahlungen auf steuerfreie Zuschläge**. Dabei sind allerdings folgende Bedingungen zu erfüllen:

- Es muss sich um einen Zuschlag handeln, der zusätzlich zum Grundlohn gezahlt wird.

- Aus der Zahlung der Pauschalen muss erkennbar sein, welche Zuschläge und welche Prozentsätze vorab zu Grunde gelegt wurden.

- Zur Berechnung wird max. der in § 3b EStG genannte Prozentsatz zu Grunde gelegt.

- Vor Erstellung der Lohnsteuerbescheinigung - am Jahresende bzw. bei Ausscheiden des Arbeitnehmers - müssen die einzeln ermittelten Zuschläge mit den Vorauszahlungen verrechnet werden.

Ergeben sich nach Verrechnung bzw. korrekter Ermittlung der geleisteten Stunden zu den in § 3b EStG aufgelisteten Zeiten tatsächlich höhere Zuschläge, können diese **steuerfrei nachgezahlt** werden, sofern auch hier die Zahlung zusätzlich zum Grundlohn erfolgt.

Ergeben sich niedrigere Zuschläge, ist der überschießende Betrag entweder nachträglich steuer- und damit auch beitragspflichtig zu stellen, oder es sind die zu viel gezahlten Zuschläge vom Arbeitnehmer zurückzuzahlen.

Beispiel
Zuschlags-Vorschuss

Herr Albrecht erhält von seinem Arbeitgeber eine monatliche Vorauszahlung zu den steuerfreien Zuschlägen in Höhe von 150,00 €. Gemäß Arbeitsvertrag werden die laut Aufzeichnungen tatsächlich angefallenen Zuschläge jeweils im Dezember des lfd. Jahres mit den Vorauszahlungen verrechnet. Zu viel gezahlte Zuschläge werden steuerpflichtig gestellt und nicht vom Arbeitnehmer zurückgefordert, es werden aber auch die eventuell tatsächlich höher ausgefallenen Zuschläge nicht nachbezahlt.

Im laufenden Jahr hat Herr Albrecht in diesem Falle pauschale Abschlagszahlungen in Höhe von 1.800,00 € steuerfrei für Zuschläge nach § 3b EStG erhalten. Im Dezember ergibt sich aus der Verrechnung, dass ihm tatsächlich 2.000,00 € steuerfrei hätten ausgezahlt werden können.

Nach arbeitsvertraglicher Vereinbarung verbleiben die gezahlten Zuschläge steuerfrei; eine Nachzahlung erfolgt nicht.

1.3 Incentives / Belohnungen

Incentives (engl. Anreiz) sind Prämien, die als Belohnung für besondere Leistungen, Verkaufserfolge oder Verbesserungsvorschläge zusätzlich zum Arbeitsentgelt in Form von Sachleistungen gewährt werden.

Incentives werden als **Sachbezüge** behandelt und unterliegen somit der Steuer- und Sozialversicherungspflicht. Handelt es sich bei der Prämie um einen Sachbezug, der nach § 40 Abs. 2 EStG pauschal versteuert werden kann (z. B. eine Computerübereignung), bleibt diese beitragsfrei in der Sozialversicherung.

Incentives von Dritten

Auch wenn ein Arbeitnehmer von einem Geschäftspartner oder Lieferanten seines Arbeitgebers - also nicht von diesem selbst - eine Anreizprämie erhält, liegt steuerpflichtiger Arbeitslohn vor. In einem solchen Fall hat dennoch der Arbeitgeber den **Lohnsteuerabzug** durchzuführen, wenn dieser an der Vorteilsgewährung beteiligt war oder davon wusste.

Beispiel
Belohnung von Dritten

> Der Autoverkäufer Rudi Koschwitz gewinnt aufgrund seiner hervorragenden Verkaufserfolge den Wettbewerb „Verkäufer des Jahres", den der Automobilhersteller mit einer Kreuzfahrt honoriert.
>
> Das Autohaus, bei dem Herr Koschwitz beschäftigt ist, muss als Arbeitgeber den Lohnsteuerabzug für diese Incentive-Reise durchführen. Der Sachbezugswert ist als sonstiger Bezug anhand der Jahrestabelle zu versteuern und als Einmalbezug beitragspflichtig in der Sozialversicherung.

1.3.1 Incentive-Reisen und Händler-Incentive-Reisen

Incentive-Reisen und Auswärtstätigkeit

Vor allem für die Berufsgruppe der Verkäufer und Vertreter sind Incentive-Reisen eine beliebte Form, besonders gute Verkaufserfolge zu honorieren, zu guten Leistungen zu motivieren und Anreize zu setzen. Für die Lohn- und Gehaltsabrechnung ist es dabei besonders wichtig, solche **Belohnungsreisen** von **Auswärtstätigkeiten** zu unterscheiden.

Während Auswärtstätigkeiten aus **beruflichem Anlass** durchgeführt werden (z. B. Besuche von Geschäftspartnern, Kunden, Teilnahme an Messen, Tagungen etc.) und nicht als geldwerte Vorteile anzusehen sind, dienen Incentive-Reisen in ihrer Eigenschaft als **Urlaubs- oder Erlebnisfahrten** vornehmlich bzw. ausschließlich dem privaten Vergnügen und sind somit als **steuer- und beitragspflichtiges Arbeitsentgelt** zu werten.

Wenn beide Reisezwecke miteinander kombiniert werden, ist in der Regel von einer Incentive-Reise auszugehen, wenn ein Besichtigungsprogramm angeboten wird, das einschlägigen Touristikreisen entspricht, und zum Beispiel ein betrieblich motivierter Erfahrungsaustausch zwischen den Arbeitnehmern dagegen zurücktritt. Im Allgemeinen sind Reisen als Gesamtes zu beurteilen - es ist jedoch eine Aufteilung der Kosten nach Zeitanteilen möglich, sofern sich die Kostenanteile nicht objektiv nach beruflich oder privat veranlassten Kosten aufteilen lassen.

Teilnahme an Händler-Incentive-Reisen

Oftmals nehmen Arbeitnehmer auch an touristischen Reisen teil, die der Arbeitgeber für Geschäftspartner oder Kunden veranstaltet. Sie nehmen dort **Betreuungsaufgaben** oder organisatorische Tätigkeiten war.

In diesen Fällen ist zunächst nicht von steuerpflichtigem Arbeitslohn für den Arbeitnehmer auszugehen, da dieser nicht zu seinem privaten Vergnügen oder etwa aufgrund besonderer Leistungen an der Reise teilnimmt, sondern lediglich seine beruflichen Tätigkeiten ausübt - nur eben im Rahmen der Reise. Allerdings muss dieses **betriebliche Eigeninteresse** des Arbeitgebers an der Teilnahme des betreffenden Arbeitnehmers konkret nachgewiesen werden - eine bloße Betreuungsfunktion reicht dazu in der Regel nicht aus.

Wird der Arbeitnehmer auf einer Reise, bei der er Betreuungsfunktionen ausübt, von seinem **Ehepartner** begleitet, so ist nicht nur der Wert der Reise für den Ehepartner sondern auch der für den Arbeitnehmer selbst als steuer- und beitragspflichtiges Entgelt zu behandeln. Es ist davon auszugehen, dass durch die Begleitung durch den Partner der private Erholungs- und Vergnügungsaspekt im Vordergrund steht.

1.3.2 Lohnsteuerliche Behandlung von Incentive-Reisen

Der steuerlich zu berücksichtigende **Sachbezugswert** einer Incentive-Reise ist mit dem ortsüblichen Verkaufswert einer vergleichbaren touristischen Reise anzusetzen, wobei der übliche Bewertungsabschlag von 4 % anzuwenden ist *(siehe dazu das Lehrbuch für Einsteiger)*. Die dem Arbeitgeber tatsächlich entstandenen Kosten, die zum Beispiel durch Rabatte oder Sonderaufschläge zum Teil stark abweichen können, sind dabei unerheblich.

Die Lohnsteuer für den steuerpflichtigen geldwerten Vorteil einer Incentive-Reise kann nach den Maßgaben des § 40 Abs. 1 EStG **pauschal** erhoben werden, soweit die entsprechenden Voraussetzungen erfüllt sind *(zur Pauschalierung mit besonderen Steuersätzen siehe Kapitel 3.2.1)*.

Reicht aufgrund des hohen Sachbezugswertes einer Reise der Barlohn nicht aus, um die Lohnsteuer aufzubringen, hat der Arbeitgeber den Arbeitnehmer zunächst aufzufordern, den Lohnsteuer-Restbetrag zur Verfügung zu stellen. Kommt der Arbeitnehmer dem nicht nach, so hat der Arbeitgeber dies dem zuständigen Finanzamt schriftlich anzuzeigen. Dabei sind mindestens folgende Angaben zu machen:

- Name, Anschrift und Lohnsteuerabzugsmerkmale des Arbeitnehmers
- Grund der Anzeige
- Höhe und Art des Arbeitsentgelts

Es besteht auch die Möglichkeit einer Lohnsteuerpauschalierung nach § 37b EStG *(siehe hierzu Kapitel 3.4)*.

1.4 Privatnutzung von Firmenfahrzeugen

Die private Nutzung betrieblicher Fahrzeuge stellt einen der am häufigsten gewährten steuerpflichtigen Sachbezüge dar. Im Rahmen der Lohn- und Gehaltsabrechnung gilt es hier, den als geldwerten Vorteil anzurechnenden **privaten Nutzwert** zu ermitteln.

Dazu können zwei Wege beschritten werden *(siehe dazu das Lehrbuch für Einsteiger Kapitel 8.4.10)*:

- **Kostenmethode:** In einem **Fahrtenbuch** werden dienstliche und private Fahrten getrennt erfasst. Der private Nutzwert wird dann als der Teil der Gesamtkosten ermittelt, der dem Anteil der Privatfahrten an der gesamten Fahrleistung entspricht.

- **1 %-Regelung:** Monatlich wird 1 % vom Inlandsbruttolistenneuwagenpreis des Fahrzeuges als steuerpflichtiges Arbeitsentgelt angerechnet. Für Fahrten zwischen Wohnung und erster Tätigkeitsstätte sind zusätzlich 0,03 % des Inlandsbruttolistenneuwagenpreis pro Entfernungskilometer steuerpflichtig.

Wechsel der Ermittlungsart

Ein Wechsel der Ermittlungsart zwischen 1 %-Regelung und Kostenmethode darf während eines Kalenderjahres für dasselbe Fahrzeug nicht vorgenommen werden. Bei einem Fahrzeugwechsel, sowie am Beginn eines jeweiligen Kalenderjahres, ist dies jedoch möglich.

Steuer- und Sozialversicherungspflicht

Der anhand der Kostenmethode oder der 1 %-Regelung ermittelte **private Nutzwert** eines Firmenwagens ist ein **geldwerter Vorteil** und damit dem steuer- und sozialversicherungspflichtigen Arbeitsentgelt hinzuzurechnen. Insofern sind für diesen Sachbezug Lohnsteuer, Kirchensteuer, Solidaritätszuschlag und die Beiträge zur gesetzlichen Sozialversicherung abzuführen. Freibeträge gibt es nicht. Eine Pauschalierung der Lohnsteuer mit 15 % ist ausschließlich für die Fahrten zwischen Wohnung und erster Tätigkeitsstätte und nur bis zu der Höhe möglich, die der Gesetzgeber im Rahmen des Werbungskostenabzuges zulässt *(siehe dazu das Lehrbuch für Einsteiger Kapitel 8.2)*.

In diesem Zusammenhang steuerlich nicht zu berücksichtigen sind wöchentliche Familienheimfahrten im Rahmen einer doppelten Haushaltsführung.

1.4.1 Kostenmethode

Datenerfassung durch Fahrtenbuch und Kostennachweise

Zur Ermittlung des privaten Nutzwertes anhand der Kostenmethode müssen folgende Daten nachgewiesen werden:

- die tatsächlich entstandenen Pkw-Gesamtkosten

- die tatsächliche Fahrleistung (getrennt nach dienstlichen und privaten Fahrten)

Fahrtenbuch

Dazu sind in einem fortlaufend (d. h. nicht nur auf einen repräsentativen Zeitraum begrenzt) geführten Fahrtenbuch folgende Angaben für dienstliche Fahrten zeitnah einzutragen:

- Datum und Kilometerstand zu Beginn und am Ende jeder einzelnen Auswärtstätigkeit

- Reiseziel und bei Umwegen auch die Reiseroute

- Reisezweck und aufgesuchte Geschäftspartner

Für bestimmte **Berufsgruppen** mit täglich wechselnden Auswärtstätigkeiten (z. B. für Kundendienstmonteure, Handelsvertreter, Kurierdienstfahrer, Automatenlieferanten etc.) wurden von der Finanzverwaltung Aufzeichnungserleichterungen zugelassen. Bei diesen Berufsgruppen reicht es aus, wenn im Fahrtenbuch angegeben ist, welche Kunden an welchem Ort aufgesucht wurden. Angaben über die Reiseroute und zu den Entfernungen zwischen den Stationen einer Auswärtstätigkeit sind nur bei größerer Differenz zwischen direkter Entfernung und tatsächlicher Fahrtstrecke erforderlich.

Für **Privatfahrten** genügen jeweils die Kilometerangaben mit einem Vermerk „privat".

Für **Fahrten zwischen Wohnung und erster Tätigkeitsstätte** genügt jeweils ein kurzer Vermerk, da es sich dabei um eine immer gleiche Fahrstrecke handelt. Familienheimfahrten während eines anerkannten Zeitraums doppelter Haushaltsführung sind ebenfalls gesondert zu erfassen.

Das Fahrtenbuch ist stets vom **Fahrer** des betreffenden Fahrzeuges **persönlich** zu führen und vom Arbeitgeber zu überprüfen.

Das Führen eines Fahrtenbuches in elektronischer Form ist nur dann zulässig, wenn sich daraus dieselben Erkenntnisse wie aus einem manuell geführten Fahrtenbuch gewinnen lassen. Nachträgliche Veränderungen müssen technisch ausgeschlossen sein oder zumindest in der Datei selbst dokumentiert und offen gelegt werden können. | Elektronisches Fahrtenbuch

Anstelle eines Fahrtenbuchs kann auch ein **Fahrtenschreiber** eingesetzt werden, wenn sich daraus dieselben Erkenntnisse gewinnen lassen. | Fahrtenschreiber

Neben der Fahrleistung sind auch die Gesamtkosten für den Betrieb des Fahrzeuges nachzuweisen. Der Arbeitgeber hat dabei anhand von Belegen die **tatsächlich entstandenen Aufwendungen** für Versicherung, Steuern, Treibstoff, Wartung, Reparaturen, Leasingraten, Leasingsonderzahlung und eventuelle Unfallkosten nachzuweisen; hinzu kommt die **amtliche Abschreibung** für Abnutzung, wobei eine Abschreibungsdauer von **8 Jahren** (nicht wie in der Finanzbuchhaltung **6 Jahre**) gilt. Anzusetzen sind jeweils die Nettokosten zuzüglich Umsatzsteuer. | Gesamtkostennachweis

Wird kein ordnungsgemäßes Fahrtenbuch geführt oder kein Gesamtkostennachweis erbracht, ist **nachträglich** die 1 %-Regelung anzuwenden. Dies führt in der Regel zu einer Nachbelastung an Lohnsteuer und Sozialversicherungsbeiträgen. | Unvollständige Datenerfassung

Berechnung des Nutzwertes mit der Kostenmethode

Anhand des Fahrtenbuches und der Kostennachweise wird der private Nutzwert in seiner Bedeutung als Anteil an den Gesamtkosten des Kfz ermittelt. Dieser richtet sich dabei nach dem Verhältnis der Privatfahrten zur Gesamtfahrtstrecke.

$$\text{privater Nutzwert} = \frac{\text{Gesamtkosten}}{\text{Gesamt-km}} \times \text{Privat-km}$$

Zahlt der Arbeitnehmer für die private Nutzung des Firmenwagens ein **regelmäßiges Nutzungsentgelt** an den Arbeitgeber, so mindert sich der steuerlich zu betrachtende private Nutzwert um diesen Betrag.

Gleiches gilt für **Zuschüsse**, die der Arbeitnehmer zum Kaufpreis eines Neufahrzeuges an den Arbeitgeber leistet. Es ist hier jedoch zu unterscheiden, ob der Arbeitgeber die Zuzahlung des Arbeitnehmers zum Kaufpreis erfolgsneutral verbucht - also den Aufwand für den Fahrzeugkauf kürzt - oder den Zuschuss als Betriebseinnahme verbucht. Bei Kürzung des Kaufpreises verringern sich die auf den einzelnen Kilometer entfallenden Kosten dauerhaft.

Bei Verbuchung als Einnahme wird wie bei Leistung eines Nutzungsentgelts verfahren, dies jedoch nur im Jahr der Anschaffung, also in dem Jahr, in dem der Zuschuss zum Kaufpreis fließt. Es ist dabei unerheblich, ob ein fester Zuschussbetrag vereinbart wurde oder ob ein bestimmter Teil der Kosten, wie z. B. die Umsatzsteuer auf den Kaufpreis des Fahrzeuges, eine bestimmte Sonderausstattung etc. durch den Arbeitnehmer getragen wird.

Schätzwert als Sachbezug

Kann bei Anwendung der Kostenmethode der private Nutzwert für den laufenden Monat nicht rechtzeitig zur Lohnabrechnung ermittelt werden, ist ein Schätzwert als Sachbezug anzunehmen. In der Regel entspricht dieser Schätzwert einem Zwölftel des Vorjahreswertes; falls kein Vergleichswert vorhanden ist, kann vorläufig der Wert herangezogen werden, der sich mit der 1 %-Regelung ergeben würde. Nach Ermittlung des tatsächlichen privaten Nutzwertes, in der Regel am Jahresende bzw. Anfang des Folgejahres, ist ein eventuell nachzuberechnender Betrag als Einmalbezug zu werten (Hinweis: Hier kann unter Umständen die Märzklausel greifen.)

Beispiel
Schätzung des Sachbezugs

> In den monatlichen Lohnabrechnungen der Mitarbeiterin Frau Kunert wurde die private Kfz-Nutzung laut Fahrtenbuch mit 100,00 € als Sachbezug berücksichtigt. Nach Abschluss der Jahresbuchhaltung im Januar des Folgejahres wurde der private Nutzwert mit tatsächlichen 1.465,20 € ermittelt.
>
> Unter Berücksichtigung der bereits abgerechneten 1.200,00 € (12 Monate x 100,00 €) sind in der Abrechnung für Januar noch 265,20 € als Sachbezug bzw. Einmalbezug zu berücksichtigen. Es ist zu prüfen, ob die Märzklausel Anwendung findet.

1.4.2 Besonderheiten der 1 %-Regelung

Bei der Ermittlung des privaten Nutzwertes eines betrieblichen Pkw anhand der 1 %-Regelung sind besondere Ausnahmen zu berücksichtigen.

Gelegentliche Nutzung bei 1 %-Regelung

Wird einem Arbeitnehmer ein Fahrzeug nicht auf Dauer, sondern nur **gelegentlich**, zu besonderen Anlässen oder für einen bestimmten Zweck und für nicht mehr als 5 Tage im Monat überlassen, findet die 1 %-Regelung keine Anwendung. Die private Nutzung wird stattdessen mit 0,001 % des Inlandsbruttolistenneuwagenpreises pro gefahrenen Kilometer angesetzt. Der Arbeitnehmer muss in diesem Fall alle privat gefahrenen Kilometer aufzeichnen.

Beispiel
Gelegentliche
Fahrzeugnutzung

> Frau Lehmann nutzt den Firmenwagen üblicherweise nicht für private Zwecke. Im Mai war jedoch ihr Privatfahrzeug unfallbedingt für drei Tage in der Werkstatt, weshalb sie an diesen Tagen den Firmenwagen auch für private Zwecke nutzte. Insgesamt ist sie ihren Aufzeichnungen zufolge 168 km gefahren. Das Firmenfahrzeug hatte einen Inlandsbruttolistenneuwagenpreis von 32.800,00 €.
>
> ■ In der Lohnabrechnung für den Monat Mai ist folgender Sachbezug dem steuerpflichtigen Arbeitslohn hinzuzurechnen:
>
> | | |
> |---|---:|
> | 0,001 % von 32.800,00 € x 168 km = | **55,10 €** |

Kostendeckelung bei 1 %-Regelung

Wenn bei Anwendung der 1 %-Regelung nachgewiesen werden kann, dass die tatsächlich angefallenen Gesamtkosten **geringer** sind als der angenommene private Nutzwert, so ist der geringere Wert als Sachbezug anzusetzen (Deckelung).

Beispiel
Kostendeckelung

Frau Hainze fährt einen Firmenwagen, dessen Inlandsbruttolistenneuwagenpreis einschließlich Sonderausstattung 32.892,00 € betragen hat. Die einfache Entfernung zwischen Wohnung und erster Tätigkeitsstätte beträgt 32 km. Frau Hainze führt kein Fahrtenbuch.

■ In der Lohnabrechnung werden folgende Werte berücksichtigt:

1% aus 32.800,00 €			328,00 €
0,03% aus 32.800,00 € x 32 km		+	314,88 €
monatlicher geldwerter Vorteil			642,88 €
im Kalenderjahr	642,88 € x 12 Monate	=	**7.714,56 €**

Anhand der Buchhaltung wird nachgewiesen, dass die Gesamtkosten für das Fahrzeug einschl. USt im Kalenderjahr jedoch nur 4.835,00 € betragen haben. Es ist der geringere Wert als Sachbezug anzusetzen (Deckelung).

1.4.3 Besonderheiten bei Zuzahlung durch den Arbeitnehmer

Die Zuzahlung zu den Anschaffungskosten eines privat und für die Fahrten zwischen Wohnung und erster Tätigkeitsstätte benutzten Firmenwagens verringern den monatlichen anzurechnenden geldwerten Vorteil während der Nutzungsdauer.

Gemäß LStR R 8.1 Abs. 9 Nr. 4 erfolgt eine Verrechnung der Zuzahlung im Zahlungsjahr und in den Folgejahren bis die Zuzahlung gegengerechnet ist. Eine nicht verbrauchte Zuzahlung ist nicht auf ein Folgefahrzeug übertragbar.

Herrn Schubert wird ab August 2023 ein Firmenwagen (kein Elektrofahrzeug[a]) zur privaten Nutzung zur Verfügung gestellt. Der Inlandsbruttolistenneuwagenpreis beträgt 35.528,00 €. Herr Schubert wohnt 25 km von seiner ersten Tätigkeitsstätte entfernt. Zu der Anschaffung des Fahrzeuges hat Herr Schubert eine Zuzahlung in Höhe von 8.000,00 € im August 2023 geleistet.

▦ Im Jahr 2023 wird der geldwerte Vorteil wie folgt ermittelt:

1 % aus 35.500,00 €		355,00 €
0,03 % aus 35.500,00 € x 25 km	+	266,25 €
monatlicher geldwerter Vorteil		621,25 €
geldwerter Vorteil (5 Monate x 621,25 €)		**3.106,25 €**

Durch die Anrechnung der geleisteten Zuzahlung ist im Jahr 2023 kein geldwerter Vorteil zu versteuern und zu verbeitragen. Der nicht verwertete Teil der Zuzahlung in Höhe von 4.893,75 € (8.000,00 € - 3.106,25 €) wird ins Folgejahr übertragen.

▦ Im Jahr 2024 wird der geldwerte Vorteil wie folgt ermittelt:

1 % aus 35.500,00 €		355,00 €
0,03 % aus 35.500,00 € x 25 km	+	266,25 €
monatlicher geldwerter Vorteil		621,25 €
jährlicher geldwerter Vorteil (12 Monate x 621,25 €)		7.455,00 €
Anrechnung restliche Zuzahlung	-	4.893,75 €
geldwerter Vorteil		**2.561,25 €**

▦ Hätte Herr Schubert ab Juli 2024 ein anderes Fahrzeug erhalten, wären 1.166,25 € der Zuzahlung nicht verwertbar gewesen:

Sachbezugswert für Januar bis Juli 2024		
6 Monate x 621,25 €		3.727,50 €
anrechenbare Zuzahlung	-	3.727,50 €
geldwerter Vorteil bis 06/2024		0,00 €
restliche Zuzahlung		4.893,75 €
anrechnete Zuzahlung	-	3.727,50 €
nicht verwertbarer Teil der Zuzahlung		**1.166,25 €**

a. Sonderregelungen zu Elektrofahrzeugen finden Sie im Lehrbuch für Einsteiger Kapitel 8.4.10.

1.4.4 Fahrten zwischen Wohnung und erster Tätigkeitsstätte

Wenn ein **betriebliches Fahrzeug** auch für Fahrten zwischen Wohnung und ersten Tätigkeitsstätte genutzt wird, ist unabhängig von anderen Privatfahrten dafür ein **zusätzlicher Nutzwert** anzurechnen - sofern die betriebliche Arbeitsstätte als erste Tätigkeitsstätte im Sinne des Lohnsteuerrechts anzusehen ist *(siehe dazu das Lehrbuch für Einsteiger)*. In folgenden Fällen sind dabei besondere Regelungen anzuwenden:

- Privatnutzung im Rahmen einer Rufbereitschaft,

- Privatnutzung bei mehreren Wohnungen,

- Privatnutzung bei weniger als 180 Tagen im Jahr

Privatnutzung bei Rufbereitschaft

In vielen Berufen gibt es so genannte Rufbereitschaften, wobei der Arbeitnehmer in einem Notfall von seiner Wohnung aus in den Betrieb oder an einen bestimmten Tätigkeitsort fahren muss (z. B. bei Heizungsmonteuren oder in Pflegeberufen). Wird einem Arbeitnehmer zu diesem Zweck ein **Firmenfahrzeug** (Werkstattwagen) überlassen, stellen die Fahrten zwischen Wohnung und Tätigkeitsstätte während der Rufbereitschaft **keinen steuerpflichtigen Sachbezug** dar, da hierbei das Interesse des Arbeitgebers an der Bereitstellung des Firmenwagens überwiegt.

Privatnutzung bei mehreren Wohnungen (Exkurs)

Ist ein Arbeitnehmer einer **ersten Tätigkeitsstätte** zugeordnet *(siehe dazu Lehrbuch für Einsteiger)* und unterhält er mehrere Wohnungen, so ist zur Ermittlung des privaten Nutzwertes für Fahrten zwischen Wohnung und erster Tätigkeitsstätte die **kürzeste Strecke** zwischen einer der Wohnungen und der ersten Tätigkeitsstätte zu Grunde zu legen. Für Fahrten zwischen einer weiter entfernt gelegenen Wohnung und der ersten Tätigkeitsstätte ist je Fahrt ein **zusätzlicher Nutzwert** mit 0,002 % des Inlandsbruttolistenneuwagenpreises des Fahrzeuges pro übersteigenden Entfernungskilometer anzusetzen.

Beispiel
Mehrere Wohnungen

Herrn Kunze wurde ein Firmenfahrzeug auch zur privaten Nutzung überlassen. Der Inlandsbruttolistenneuwagenpreis beträgt 28.500,00 €. Die Entfernung zwischen der nächstgelegenen Wohnung und seiner ersten Tätigkeitsstätte beträgt 15 km. Eine weitere Wohnung ist 20 km von der ersten Tätigkeitsstätte entfernt. Herr Kunze war im laufenden Monat an 3 Tagen von der weiter entfernten Wohnung zu seiner Tätigkeitsstätte gefahren.

- Der private Nutzwert für Fahrten zwischen Wohnung und erster Tätigkeitsstätte ermittelt sich für den aktuellen Monat wie folgt:

Inlandsbruttolistenneuwagenpreis 28.500,00 € x 0,03 % x 15 km	128,25 €
3 Fahrten mit zusätzlich 5 km:	
Inlandsbruttolistenneuwagenpreis 28.500,00 € x 0,002 % x 5 km x 3 Fahrten	+ 8,55 €
geldwerter Vorteil	**136,80 €**

Privatnutzung - Fahrten zwischen Wohnung und erster Tätigkeitsstätte an weniger als 180 Tagen im Jahr (Einzelbewertung)

Für Fahrten zwischen Wohnung und erster Tätigkeitsstätte ist bei der Anwendung der 1 %-Regelung der geldwerte Vorteil mit **0,03 % des Inlandsbruttolistenneuwagenpreises am Tag der Erstzulassung x einfache Entfernung** zu ermitteln, sofern der Betrieb als erste Tätigkeitsstätte des Arbeitnehmers zugeordnet ist.

Nutzt der Arbeitnehmer das Fahrzeug jedoch an weniger als 180 Tagen im Jahr für Fahrten zwischen Wohnung und erster Tätigkeitsstätte kann, in Absprache zwischen Arbeitgeber und Arbeitnehmer, der geldwerte Vorteil mit **0,002 % des Inlandsbruttolistenneuwagenpreises x einfache Entfernungskilometer** ermittelt werden.

Voraussetzung hierfür ist, dass

- Arbeitgeber und Arbeitnehmer dies zu Beginn eines Kalenderjahres vereinbaren (ein Wechsel der Bewertungsart im laufenden Jahr ist nicht zulässig, selbst bei Fahrzeugwechsel nicht) und

- der Arbeitnehmer die erforderlichen Aufzeichnungen mit Datumsangabe führt.

Der geldwerte Vorteil für die Nutzung eines betrieblichen Fahrzeuges für Fahrten zwischen Wohnung und erster Tätigkeitsstätte ist jedoch auf maximal **0,03 % des Inlandsbruttolistenneuwagenpreises x einfache Entfernungskilometer** begrenzt.

Beispiel
Einzelbewertung

Herr Grob kann den ihm überlassenen Firmenwagen auch für Fahrten zwischen Wohnung und erster Tätigkeitsstätte nutzen. Er ist sowohl für den Außen- als auch den Innendienst eingeteilt, so dass er nicht jeden Tag zu seiner ersten Tätigkeitsstätte am Betriebssitz fährt.

Der Inlandsbruttolistenneuwagenpreis am Tag der Erstzulassung des Fahrzeuges beträgt 45.000,00 €, die einfache Entfernung zwischen Wohnung und erster Tätigkeitsstätte liegt bei 30 km.

Herr Grob und sein Arbeitgeber haben für die Berechnung des geldwerten Vorteils für Fahrten zwischen Wohnung und erster Tätigkeitsstätte die 0,002 %-Methode gewählt. Herr Grob hat die notwendigen Aufzeichnungen geführt.

Bei der Ermittlung des geldwerten Vorteils nach der 0,03 %-Methode ergibt sich folgender Wert:

45.000,00 €   x   0,03%   x 30   km =   405,00 € x   12 Monate   =   **4.860,00 €**

Fall a)
Wenn Herr Grob im Jahr an insgesamt 150 Tagen zu seiner ersten Tätigkeitsstätte im Betrieb gefahren ist, ergibt sich folgender jährlicher geldwerter Vorteil:

45.000,00 €   x   0,002% x 30   km x   150 Tage   =   **4.050,00 €**

Fall b)
Hat Herr Grob dagegen im Jahr insgesamt 180 Fahrten zur ersten Tätigkeitsstätte durchgeführt, ergibt sich folgender Wert:

45.000,00 €   x   0,002% x 30   km x   180 Tage   =   **4.860,00 €**

Fall c)
Ist Herr Grob an 200 Tagen des Jahres zur ersten Tätigkeitsstätte gefahren, ergibt sich der folgende Wert:

45.000,00 €   x   0,002% x 30   km x   200 Tage   =   5.400,00 €

jedoch maximal

45.000,00 € x 0,03 % x 30 km x 12 Monate   =   **4.860,00 €**

1.4.5 Verkauf von Firmenfahrzeugen an Arbeitnehmer

Wird ein Firmenfahrzeug an einen Arbeitnehmer verkauft, ist im Rahmen der Lohn- und Gehaltsabrechnung zu prüfen, ob dem Arbeitnehmer dadurch ein geldwerter Vorteil dadurch entsteht.

Dazu ist der **marktübliche Gebrauchtwagenwert** (Händlerverkaufspreis) zu ermitteln (ggf. durch ein entsprechendes Gutachten). Liegt der vom Arbeitnehmer gezahlte Verkaufspreis unter dem festgestellten Wert des Fahrzeuges, ist die Differenz ein geldwerter Vorteil.

1.5 Steuerabzug durch den Arbeitgeber bei Leistungen von Dritten

Verpflichtung zum Steuerabzug

Jeder Arbeitgeber ist nach § 38 Abs. 1 EStG bei der Auszahlung von Arbeitslohn zur Einbehaltung der **Lohnsteuer** verpflichtet und hat diese an das Betriebsstättenfinanzamt abzuführen. Er haftet gegenüber dem Finanzamt im Rahmen einer **Gesamtschuldnerschaft** mit dem Arbeitnehmer für nicht oder zu wenig abgeführte Lohnsteuer. Für die Durchführung des Lohnsteuerabzuges ist es daher besonders wichtig zu klären, wer für Arbeitsentgelte, die von dritter Seite, also einem fremden Unternehmen, an den Arbeitnehmer geflossen sind, die Lohnsteuer einzubehalten und an das Finanzamt abzuführen hat.

Lohnzahlung durch Dritte

Von einer Lohnzahlung durch Dritte wird gesprochen, wenn ein Arbeitnehmer Entgelte oder geldwerte Vorteile von einem Dritten (d. h. nicht von seinem Arbeitgeber) erhält. Typische Lohnzahlungen durch Dritte sind z. B.:

- Trinkgelder, auf die ein Rechtsanspruch besteht
- Beteiligungen des Krankenhauspersonals an Liquidationseinnahmen von Chefärzten
- Provisionen, die Mitarbeiter in Kreditinstituten von Bauspar- oder Versicherungsunternehmen für Vertragsabschlüsse erhalten
- Rabattgewährung durch Dritte
- Aktien und Aktienoptionen von inländischen oder ausländischen verbundenen Unternehmen

Steuerabzug durch den Arbeitgeber

Sofern die Zahlung oder Vorteilsgewährung eines Dritten

- als Vergütung für Arbeitsleistungen erfolgt, die der Arbeitnehmer im Rahmen seines Arbeitsverhältnisses mit seinem Arbeitgeber erbringt und/oder
- der Arbeitgeber an der Vorteilsgewährung durch den Dritten mitgewirkt oder von ihr Kenntnis erlangt hat,

muss der **Arbeitgeber** (nicht der Dritte) den **Lohnsteuerabzug** durchführen und die damit verbundenen Pflichten erfüllen. Andernfalls muss die steuerliche Veranlagung über die private Einkommensteuererklärung des Arbeitnehmers erfolgen. Der Dritte hat grundsätzlich keine lohnsteuerlichen Pflichten zu erfüllen.

Meldepflicht des Arbeitnehmers

Damit der Arbeitgeber seiner Pflicht zum Lohnsteuerabzug nachkommen kann, ist der Arbeitnehmer verpflichtet, jede Lohnzahlung durch einen Dritten an seinen Arbeitgeber zu melden (§ 38 Abs. 4 EStG). Die Anzeige sollte schriftlich festgehalten und zu den Lohnunterlagen genommen werden.

Mitwirkung des Arbeitgebers

Insbesondere die Bedingung der Mitwirkung des Arbeitgebers führt immer wieder zu Streitfällen, da im Einzelfall nur schwer nachzuweisen ist, ob und inwieweit ein Arbeitgeber an der Lohnzahlung durch einen Dritten mitgewirkt oder davon Kenntnis hat. Für den besonders häufig auftretenden Fall der Vorteilsgewährung in Form von Rabatten hat das Finanzministerium Richtlinien zur Definition der Arbeitgebermitwirkung erlassen. Diese Richtlinien werden in der Rechtsprechung sinngemäß auch auf andere Formen der Vorteilsgewährung durch Dritte angewendet.

Der Bankkaufmann Peter Becker ist bei der Kreissparkasse Arnstadt beschäftigt. Er berät Privatkunden zu Fragen der Darlehensvergabe, Geldanlage und allgemeinen Vermögensverwaltung. Gelegentlich vermittelt er auch Bausparverträge und bekommt dafür von der Bausparkasse eine Provision.

■ Wer ist für die Durchführung des Lohnsteuerabzuges verantwortlich?

Bei der Provision, die Herr Becker von der Bausparkasse für die Vermittlung der Bausparverträge bekommt, handelt es sich um eine Lohnzahlung Dritter. Die Provision wird für eine Arbeitsleistung gezahlt, die er im Rahmen seines Arbeitsverhältnisses mit der Kreissparkasse Arnstadt erbracht hat. Der Arbeitgeber weiß bzw. kann erkennen, dass eine Lohnzahlung Dritter gegeben ist. Die Kreissparkasse Arnstadt ist somit zum Lohnsteuerabzug für die Provisionszahlungen verpflichtet. Da der Arbeitgeber aber die Höhe der Provision nicht notwendiger Weise selbst erkennen kann, ist Herr Becker verpflichtet, dies für einen jeweiligen Lohnzahlungszeitraum beim Arbeitgeber zu melden.

1.5.1 Steuerabzug durch den Arbeitgeber bei Leistungen von Dritten

Die Rabattgewährung (Gewährung eines Preisnachlasses) ist eine besonders beliebte, weil steuerlich begünstigte, Form der Lohnzahlung durch Dritte.

Preisnachlässe gelten dann als **Arbeitsentgelt**, wenn sie im weitesten Sinne als Entlohnung für die individuelle Arbeitsleistung anzusehen sind. Mit anderen Worten: wenn die Vorteilsgewährung durch den Dritten im Arbeitsverhältnis zum eigentlichen Arbeitgeber begründet ist.

Rabatte als Entlohnung

Für die Pflicht zum Lohnsteuerabzug ist die Mitwirkung des Arbeitgebers an der Verschaffung des Preisvorteils entscheidend und wie folgt definiert:

Mitwirkung des Arbeitgebers

■ Der Anspruch des Arbeitnehmers auf den Preisvorteil ist aus dem Handeln des Arbeitgebers entstanden oder

■ der Arbeitgeber hat für den Dritten Verpflichtungen übernommen (z. B. Inkassotätigkeit oder Haftung) oder

■ zwischen dem Arbeitgeber und dem Dritten besteht eine enge wirtschaftliche oder tatsächliche Verflechtung oder enge Beziehung sonstiger Art (z. B. Organschaftsverhältnis) oder

■ dem Arbeitnehmer werden Preisvorteile von einem Unternehmen eingeräumt, dessen Arbeitnehmer ihrerseits Preisvorteile vom Arbeitgeber erhalten.

Wird der Rabatt durch ein anderes Unternehmen des **gleichen Konzerns** gewährt, ist davon auszugehen, dass der Arbeitgeber an der Verschaffung des Preisvorteils beteiligt war. Dies gilt auch für verbundene Unternehmen im Ausland.

Rabatte im Konzern

Dagegen ist von einer Mitwirkung des Arbeitgebers an der Verschaffung von Preisvorteilen ausdrücklich nicht auszugehen, wenn sich seine Beteiligung darauf beschränkt,

Keine Mitwirkung des Arbeitgebers

■ Angebote Dritter in seinem Betrieb bekannt zu machen,

■ Angebote Dritter an die Arbeitnehmer seines Betriebs zu dulden,

■ lediglich die Betriebszugehörigkeit der Arbeitnehmer zu bescheinigen oder

■ eine unabhängige Selbsthilfeeinrichtung zuzulassen, die bei der Verschaffung von Preisvorteilen mitwirkt.

War der Arbeitgeber an der Verschaffung des Preisvorteils nicht beteiligt, sondern hat beispielsweise ausschließlich der Betriebsrat den Rabatt mit dem Drittanbieter vereinbart, handelt es sich nicht um eine echte Lohnzahlung durch Dritte und auch nicht um steuerpflichtiges Arbeitsentgelt. Waren sowohl Betriebsrat als auch Arbeitgeber beteiligt, ist dagegen von einem steuerpflichtigen geldwerten Vorteil auszugehen.

1.5.2 Steuerliche Behandlung von Rabatten durch Dritte

Grundsätzlich stellen Rabatte, die im Arbeitsverhältnis begründet sind (so genannte Personal- bzw. Mitarbeiterrabatte), **geldwerte Vorteile** dar und sind dem steuer- und sozialversicherungspflichtigen Arbeitsentgelt hinzuzurechnen. Dies gilt auch, wenn der Rabatt durch einen Dritten gewährt wird und als Lohnzahlung durch Dritte anzusehen ist.

Je nach Form des Rabattes gibt es dabei verschiedene Möglichkeiten der steuerlichen Vergünstigung:

- Bewertungsabschlag und Rabattfreibetrag nach § 8 Abs. 3 EStG

- allgemeine Sachbezugsfreigrenze

- Pauschalierung der Lohnsteuer für geldwerte Vorteile nach § 40 EStG

Diese drei Möglichkeiten der Steuerbegünstigung **schließen sich untereinander aus**, wenn es sich um einen amtlichen Sachbezugswert handelt. Es gilt daher im Einzelfall festzustellen, um was für eine Art von Rabatt es sich handelt und welchem Besteuerungsmodus dieser unterliegt.

Abschlag und Freibetrag

Für geldwerte Vorteile, die aus Mitarbeiterrabatten entstehen, ermöglicht § 8 Abs. 3 EStG folgende Steuervergünstigungen:

- Als Wert einer Ware oder Dienstleistung werden 96 % des Endpreises angenommen. Die Differenz zwischen dem verminderten Endpreis und der tatsächlichen Zahlung ist als Sachbezug (geldwerter Vorteil) steuerpflichtig.

- Dabei gilt ein Freibetrag von 1.080,00 € im Kalenderjahr pro Beschäftigungsverhältnis, d. h. erst wenn der geldwerte Vorteil durch Mitarbeiterrabatte 1.080,00 € im Jahr übersteigen, sind sie auf den steuerpflichtigen Arbeitslohn anzurechnen. Für Preisnachlässe durch Dritte kann dieser Rabattfreibetrag nicht angewendet werden.

Freigrenze für Rabatte von Dritten

Rabatte von Dritten sind bis zu der monatlichen allgemeinen Sachbezugsfreigrenze in Höhe von 50,00 € steuerfrei. Wird der Grenzbetrag überschritten, ist der gesamte Betrag steuerpflichtig.

4 % Abschlag

Die allgemeine Sachbezugsfreigrenze ist nicht ansetzbar, wenn der Sachbezug mit einem Pauschallohnsteuersatz versteuert wird. Ein 4 % Abschlag auf den Endpreis ist zulässig.

Pauschalversteuerung von Rabatten Dritter

Bei Rabatten durch Dritte, die auf Waren oder Dienstleistungen gewährt werden, die in § 40 Abs. 2 EStG aufgeführt sind, besteht die Möglichkeit, den geldwerten Vorteil **pauschal** zu versteuern. Unerheblich für eine Pauschalierung ist, ob die Ware überwiegend nur für die rabattberechtigten Arbeitnehmer hergestellt wird. Eine Pauschalierung ist auch bei sonstigen Bezügen in Form eines Personalrabattes in einer größeren Anzahl von Fällen oder bei einer Nachversteuerung in einer größeren Anzahl von Fällen (§ 40 Abs. 1 EStG) möglich.

Bei der **Pauschalierung** wird der Sachbezugswert nach den allgemeinen Bewertungsregeln des § 8 Abs. 2 EStG oder nach den amtlichen Sachbezugswerten der Sozialversicherungsentgeltverordnung ermittelt.

Beispiel
Rabatte durch Dritte

Ein Zulieferbetrieb der Automobilindustrie hat aufgrund bestehender Geschäftsverbindungen die Möglichkeit, von einem Automobilhersteller Kraftfahrzeuge vergünstigt zu erwerben. Die Arbeitnehmer des Zulieferers können diese Fahrzeuge dann bei ihrem Arbeitgeber zum günstigen Preis kaufen. Die Fahrzeuge werden nur aufgrund des Auftrages der Arbeitnehmer bestellt. Auf Wunsch der Angestellten Frau Kuhn erwirbt der Zulieferer einen Pkw für 15.000,00 € brutto. Sie entrichtet den Betrag an den Arbeitgeber und dieser dann an den Automobilhersteller. Der übliche Endpreis des Pkw beträgt 20.000,00 €.

▨ Wie ist der Preisnachlass lohnsteuerlich zu behandeln?

Der Rabattfreibetrag nach § 8 Abs. 3 EStG darf nicht angewendet werden, da Frau Kuhn nicht Arbeitnehmerin des Automobilherstellers ist. Der Bewertungsabschlag ist hingegen anwendbar, da der Hersteller auch für andere Kunden Pkw herstellt.

üblicher Endpreis	20.000,00 €
- 4% Bewertungsabschlag	800,00 €
- Zuzahlung des Arbeitnehmers	15.000,00 €
steuerpflichtiger geldwerter Vorteil	**4.200,00 €**

Da die monatliche allgemeine Sachbezugsfreigrenze von 50,00 € überschritten ist, ist der geldwerte Vorteil als sonstiger Bezug nach der Jahreslohnsteuertabelle zu versteuern und hinsichtlich der Sozialversicherung als Einmalbezug zu behandeln.

1.5.3 Sozialversicherungsrechtliche Behandlung von Rabatten durch Dritte

Finanzielle Vorteile aus Rabattgewährungen durch Dritte sind stets dann **beitragsfrei** in der Sozialversicherung, wenn sie keiner Steuerpflicht unterliegen. Zu versteuernde geldwerte Vorteile sind dagegen immer **beitragspflichtig**.

Beitragspflicht und -freiheit

Ausnahmen gibt es jedoch bei der **Pauschalierung mit festen Steuersätzen**. Geldwerte Vorteile, die nach § 40 Abs. 2 EStG mit 25 % versteuert werden (Mahlzeiten im Betrieb, Betriebsveranstaltungen, Computerübereignung), sind beitragsfrei.

Bei der Besteuerung mit einem besonders zu ermittelnden Pauschsteuersatz nach § 40 Abs. 1 EStG tritt dagegen Beitragspflicht ein.

Bezüglich der Aufbringung des Arbeitgeberanteils zur Sozialversicherung bedarf es in der Regel einer Vereinbarung zwischen dem Arbeitgeber und dem vorteilsgewährenden Dritten.

1.6 Feiern aus Anlässen, die in der Person des Arbeitnehmers liegen

Zu den üblichen Betriebsveranstaltungen gehören auch Jubiläums- oder Abteilungsfeiern, die nur von einer bestimmten Abteilung oder bestimmten Personengruppe durchgeführt werden. Voraussetzung ist, dass es sich um eine Gemeinschaftsveranstaltung mehrerer Personen handelt. (*Näheres dazu finden Sie im Lehrbuch für Einsteiger*).

Betriebliche Feiern aus persönlichem Anlass (Geburtstag, Jubiläum) oder Verabschiedung eines einzelnen Arbeitnehmers sind **keine Betriebsveranstaltung**. Da es sich um keine Betriebsveranstaltung handelt, kann auch nicht der Freibetrag von 150,00 € angesetzt werden; ansetzbar ist eine Freigrenze in Höhe von 150,00 €.

Praxisaufgaben

Die Lösungen finden Sie unter https://www.edumedia.de/verlag/loesungen.

Wissenskontrollfragen

1) Wie werden Lohnbestandteile, die nach § 3 EStG steuerfrei sind, in der Regel sozialversicherungsrechtlich behandelt?

2) Für den Zeitraum vom _____ bis zum _____ bleibt der geldwerte Vorteil, der aus der Privatnutzung eines Firmenfahrrades entsteht, das zusätzlich zum laufenden Arbeitsentgelt dem Arbeitnehmer unentgeltlich überlassen wird gemäß § _____ EStG steuerfrei. Wird dem Arbeitnehmer ein geleastes Firmenfahrrad zur Verfügung gestellt und der Arbeitnehmer zahlt die Leasingrate durch Arbeitsentgeltverzicht, wird der private Nutzwert mit der _____ - Regelung ermittelt. Dadurch sinkt das _____ Bruttoarbeitsentgelt des Arbeitnehmers. Beim Kauf eines geleasten Firmenfahrrades durch den Arbeitnehmer kann der geldwerte Vorteil gemäß § ___ EStG mit einem Pauschallohnsteuersatz von _____ % zuzüglich _____ und _____ versteuert werden.

3) Welcher eigentumsrechtliche Aspekt muss berücksichtigt werden, damit der geldwerte Vorteil, der einem Arbeitnehmer dadurch entsteht, dass er vom Arbeitgeber einen Computer zur privaten Nutzung in seiner Wohnung zur Verfügung gestellt bekommt, nicht steuerpflichtig ist?

4) In welchem Maße darf ein betrieblicher Computer, den der Arbeitgeber dem Arbeitnehmer zur Nutzung in dessen Wohnung zur Verfügung stellt, höchstens zu privaten Zwecken genutzt werden, damit kein steuerpflichtiger geldwerter Vorteil entsteht?

5) Nennen Sie zwei Formen von gesetzlichen Zukunftssicherungsleistungen, deren Erbringung durch den Arbeitgeber keinen steuer- und beitragspflichtigen Arbeitslohn darstellt.

6) Welche Bedingungen müssen erfüllt sein, damit Trinkgelder steuer- und beitragsfrei sind?

7) Welche Eigenschaften muss ein Arbeitgeber bzw. Auftraggeber aufweisen, damit der Steuerfreibetrag für nebenberufliche Tätigkeiten (Übungsleiterfreibetrag) genutzt werden kann?

8) Welche zwei Versteuerungsmöglichkeiten gibt es, wenn ein Arbeitnehmer ein geleastes Firmenfahrrad am Ende der Leasingzeit vom Leasinggeber zu einem geringeren Preis kauft als den ortsüblichen Verkaufspreis? Benennen Sie die dazugehörige gesetzliche Grundlage.

9) Wie hoch darf der Stundengrundlohn höchstens sein, damit Zuschläge für Sonn-, Feiertags- und Nachtarbeit in bestimmten Grenzen sowohl steuer- als auch beitragsfrei gewährt werden können?

10) Nennen Sie sechs Lohnbezüge, die bei der Grundlohnberechnung für Sonn-, Feiertags- und Nachtarbeitszuschläge zum maßgeblichen Grundlohn gehören.

11) Was versteht man unter einer Incentive-Reise? Worin unterscheidet sich eine solche Reise von einer Auswärtstätigkeit?

12) Unterscheiden Sie die beiden Methoden, mit denen bei einer Privatnutzung von Firmenfahrzeugen der private Nutzwert ermittelt werden kann. Wann ist der Wechsel zwischen den beiden Methoden möglich?

13) Welche relevanten Daten sind zur Ermittlung des privaten Nutzwertes eines Firmenfahrzeuges anhand der Kostenmethode nachzuweisen und auf welchem Wege sind diese zu dokumentieren?

14) Wie wird die Privatnutzung eines Firmenfahrzeuges für Fahrten zwischen Wohnung und erster Tätigkeitsstätte während einer Rufbereitschaft lohnsteuerlich behandelt?

15) Wer muss in aller Regel den Lohnsteuerabzug durchführen, wenn ein Arbeitnehmer Leistungen von einem Dritten – also nicht seinem eigenen Arbeitgeber – bezieht?

16) Nennen Sie die drei Möglichkeiten der steuerlichen Begünstigung von geldwerten Vorteilen aus Mitarbeiterrabatten. Können diese auch nebeneinander für denselben geldwerten Vorteil angewandt werden?

17) Was versteht man im Zusammenhang mit Sachbezügen unter einem Bewertungsabschlag?

Übung 1

Frau Lehmann wird als Datenerfasserin beschäftigt und erbringt ihre Leistungen am häuslichen Telearbeitsplatz. Gemäß Arbeitsvertrag erhält sie vom Arbeitgeber als Kostenersatz folgende Beträge und Sachleistungen:

Sachleistungen (die Gegenstände verbleiben im Eigentum des Arbeitgebers):

- Büroeinrichtung

- Computer

- Arbeitsmaterialien

Geldleistungen:

- Kostenbeteiligung an Aufwendungen für Miete (Kaltmiete) und Mietnebenkosten in Höhe von monatlich 250,00 €

- Zuschuss zu den Telefonkosten in Höhe von 20 % der monatlichen Telefonrechnung, maximal 20,00 € im Monat

- Erstattung der durch den Telearbeitsplatz verursachten Stromkosten (es wurde ein separater Stromzähler installiert)

Kosten, die direkt vom Arbeitgeber getragen werden und auf dessen Rechnung lauten:

- Internetanschluss

- Beurteilen Sie, wie die einzelnen Kostenerstattungen sowie Geld- und Sachleistungen steuerlich und sozialversicherungsrechtlich zu behandeln sind.

....

....

....

Übung 2

Der Portier Walter Huber arbeitet regelmäßig 35 Stunden an 5 Tagen pro Woche. Mittwochs arbeitet Herr Huber in der Zeit von 19:00 Uhr bis 04:00 Uhr am nächsten Tag. Während dieser Nachtschichten hat er jeweils von 23:00 Uhr bis 23:30 Uhr und von 02:00 Uhr bis 02:30 Uhr eine Pause.

Herr Huber erhält monatlich

■ ein Festgehalt in Höhe von 1.800,00 €

■ einen Arbeitgeberanteil zu vermögenswirksamen Leistungen von 20,00 €

■ eine pauschale Nachtzulage von 150,00 €

■ eine betriebliche Altersvorsorge (Pensionskasse) in Höhe von 100,00 €, welche vom Arbeitgeber getragen wird

Außerdem erhält er im Juli Urlaubsgeld und im November Weihnachtsgeld in Höhe von jeweils 600,00 €. Darüber hinaus erhält Herr Huber für die geleistete Nachtarbeit einen Nachtzuschlag von 30 % pro Stunde.

a) Erstellen Sie die Grundlohnberechnung und ermitteln Sie den maßgeblichen Stundenlohn für die steuerfreien Nachtzuschläge.

....

....

....

b) Ermitteln Sie den steuerfrei verbleibenden Nachtzuschlag für den Monat September, in dem vier Nachtschichten angefallen sind.

....

....

....

Übung 3

Herr Scholl ist als Verkäufer beim Autohaus Käfer in Mannheim beschäftigt. Ihm wurde ein Firmenwagen (kein Elektrofahrzeug) auch zur privaten Nutzung zur Verfügung gestellt. Die Berechnung des geldwerten Vorteils erfolgt nach der Kostenmethode. Der Nachweis der Nutzung wird durch ein Fahrtenbuch erbracht. Die Nutzungsdauer für das Kfz beträgt laut Finanzbuchhaltung 6 Jahre; der Inlandsnettolistenneuwagenpreis hat im Januar 2022 22.500,00 € betragen.

In der Finanzbuchhaltung wurden folgende Kosten für das Jahr 2024 gebucht:

Absetzung für Abnutzung ohne USt	3.750,00 €
lfd. Kosten (Benzin, etc.) ohne USt	4.200,00 €
Reparaturen, Wartung ohne USt	450,00 €
Versicherungen	925,00 €
Kfz-Steuer	300,00 €

Nach dem von Herrn Scholl geführten Fahrtenbuch ergaben sich für das Jahr folgende gefahrene Kilometer:

Jahreskilometer insgesamt	50.000 km
davon:	
Fahrten zw. Wohnung und erster Tätigkeitsstätte	4.620 km
reine Privatfahrten	7.500 km

Eine Pauschalversteuerung der Fahrten zwischen Wohnung und erster Tätigkeitsstätte erfolgt nicht.

◆ Ermitteln Sie die Höhe des steuer- und beitragspflichtigen geldwerten Vorteils.

....

....

....

....

Bleiben Sie Up-To-Date.

Die Broschüren Up-To-Date Finanzbuchhaltung und Up-To-Date Lohn und Gehalt enthalten alle wichtigen gesetzlichen Neuregelungen für das aktuelle Kalenderjahr übersichtlich dargestellt und anhand von Beispielen erklärt.

Bestellen Sie Ihr Vorteils-Abo für
nur 12,95 €[1] pro Jahr

✔ ohne Mindestlaufzeit
✔ jederzeit kündbar

Ich möchte einmal jährlich[2] die aktuelle Broschüre

☐ Up-To-Date **Finanzbuchhaltung** ab Ausgabe 20___

☐ Up-To-Date **Lohn und Gehalt** ab Ausgabe 20___

**zum Jahres-Abo-Preis von jeweils 12,95 €[1]
an folgende Anschrift geliefert bekommen:**

Name: _____

Vorname: _____

Straße, Hausnummer: _____

PLZ, Ort: _____

Telefon: _____

E-Mail-Adresse: _____

Datum: _____

Unterschrift[3]: _____

[1] zzgl. 3,95 € Versand

[2] Die Lieferung der Broschüre erfolgt einmal jährlich im Januar bis auf Widerruf. Ich kann das Abo jederzeit, ohne Kündigungsfrist mit einem formlosen Brief an EduMedia-Kundenservice, Ziegelhüttenweg 4, 98693 Ilmenau kündigen.

[3] Mit meiner Unterschrift bestätige ich die Allgemeinen Geschäfts- und Lieferbedingungen der EduMedia GmbH, Ilmenau, die ich auf www.edumedia.de einsehen kann.

EduMedia-Verlag
Fax: (05031) 90 98 01
Tel.: (05031) 90 98 00
E-Mail: info@edumedia.de
www.edumedia.de

Fachwissen. Immer auf dem neusten Stand.

2

Gesetzliche Abzugsbeträge in besonderen Fällen

In diesem Kapitel lernen Sie, wie die gesetzlichen Abzugsbeträge in besonderen Fällen der Entgeltzahlung zu ermitteln sind.

Inhalt

- Nettolohnvereinbarung
- Nachzahlung von Arbeitslohn
- Rückforderung von Arbeitslohn
- Zahlung an Hinterbliebene

2.1 Nettolohnvereinbarung

In seltenen Fällen vereinbaren Arbeitgeber und Arbeitnehmer anstelle des üblichen Bruttolohns einen **gleichbleibenden Nettolohn**. Der Arbeitgeber übernimmt in diesem Fall die vom Arbeitnehmer geschuldete Lohnsteuer, die Kirchensteuer, den Solidaritätszuschlag sowie alle Arbeitnehmeranteile zur Sozialversicherung, einschließlich Zusatzbeitragssätze.

Eine solche Vereinbarung muss wegen der weit reichenden Folgen **eindeutig im Arbeitsvertrag** vereinbart werden.

Abtastverfahren

Bei einer Nettolohnvereinbarung muss der Arbeitgeber im Rahmen der Lohnabrechnung trotzdem einen entsprechenden **Bruttolohn** ermitteln, da die übernommenen Steuern und Sozialversicherungsbeiträge als steuer- und beitragspflichtiger Lohnbestandteil gewertet werden müssen. Das heißt, es ist in einem so genannten **Abtastverfahren** das steuer- und beitragspflichtige Entgelt zu ermitteln. Dabei wird zunächst ein Bruttolohn **geschätzt** und überprüft, ob dieser zum vereinbarten Nettolohn führen würde. Ist dies nicht der Fall, wird erneut ein Bruttolohn geschätzt, usw.

Beispiel
Nettolohnvereinbarung

Frau Schönhuber vereinbart mit der ModeFix GmbH (Bundesland Nordrhein-Westfalen) ein monatliches Nettoentgelt in Höhe von 2.300,00 €. Frau Schönhuber hat die Lohnsteuerabzugsmerkmale: III/0/-- und die Elterneigenschaft ist nicht nachgewiesen.

Sie ist in der gesetzlichen Krankenversicherung pflichtversichert. Ihre Krankenversicherung erhebt einen Zusatzbeitragssatz von 2,2 %.

Lohnabrechnung Januar:

Sozialversicherung Arbeitnehmeranteil:	KV	7,3%
	KV Zusatz	1,1%
	RV	9,3%
	AV	1,3%
	PV	2,3%
		21,3%

Der Bruttolohn muss ausgehend vom Nettolohn geschätzt werden:

Schätzung Bruttobezug		3.404,00 €
Lohnsteuer lt. Tabelle		- 159,16 €
Sozialversicherung	21,3%	- 725,05 €
Nettolohn		**2.519,79 €**

Die Schätzung war zu hoch.

Schätzung Bruttobezug		3.042,57 €
Lohnsteuer lt. Tabelle		- 94,50 €
Sozialversicherung	21,3%	- 648,07 €
Nettolohn		**2.300,00 €**

Mit dem geschätzten Bruttobezug von 3.042,57 € wird der vereinbarte Nettolohn erreicht.

2.2 Nachzahlung von Arbeitslohn

Es kann vorkommen, dass der Arbeitgeber das Entgelt erst auszahlt, wenn der **Lohnzahlungszeitraum** bereits zurückliegt. So kann etwa in einem Tarifvertrag eine rückwirkende Lohnerhöhung festgelegt werden, oder der Arbeitgeber wird durch eine Entscheidung des Arbeitsgerichts verpflichtet, Lohn nachzuzahlen, den er aufgrund von Streitigkeiten zunächst einbehalten hatte und nun dem Arbeitnehmer schuldet.

Für die Lohnbuchführung ergibt sich daraus unter Umständen die Notwendigkeit, für bereits abgeschlossene Abrechnungszeiträume, **nachträglich Korrekturen** in der Lohnabrechnung vornehmen zu müssen. Das Steuer- und Sozialversicherungsrecht lässt hier jedoch unter bestimmten Voraussetzungen **vereinfachte Abrechnungsverfahren** zu. Dabei ist grundsätzlich zu unterscheiden, ob sich eine Nachzahlung auf einen Abrechnungszeitraum im laufenden Kalenderjahr oder auf bereits abgelaufene Jahren bezieht.

Nachträgliche Korrekturen in der Lohnabrechnung

2.2.1 Nachzahlung von Arbeitslohn im laufenden Kalenderjahr

Sind Lohnnachzahlungen für Abrechnungszeiträume zu leisten, die im laufenden Kalenderjahr liegen, müssen die Abrechnungen dieser Lohnzahlungszeiträume grundsätzlich „aufgerollt" werden, indem die Lohn- und Gehaltsabrechnung für den in der Vergangenheit liegenden Monat **neu erstellt** wird.

Für den Lohnsteuerabzug kann jedoch aus Vereinfachungsgründen die Nachzahlung **wie ein sonstiger Bezug im Zahlungsmonat behandelt** und mit der Jahrestabelle abgerechnet werden. Dabei ist dann aber zu beachten, dass die Nachzahlung nicht tatsächlich einen sonstigen Bezug darstellt, sondern nur abrechnungsmäßig wie ein solcher behandelt wird. Denn daraus ergibt sich unter anderem, dass eine Pauschalierung der Lohnsteuer nicht möglich ist.

Steuerliche Behandlung

Wenn es sich um Nachzahlungen aufgrund von **rückwirkenden Lohnerhöhungen** handelt, lässt es das Sozialversicherungsrecht zu, eine Nachzahlung **wie eine Einmalzahlung im Zahlungsmonat** zu behandeln. Die zu berücksichtigenden anteiligen Jahresbeitragsbemessungsgrenzen müssen sich dabei konsequenter Weise auf den Abrechnungszeitraum beziehen, für den die Nachzahlung erfolgt - nicht auf das Gesamtjahr bis zum Auszahlungsmonat. In diesem Fall müssen die bereits abgerechneten Lohnzahlungszeiträume nicht neu berechnet werden, es genügt die Abrechnung als Einmalzahlung im Abrechnungszeitraum der Auszahlung.

Sozialversicherungsrechtliche Behandlung

Handelt es sich dagegen um eine Nachzahlung von **ohnehin geschuldetem** und bereits erwirtschaftetem Arbeitsentgelt, z. B. aufgrund einer Entscheidung des Arbeitsgerichts, lässt das Sozialversicherungsrecht **keine Vereinfachung** in Form der Einmalzahlung zu. In diesem Fall sind die bereits abgerechneten Lohnzahlungszeiträume tatsächlich **neu zu berechnen**; die daraus entstehenden Differenzbeträge sind mit der Lohnzahlung des laufenden Monats auszugleichen und als Änderungen bzw. Korrekturen an die Einzugsstellen zu melden.

Bei der Abrechnung mittels EDV ist es oftmals nicht möglich, eine Nachzahlung steuerlich als sonstigen Bezug zu behandeln und gleichzeitig sozialversicherungsrechtlich die anteilige Jahresbeitragsbemessungsgrenze für z. B. nur zwei Monate zu beachten. In diesem Fall gilt es, sich entweder für eine vollständige Änderung der zurückliegenden Abrechnungszeiträume oder für eine generelle Behandlung als Einmalbezug zu entscheiden.

EDV-gestützte Abrechnung

Beispiel
Nachzahlung
im laufenden Jahr

Frau Habermann hatte bisher ein Gehalt in Höhe von 3.500,00 €. Auf Grund einer Tariferhöhung hat sie nun rückwirkend ab März einen Anspruch auf 3.700,00 €. In der Lohnabrechnung für den Monat Juni müssen 600,00 € als Nachzahlung berücksichtigt werden. Zur Berechnung der Lohnsteuer kann die Nachzahlung als sonstiger Bezug für den Monat Mai behandelt werden. Zur Berechnung der Sozialversicherungsbeiträge ist aus Vereinfachungsgründen ebenfalls von einem Einmalbezug auszugehen. Zur Berechnung des beitragspflichtigen Teils der Einmalzahlung ist die anteilige Jahresbeitragsbemessungsgrenze der Monate März bis Mai heranzuziehen.

anteilige BBG März bis Mai	3 x	5.175,00 €	=	15.525,00 €
beitragspflichtigs Entgelt März bis Mai	3 x	3.500,00 €	=	10.500,00 €
verbleiben als max. beitragspflichtig				**5.025,00 €**
somit beitragspflichtig				600,00 €

Die Beitragspflicht in der Renten- und Arbeitslosenversicherung braucht nicht gesondert geprüft zu werden, da schon die Beitragsbemessungsgrenze in der Kranken- und Pflegeversicherung nicht überschritten wurde. Die Nachzahlung von 600,00 € ist somit in allen Sozialversicherungszweigen voll zu verbeitragen.

2.2.2 Nachzahlung von Arbeitslohn für bereits abgelaufene Kalenderjahre

Bezieht sich die Nachzahlung, oder auch nur ein Teil des Nachzahlungsbetrages, auf Lohnzahlungszeiträume die nicht im laufenden Kalenderjahr endeten, ist der gesamte Nachzahlungsbetrag als **sonstiger Bezug bzw. Einmalzahlung** für den Abrechnungszeitraum, in dem die Auszahlung erfolgt, zu behandeln.

Laufender Arbeitslohn, der bis zur **dritten Januarwoche** für den Vormonat Dezember abgerechnet wird, kann dennoch dem Vorjahr zugeordnet werden; später abgerechnetes Arbeitsentgelt muss als sonstiger Bezug bzw. Einmalzahlung im entsprechenden Monat behandelt werden. Die **Märzklausel** ist zu beachten.

2.2.3 Nachzahlung von Arbeitslohn für mehrjährige Tätigkeit

Bezieht sich eine Nachzahlung auf einen Zeitraum, der mehr als 12 Monate umfasst, ist diese Zahlung auch im Monat der Auszahlung als sonstiger Bezug bzw. Einmalzahlung zu behandeln.

2.2.4 Nachzahlung von Arbeitslohn an ausgeschiedene Arbeitnehmer

Lohnnachzahlungen werden unter Umständen durch die Tatsache erschwert, dass der betreffende Arbeitnehmer bereits aus dem Betrieb ausgeschieden ist. Gerade bei Lohnnachzahlungen die aufgrund von Arbeitsgerichtsurteilen zu leisten sind, ist dies oftmals der Fall.

Steuerliche Behandlung

Erfolgt eine Nachzahlung von Arbeitsentgelt erst nach Beendigung eines Arbeitsverhältnisses, muss der Arbeitnehmer **erneut die ELStAM-Datei** freigeben. Steht der ehemalige Mitarbeiter bereits in einem neuen Beschäftigungsverhältnis, muss bei der Nachzahlung des Arbeitslohnes in der ELStAM-Meldung vermerkt werden, dass es sich um ein weiteres Arbeits- oder Dienstverhältnis handelt.

Bei der Ermittlung der Sozialversicherungsbeiträge ist zu unterscheiden, ob die Nachzahlung für einen Abrechnungszeitraum des laufenden oder eines bereits abgelaufenen Kalenderjahres erfolgen soll.

Behandlung in der Sozialversicherung

▪ Nachzahlungen für ein **abgelaufenes Kalenderjahr** werden sozialversicherungsrechtlich nicht in das vergangene Jahr zurückgetragen. Da der Arbeitnehmer aber im laufenden Jahr keine sozialversicherungspflichtigen Zeiten bei diesem Arbeitgeber hatte, sind in diesem Fall keine Sozialversicherungsbeiträge abzuführen.

▪ Werden Nachzahlungen für das **laufende Kalenderjahr** sozialversicherungsrechtlich als Einmalzahlungen behandelt, ist zur Ermittlung der anteiligen Jahresbeitragsbemessungsgrenze der letzte Abrechnungszeitraum vor dem Ausscheiden des Mitarbeiters heranzuziehen.

2.3 Rückforderung von Arbeitslohn und Fortbildungskosten

Es kann vorkommen, dass Arbeitgeber zu Unrecht Entgelte bezahlen und diese nach Feststellung des Fehlers vom Arbeitnehmer zurückfordern. Häufig werden auch Fortbildungskosten, die der Arbeitgeber übernommen hatte, vom Arbeitnehmer zurückgefordert, wenn dieser bestimmte Bedingungen (z. B. das Bestehen einer Meisterprüfung) nicht erfüllen konnte. In der Lohnabrechnung sind solche Rückzahlungen besonders zu behandeln.

2.3.1 Rückforderung von Arbeitslohn

Rückforderungen von Arbeitslohn sind stets auf den Bruttoarbeitslohn bezogen. Zur Behandlung in der Lohnabrechnung wird zudem unterschieden, ob das Arbeitsverhältnis mit dem betreffenden Arbeitnehmer noch besteht oder bereits beendet ist. Für beide Fälle gilt, dass der zurückgeforderte Arbeitslohn hinsichtlich der Lohnabrechnung immer dem Monat zugeordnet werden muss, in dem die Rückzahlung tatsächlich erfolgt. Die Lohnabrechnung, in der die zu viel gezahlten Beträge ursprünglich gebucht waren, wird nicht nachträglich korrigiert.

Rückforderung während des Beschäftigungsverhältnisses

Einkommensteuerrechtlich handelt es sich bei Rückzahlungen von Arbeitslohn um so genannte **Negative Einkünfte**. In der Lohnabrechnung werden diese als **Negativlohn** behandelt. In einem bestehenden Beschäftigungsverhältnis kann der entsprechende Betrag im Abrechnungszeitraum der Rückzahlung einfach vom laufenden steuerpflichtigen Bruttolohn abgezogen werden.

Steuerliche Behandlung

Der Arbeitgeber kann die Rückzahlung aber auch ohne Verrechnung verlangen. Der Arbeitnehmer hat dann den entsprechenden Betrag zu überweisen. Steuerlich gilt die Zahlung dennoch als „dem Arbeitnehmer zugeflossen". Erst im Rahmen der Einkommensteuererklärung kann dieser die Rückzahlung als Negative Einkünfte geltend machen.

In der Sozialversicherung ist die Behandlung einer Lohnrückzahlung als Negativlohn nicht möglich: der zurückgezahlte Betrag darf nicht vom laufenden beitragspflichtigen Arbeitsentgelt abgezogen werden. Stattdessen haben sowohl der Arbeitgeber als auch der Arbeitnehmer **Anspruch auf Erstattung** von zu viel gezahlten Beiträgen durch die Krankenkasse. Die Erstattung kann entweder bei der Krankenkasse gesondert beantragt oder mit fälligen Beiträgen verrechnet werden.

Sozialversicherungsrechtliche Behandlung

Für eine **Verrechnung** müssen allerdings folgende Voraussetzungen erfüllt sein:

- Der Beginn des Zeitraumes, für den volle Beiträge verrechnet werden sollen, darf nicht mehr als 6 Kalendermonate zurückliegen, währenddessen für zu verrechnende Teilbeiträge (z. B. bei Rückzahlung des Weihnachtsgeldes) dieser Zeitraum 24 Kalendermonate betragen darf.

- Der Arbeitnehmer hat aus dem höheren Entgelt bisher keine Lohnersatzleistungen (z. B. Krankengeld) erhalten.

- Es wurde für den Zeitraum, für den Beiträge verrechnet werden sollen, keine Sozialversicherungsprüfung beim Arbeitgeber durchgeführt.

Bei Rückforderungen aus einem bereits abgelaufenen Kalenderjahr ist die Jahresmeldung zur Sozialversicherung entsprechend zu korrigieren.

Beispiel
Rückforderung
von Arbeitslohn

Frau Habermann wurde versehentlich in den Monaten Juli und August eine zusätzliche Schichtzulage von 50,00 € ausgezahlt. Im Monat September wird dieser Lohnbestandteil zurückgefordert.

Bruttoermittlung:

laufendes monatliches Arbeitsentgelt	3.700,00 €
Schichtzulage	- 100,00 €
Gesamtbrutto	**3.600,00 €**

Steuerbrutto:

laufendes monatliches Arbeitsentgelt	3.700,00 €
Negativlohn	- 100,00 €
Steuerbrutto	**3.600,00 €**

Sozialversicherungsbrutto:

laufendes monatliches Arbeitsentgelt	3.700,00 €
Sozialversicherungsbrutto	3.700,00 €

Die für die Monate Juli und August zu viel entrichteten Sozialversicherungsbeiträge können entweder mit fälligen Beiträgen verrechnet oder durch die Krankenkasse gesondert erstattet werden.

Rückforderung nach Beendigung des Beschäftigungsverhältnisses

Auch für bereits beendete Beschäftigungsverhältnisse kann zu Unrecht gezahlter Arbeitslohn nachträglich zurückgefordert werden. Häufig wird beispielsweise die Zahlung von Weihnachtsgeld an die Bedingung geknüpft, dass das Beschäftigungsverhältnis im folgenden Jahr noch mindestens bis zu einem bestimmten Datum besteht. Scheidet der Arbeitnehmer dann vor diesem Datum aus, hat der Arbeitgeber einen Rückzahlungsanspruch auf das Weihnachtsgeld.

Steuerrechtliche
Behandlung

Bei nicht mehr bestehenden Arbeitsverhältnissen entfällt die Möglichkeit der Verrechnung des rückzuzahlenden Betrages mit den laufenden Bruttobezügen. Der Arbeitnehmer muss den Rückzahlungsbetrag daher an den Arbeitgeber überweisen. Er kann den Betrag sodann im Rahmen seiner Einkommensteuererklärung als Negative Einkünfte geltend machen.

Sozialversicherungs-
rechtliche Behandlung

Eine Verrechnung der zu viel gezahlten Beiträge zur Sozialversicherung ist bei einem beendeten Arbeitsverhältnis ebenfalls nicht mehr möglich, da es keine fälligen Beiträge mehr gibt. Die Erstattung der Beiträge durch die Krankenkasse muss daher als gesonderte Zahlung beantragt werden.

2.3.2 Rückforderung von Fortbildungskosten und steuerfreiem Arbeitslohn

Wurden steuerfreie Bezüge, z. B. eine Reisekostenerstattung oder steuerfreie Fortbildungskosten, einem Arbeitnehmer zu Unrecht gewährt und werden diese daher von ihm zurückgefordert, handelt es sich dabei um einen **außersteuerlichen Vorgang**. Der Arbeitnehmer kann in seiner Einkommensteuererklärung diesbezüglich weder Werbungskosten noch Negative Einkünfte geltend machen. Gleiches gilt für rückgeforderte Bezüge, die zwar steuerpflichtig gewesen wären, aber zu Unrecht steuerfrei gewährt wurden.

Wenn der Arbeitgeber auf die Rückzahlung eines zu Unrecht gezahlten steuerfreien Bezugs verzichtet, so wird aus diesem ein **steuerpflichtiger sonstiger Bezug**, für den nachträglich Steuerbeträge abzuführen sind.

Verzicht auf Rückzahlung

Waren Fortbildungskosten, die ein Arbeitgeber zunächst übernommen hatte, die er aber nun vom Arbeitnehmer zurückfordert, steuer- und beitragspflichtig, kann das beitragspflichtige Entgelt nicht rückwirkend gemindert werden - d. h. die zu viel bezahlten Sozialversicherungsbeiträge werden von der Krankenkasse **nicht erstattet**. Die Spitzenverbände der Sozialversicherung vertreten die Auffassung, dass es sich bei zurückgeforderten Fortbildungskosten um eine Schadensersatzleistung des Arbeitnehmers gegenüber dem Arbeitgeber handelt. Steuerrechtlich wird die Rückforderung ungeachtet dessen als **Negativlohn** behandelt.

Steuerpflichtige Fortbildungskosten

2.4 Zahlungen an Hinterbliebene

Mit dem Tod eines Arbeitnehmers endet auch das Arbeitsverhältnis. Die Hinterbliebenen haben jedoch einen Anspruch auf Zahlung des bis dahin **erwirtschafteten Arbeitsentgelts** und eventuell einen Anspruch auf **Sterbegeld**.

Das Sterbegeld ist ein steuerbegünstigter Versorgungsbezug (LStR R 19.8, Abs. 1), der als sonstiger Bezug nach der Jahreslohnsteuertabelle zu versteuern ist. Für steuerbegünstigte Versorgungsbezüge sind Versorgungsfreibeträge (*Tabelle im Anhang*) zu berücksichtigen.

Sterbegeld

Wenn arbeitsrechtlich oder tarifvertraglich Arbeitslohn für den gesamten Sterbemonat zu zahlen ist, stellt dieser Arbeitslohn keinen Versorgungsbezug dar. Das hat zur Folge, dass kein Versorgungsfreibetrag berücksichtigt werden darf.

Berücksichtigung des Versorgungsfreibetrages

Besteht arbeitsrechtlich oder tarifvertraglich nur Anspruch auf Arbeitslohn bis zum Sterbetag handelt es sich bei allen darüber hinausgehenden Zahlungen um Versorgungsbezüge. Somit kann der Versorgungsfreibetrag angesetzt werden. Der Versorgungsfreibetrag darf nur für den Teil der Zahlungen berücksichtigt werden, die auf die Zeit nach dem Sterbetag entfällt.

Die Zahlung des Sterbegeldes ist unabhängig von der Beschäftigungsdauer des Arbeitnehmers und erfolgt auch wenn dem Tode keine Krankheit vorangegangen ist.

2.4.1 Zahlung von bereits erwirtschafteten Ansprüchen

Es erfolgt eine Differenzierung zwischen dem Arbeitsentgelt, das noch für die aktive Tätigkeit gezahlt wird und den sonstigen Zahlungen. Der Sterbetag zählt zum Zeitraum der aktiven Tätigkeit. Des Weiteren muss berücksichtigt werden, ob es tarif- oder arbeitsrechtliche Regelungen gibt.

Die Entgeltabrechnung für das erwirtschaftete Arbeitsentgelt, einschließlich Sterbetag, erfolgt nach den Lohnsteuerabzugsmerkmalen des verstorbenen Arbeitnehmers.

Es entsteht ein Teillohnzahlungszeitraum für die Berechnung des Lohnsteuerabzuges, d. h. Anwendung der Lohnsteuertagestabelle. Auch für die Berechnung der Sozialversicherungsbeiträge entsteht ein Teillohnzahlungszeitraum, d. h. Berücksichtigung der anteiligen Beitragsbemessungsgrenzen.

Die Entgeltabrechnung der sonstigen Zahlung (Sterbegeld) erfolgt nach den Lohnsteuerabzugsmerkmalen des Hinterbliebenen. Der Versorgungsfreibetrag kann nur angesetzt werden, wenn keine arbeits- oder tarifrechtlichen Regelungen bestehen. Unabhängig, ob der Versorgungsfreibetrag zum Ansatz kommt, es handelt sich um Teillohnzahlungszeiträume. Das Sterbegeld ist in allen Sozialversicherungszweigen beitragsfrei.

Vereinfachungsregelung

Neben der Teillohnzahlungsabrechnung gibt es im Sterbemonat die Möglichkeit einer vereinfachten steuerlichen Abrechnung. Der gesamte monatliche Arbeitslohn kann nach den Lohnsteuerabzugsmerkmalen des verstorbenen Arbeitnehmers abgerechnet werden, d. h. der Anwendung der Lohnsteuermonatstabelle. Wird nach den Besteuerungsmerkmalen des Verstorbenen abgerechnet, darf kein Versorgungsfreibetrag berücksichtigt werden. Bei Anwendung dieser Regelung handelt es sich bei dem nicht erwirtschafteten Teil des laufenden Entgeltes steuerrechtlich nicht um Sterbegeld, sondern um einen laufenden Bezug.

Sozialversicherungen

Für die Berechnung der Sozialversicherungsbeiträge gibt es keine Vereinfachungsregelung. Das bereits erwirtschaftete Arbeitsentgelt, auch z. B. anteiliges Weihnachtsgeld, unterliegt der Beitragspflicht in den Sozialversicherungen. Der Anteil der Zahlungen, die auf den Zeitraum nach dem Sterbetag entfallen, ist sozialversicherungsfrei. Die Beiträge sind entsprechend einzubehalten und an die Krankenkasse des verstorbenen Arbeitnehmers abzuführen.

Da es sich sozialversicherungsrechtlich um einen Teillohnzahlungszeitraum handelt, ist die anteilige Beitragsbemessungsgrenze zu berücksichtigen. Für den verstorbenen Mitarbeiter ist eine Meldung zur Sozialversicherung mit dem Meldegrund 49 (Abmeldung wegen Todes) vorzunehmen. Darin werden auch die bis zum Sterbetag erarbeiteten beitragspflichtigen Arbeitsentgelte bescheinigt.

2.4.2 Zahlung von Sterbegeld

Erfolgen weitere Sterbegeldzahlungen (maximal 3 Monate) nach dem Sterbemonat, müssen diese nach den **Lohnsteuerabzugsmerkmalen des Hinterbliebenen** besteuert werden. Er tritt als Rechtsnachfolger gewissermaßen in ein Arbeitsverhältnis mit dem Arbeitgeber und muss dem Arbeitgeber seine Steuer-Identifikationsnummer mitteilen, damit dieser auf seine elektronischen Daten (ELStAM) zugreifen kann. Diese Zahlungen sind sonstige Bezüge, d. h. Anwendung der Lohnsteuerjahrestabelle. Da diese Zahlungen an den Hinterbliebenen ausgezahlt werden, wird auch eine elektronische Lohnsteuerbescheinigung für den Hinterbliebenen erstellt (LStR R19.9 Abs. 1 Satz 2).

Sind mehrere Hinterbliebene empfangsberechtigt, so muss der Zahlungsempfänger entsprechende Auszahlungen an die anderen Hinterbliebenen leisten. Zahlungen, die der Zahlungsempfänger an andere Hinterbliebene zahlt, kann er als negative Einkünfte in seiner Einkommensteuererklärung geltend machen.

Weitere monatliche Zahlungen an Hinterbliebene, die über das arbeits- oder tarifrechtlich begründete Sterbegeld hinaus gezahlt werden (z. B. Witwenrenten), sind laufende Bezüge.

Altersentlastungsbetrag

Handelt es sich bei den Zahlungen an die Hinterbliebenen nicht um Versorgungsbezüge, sollte eine Überprüfung erfolgen, ob der **Altersentlastungsbetrag** (§ 24a EStG) in Anspruch genommen werden kann.

2.5 Bezüge während Entgeltersatzleistung

Entgeltersatzleistungen sind Sozialleistungen, die anstelle wegfallender Arbeitsentgeltansprüche an den Arbeitnehmer gezahlt werden. In der Regel werden Entgeltersatzleistungen (Kranken-, Mutterschafts-, Verletzten- oder Übergangsgeld) direkt durch den Sozialleistungsträger an den Leistungsberechtigten gezahlt. Diese Leistungen sind steuer- und sozialversicherungsfrei.

Praxisaufgaben

Die Lösungen finden Sie unter https://www.edumedia.de/verlag/loesungen.

Wissenskontrollfragen

1) Erklären Sie das Wesen einer Nettolohnvereinbarung. Welche Konsequenzen hat eine Nettolohnvereinbarung für die Lohn- und Gehaltsabrechnung?

2) Unter welchen Bedingungen müssen bei einer Nachzahlung von Arbeitslohn nach dem Sozialversicherungsrecht die bereits abgeschlossenen Lohnabrechnungen der betreffenden Abrechnungszeiträume erneut berechnet werden?

3) Erklären Sie die steuerrechtliche und die sozialversicherungsrechtliche Behandlung von zurückgezahltem Arbeitslohn:

     a) bei einem noch bestehenden Arbeitsverhältnis

     b) bei einem nicht mehr bestehenden Arbeitsverhältnis

4) Nach wessen Lohnsteuerabzugsmerkmalen ist der Lohnsteuerabzug durchzuführen, wenn nach dem Tod eines Arbeitnehmers der noch erwirtschaftete Lohn des Sterbemonats an dessen Hinterbliebene ausgezahlt wird? Auf wen ist die Lohnsteuerbescheinigung auszustellen?

5) Was versteht man unter so genanntem Sterbegeld? Wer bekommt es und nach wessen Lohnsteuerabzugsmerkmalen ist der Lohnsteuerabzug durchzuführen?

6) Wie ist die Zahlung von Sterbegeld sozialversicherungsrechtlich zu behandeln?

Übung 1

Ein verheirateter Arbeitnehmer stirbt am 10.06. mit den Lohnsteuerabzugsmerkmalen: III/1/--. Der Arbeitgeber (Firmensitz ist in Thüringen) hat laut Arbeitsvertrag an die Witwe den Arbeitslohn bis zum Todestag und darüber hinaus bis zum Ende des Sterbemonats zu bezahlen. Weitere Zahlungen an Hinterbliebene wurden nicht vereinbart und werden auch nicht geleistet. Im abzurechnenden Monat teilt sich das Monatsarbeitsentgelt in erwirtschafteten Arbeitslohn in Höhe von 1.014,00 € und weitergezahltes Entgelt in Höhe von 2.028,00 € auf. Die Witwe hat die Lohnsteuerabzugsmerkmale: V/0/--. Sie steht in keinem Beschäftigungsverhältnis.

     a) Ermitteln Sie die einzubehaltende Lohnsteuer, wenn die Vereinfachungsregelung nach LStR R 19.9 Abs. 1 auf den erwirtschafteten Teil und auf das weitergezahlte Entgelt angewandt wird.

....

....

....

     b) Ermitteln Sie das beitragspflichtige Entgelt.

....

....

....

Übung 2

Die Firma Rhin GmbH hat ihren Sitz in Rheinsberg (Bundesland Brandenburg) und zahlt kein Urlaubsgeld und kein Weihnachtsgeld; im Sterbemonat wird Sterbegeld gezahlt. Die Abrechnung erfolgt nach der kalendertäglichen Methode. Der Arbeitnehmer Peter Schneider (* 25.03.1965) verstirbt am 15.09.2024. Er hat bis zum 14.09.2024 gearbeitet. Herr Schneider hat die Lohnsteuerabzugsmerkmale III/0/ev und ist in allen Sozialversicherungszweigen versicherungspflichtig. Seine Krankenkasse erhebt einen Zusatzbeitragssatz von 1,6 %. Die Elterneigenschaft ist nachgewiesen und es besteht kein anteiliger Urlaubanspruch mehr. Sein monatliches Gehalt beträgt 4.125,00 €.

Ab dem 16.09.2024 bis zum 31.09.2024 zahlt der Arbeitgeber freiwillig Sterbegeld an seine Ehefrau Renate in Höhe des restlichen Monatsgehaltes. Für März hat sie die Lohnsteuerabzugsmerkmalen V/0/ev und ist ebenfalls in allen Sozialversicherungszweigen versicherungspflichtig. Ihre Krankenkasse erhebt einen Zusatzbeitragssatz von 1,8 % und auch Ihre Elterneigenschaft ist nachgewiesen.

Ab Oktober bis Dezember erhält Renate Schneider Hinterbliebenenbezüge in Höhe von monatlich 2.600,00 €.

Erstellen Sie die Gehaltsabrechnungen der Firma Rhin GmbH für Herrn Peter Schneider und Frau Renate Schneider für den Monat September.

Pauschalversteuerung: Besondere Anwendungsgebiete

Dieses Kapitel vertieft die Möglichkeiten und verschiedenen Formen der Pauschalierung von Lohnsteuer in ganz spezifischen Anwendungsgebieten.

Inhalt

- Pauschalierung mit besonders ermittelten Pauschalsteuersätzen
- Pauschalierung mit festen Pauschalsteuersätzen
- Pauschalierung bei Zukunftssicherungsleistungen
- Pauschalierung bei Gruppenunfallversicherungen
- Pauschalierung nach § 37b EStG

3.1 Möglichkeiten der Pauschalversteuerung

Für bestimmte Entgeltbestandteile kann der Arbeitgeber eine pauschale Lohnsteuer anstelle der individuellen Lohnbesteuerung mittels Lohnsteuerabzug abführen (§§ 40, 40a und 40b EStG).

Annexsteuern

Die Berechnung des Solidaritätszuschlags erfolgt auf Grundlage der pauschalierten Lohnsteuer mit dem Satz von 5,5 %. Die Kirchensteuer kann per Pauschalierungs- oder Nachweismethode erhoben werden *(ausführlich im Lehrbuch für Einsteiger, Kapitel 4)*.

Sozialversicherungsbeiträge

Bezüge, die gemäß § 40 Abs. 2 EStG mit festen Sätzen pauschal versteuert werden, sind beitragsfrei in der Sozialversicherung. Bezüge, die nach § 40 Abs. 1 EStG mit besonderen Sätzen pauschal versteuert werden, unterliegen der Beitragspflicht, wenn es sich sozialversicherungsrechtlich um einmalig gezahltes Arbeitsentgelt handelt.

3.2 Pauschalierung der Lohnsteuer in besonderen Fällen

§ 40 EStG regelt die Möglichkeiten der Pauschalversteuerung für besondere Lohnbestandteile sowie für Geld- und/oder Sachzuwendungen. Grundsätzlich werden dabei zwei Formen der pauschalen Lohnbesteuerung unterschieden. *(Eine ausführliche Einführung dazu finden Sie im Lehrbuch für Einsteiger.)*:

▧ Pauschalierung mit **besonders** ermittelten betriebsindividuellen Pauschalsteuersätzen (§ 40 Abs. 1 EStG)

▧ Pauschalierung mit **festen** Pauschalsteuersätzen (§ 40 Abs. 2 EStG)

3.2.1 Pauschalierung mit besonders ermittelten betriebsindividuellen Pauschalsteuersätzen

Bei der Pauschalierung mit besonders ermittelten betriebsindividuellen Pauschalsteuersätzen wird der anzuwendende pauschale Steuersatz anhand der Durchschnittslöhne und Steuerklassen aller betroffenen Beschäftigten eines Betriebes ermittelt. Diese Form der Lohnsteuerpauschalierung dient der Vereinfachung des Steuerabzugsverfahrens; sie kann unter bestimmten Voraussetzungen für zwei Zwecke angewendet werden:

▧ Pauschalsteuersatz für **sonstige Bezüge** (§ 40 Abs. 1 Nr. 1 EStG)

▧ Pauschalsteuersatz bei Lohnsteuernacherhebung nach einer **Lohnsteueraußenprüfung** (§ 40 Abs. 1 Nr. 2 EStG).

Pauschalierung bei sonstigen Bezügen

Arbeitgeber haben die Möglichkeit einen Pauschalsteuersatz für sonstige Bezüge beim Betriebsstättenfinanzamt zu beantragen.

Voraussetzungen für die Beantragung eines Pauschalsteuersatzes sind:

▧ Die sonstigen Bezüge müssen an mindestens 20 Arbeitnehmer gezahlt werden

▧ Der Gesamtbetrag der pauschal versteuerten sonstigen Bezüge darf im Kalenderjahr pro Arbeitnehmer maximal 1.000,00 € betragen

▧ Die Pauschalsteuer muss vom Arbeitgeber getragen und nicht auf den Arbeitnehmer abgewälzt werden

Die Auszahlung der sonstigen Bezüge an die Arbeitnehmer darf erst nach Erhalt des Pauschalierungsbescheides vom Betriebsstättenfinanzamt erfolgen.

Der Arbeitgeber hat den besonderen Pauschalsteuersatz selbst zu ermitteln, dies erfolgt in 8 Schritten:

Ermittlung des Pauschalierungssatzes

1. Schritt   Berechnung des durchschnittlichen sonstigen Bezugs pro Arbeitnehmer.

$$\text{durchschnittl. sonst. Bezug pro Arbeitnehmer} = \frac{\text{Summe aller sonstigen Bezüge}}{\text{Gesamtzahl der betroffenen Mitarbeiter}}$$

Dieser ist auf den nächsten durch 216 ohne Rest teilbaren Eurobetrag aufzurunden.

2. Schritt   Einteilung der Arbeitnehmer in drei Gruppen (LStR R 40.1 Abs. 3).

   ▪ Gruppe 1: Arbeitnehmer mit der Steuerklasse I, II und IV

   ▪ Gruppe 2: Arbeitnehmer mit der Steuerklasse III

   ▪ Gruppe 3: Arbeitnehmer mit der Steuerklasse V und VI

3. Schritt   Berechnung des maßgeblichen Jahresarbeitslohn pro Arbeitnehmer

Jahresbruttoarbeitslohn des einzelnen Arbeitnehmers

- Freibeträge gemäß ELStAM

- Versorgungsbezügsfreibeträge

- Altersentlastungsfreibeträge

- Entlastungsbeträge für Alleinerziehende

+ Hinzurechnungsbeträge gemäß ELStAM

4. Schritt   Berechnung des durchschnittlichen maßgeblichen Jahresarbeitslohn.

Die Einzelwerte der maßgeblichen Jahresarbeitslöhne der einzelnen Arbeitnehmer werden addiert und durch die Anzahl der Arbeitnehmer dividiert.

$$\text{durchschnittl. maßgeblicher Jahreslohn pro Arbeitnehmer} = \frac{\text{Gesamtsumme maßgeblicher Jahresarbeitslöhne}}{\text{Gesamtzahl der betroffenen Mitarbeiter}}$$

5. Schritt   Ermittlung der Lohnsteuer für den sonstigen Bezug[a].

Die Ermittlung der Lohnsteuer erfolgt in der Gruppe 1 mit der Lohnsteuerklasse I, in der Gruppe 2 mit der Lohnsteuerklasse III und in der Gruppe 3 mit der Lohnsteuerklasse V.

6. Schritt   Ermittlung des Gesamtjahreslohnsteuerbetrages für den sonstigen Bezug.

Die für jede Berechnungsgruppe ermittelte Lohnsteuer für den sonstigen Bezug wird mit der Anzahl der Arbeitnehmer der jeweiligen Gruppe multipliziert. Die Addition der drei Beträge ergibt den Gesamtjahreslohnsteuerbetrag für alle Arbeitnehmer für alle sonstigen Bezüge.

7. Schritt   Berechnung des Brutto-Pauschalsteuersatz (durchschnittliche Steuerbelastung).

$$\text{Brutto-Pauschalsteuersatz} = \frac{\text{Gesamtjahreslohnsteuerbetrag (nach Schritt 6)} \times 100}{\text{durchschn. sonst. Bezug pro Arbeitnehmer (Schritt 1)} \times \text{Anzahl Arbeitnehmer}}$$

Gemäß LStR R 40.1 Abs. 3 Satz 10 muss der Pauschalsteuersatz nach der ersten Nachkommastelle abgeschnitten werden.

8. Schritt   Berechnung des Netto-Pauschalsteuersatzes.

$$\text{Netto-Pauschalsteuersatz} = \frac{\text{Brutto-Pauschalsteuersatz (durchschnittl. Steuerbelastung)} \times 100}{100 - \text{Brutto-Pauschalsteuersatz (durchschnittl. Steuerbelastung)}}$$

Nach § 40 Abs. 1 Satz 2 EStG muss der Netto-Pauschalsteuersatz errechnet werden, da die Übernahme der Pauschalsteuer durch den Arbeitgeber ein geldwerter Vorteil für den Arbeitnehmer darstellt.

a. Zum ausführlichen Berechnungsverfahren zur Ermittlung der Lohnsteuer auf einen sonstigen Bezug siehe Lehrbuch für Einsteiger.

Pauschalsteuersatz bei Lohnsteuernacherhebung nach einer Lohnsteueraußenprüfung

Lohnsteueraußenprüfung

Wenn bei einer Lohnsteueraußenprüfung durch das Betriebsstättenfinanzamt *(siehe dazu Kapitel 11.2.1)* festgestellt wird, dass ein Arbeitgeber zu wenig Lohnsteuer abgeführt hat, kommt es zu einer Nacherhebung der Lohnsteuer. Betrifft diese eine größere Zahl von Arbeitnehmern, kann der Arbeitgeber zur Vereinfachung des Verfahrens einen **Antrag auf Pauschalierung** stellen.

Pauschalierungssatz

Wird dem Antrag auf Pauschalierung einer nachzuerhebenden Steuer stattgegeben, legt das Betriebsstättenfinanzamt den betriebsindividuellen Pauschalsteuersatz fest.

Pauschalierungsausschluss

Bei einer **Anrufungsauskunft** (§ 42e EStG) nimmt das Betriebsstättenfinanzamt verbindlich Stellung zu einer Anfrage des Arbeitgebers bezüglich steuerrechtlich unklarer Sachverhalte. Berechnet der Arbeitgeber, trotz der Anrufungsauskunft, die Lohnsteuer falsch, ist eine Pauschalierung nicht mehr möglich.

Sozialversicherungsrechtliche Folgen der Pauschalierung mit besonders ermittelten Pauschalsteuersätzen

Beitragspflicht

Im Zuge einer Pauschalierung von Lohnsteuer mit besonders ermittelten Lohnsteuersätzen nach § 40 Abs. 1 EStG besteht Sozialversicherungspflicht. Die Sozialversicherungspflicht entfällt bei Einmalzahlungen gemäß § 23a Abs. 1 Satz 2 SGB IV.

3.2.2 Pauschalierung mit festen Steuersätzen (§ 40 Abs. 2 EStG)

In § 40 Abs. 2 EStG ist geregelt, welche Lohnbestandteile mit einem festen Pauschalsteuersatz von 25 % versteuert werden können *(siehe dazu Lehrbuch für Einsteiger)*. Dazu gehören unter anderem auch Erholungsbeihilfen, die Übereignung von Personalcomputern und Zuschüsse zu Internetnutzungsaufwendungen.

Gewährung von Erholungsbeihilfen

Der Arbeitgeber kann seinen Mitarbeitern zusätzlich zum Urlaubsgeld Erholungsbeihilfen gewähren. Diese stellen für Arbeitnehmer **steuerpflichtigen Arbeitslohn** dar; sie sind von steuerfreien Unterstützungsleistungen zu unterscheiden *(zu Unterstützungsleistungen siehe Kapitel 1.1.7)*.

Unter folgenden Voraussetzungen können Erholungsbeihilfen mit 25 % pauschal versteuert werden:

Voraussetzungen

- Der Geld- oder Sachbezug wird ausschließlich für die Erholung des Arbeitnehmers verwendet. Insbesondere bei Geldleistungen hat der Arbeitgeber sicherzustellen, dass der Betrag tatsächlich zur Erholung verwendet wird; die Erholungsbeihilfe muss zusätzlich zum geschuldeten Arbeitslohn gezahlt werden.

- Die Erholungsbeihilfe muss im Zusammenhang mit einem Urlaub des Arbeitnehmers stehen (LStR R 40.2 Abs. 3 Satz 4) und innerhalb von drei Monaten vor oder bis drei Monaten nach dem Urlaub gezahlt werden. Die Beihilfe kann nicht rückwirkend gewährt werden; Betrag und Zahlungszeitpunkt müssen vor Antritt des Urlaubes festgelegt werden.

- Die Erholungsbeihilfe übersteigt im Kalenderjahr 156,00 € für den Arbeitnehmer, 104,00 € für Ehegatten und 52,00 € für jedes Kind nicht.

Der Arbeitgeber übernimmt die Pauschalsteuern, wobei eine Abwälzung auf den Arbeitnehmer zulässig ist. Wird die **Jahresfreigrenze** überschritten, muss die gesamte Erholungsbeihilfe eines Kalenderjahres als **sonstiger Bezug** versteuert werden. Erholungsbeihilfen sind bis zu 600,00 € (Jahresfreigrenze) steuerfrei, wenn der Arbeitnehmer diese Beihilfe zur Wiederherstellung seiner Arbeitsfähigkeit verwendet.

Erholungsbeihilfen, die pauschal versteuert werden, sind in der Sozialversicherung beitragsfrei.

Beitragsfrei in der Sozialversicherung

Übereignung von Datenverarbeitungsgeräten

Wenn ein Arbeitgeber einem Arbeitnehmer Datenverarbeitungsgeräte oder Zubehör schenkt oder verbilligt überlässt und/oder laufende Kosten übernimmt, entsteht ein **steuerpflichtiger** geldwerter Vorteil für den Arbeitnehmer. Die Übereignung ist dabei in steuerlicher Hinsicht von der bloßen Überlassung zu unterscheiden. Bei der Überlassung verbleiben die Geräte im Eigentum des Arbeitgebers; es handelt sich dann nicht um einen steuerpflichtigen geldwerten Vorteil *(siehe Kapitel 1.1.3)*.

Eigentum des Arbeitnehmers

Der aus einer Übereignung entstehende geldwerte Vorteil kann mit **25 %** pauschal versteuert werden, sofern die Übereignung **zusätzlich zum vereinbarten laufenden Arbeitsentgelt** erfolgt ist. Der geldwerte Vorteil bemisst sich nach dem üblichen Endpreis am Abgabeort, gemindert um übliche Preisnachlässe (§ 8 Abs. 2 EStG) und eines ggf. vom Arbeitnehmer gezahlten Kaufpreises. Eine Pauschalierung ist bei Abspielgeräten nicht möglich.

Geldwerter Vorteil

Ein aus einer Übereignung entstandener geldwerter Vorteil, der pauschal versteuert wird, ist in der Sozialversicherung beitragsfrei.

Beitragsfrei in der Sozialversicherung

Zuschuss zur Internetnutzung

Zuschüsse, die ein Arbeitgeber einem Arbeitnehmer zu dessen privaten Internetnutzungskosten zahlt, stellen **steuerpflichtigen** Lohn dar.

Folgende Leistungen können mit **25 % pauschal** versteuert werden, wenn sie **zusätzlich zum vereinbarten laufenden Arbeitslohn** gewährt werden:

- Ein monatlicher Zuschuss zu laufenden Internetkosten einschließlich Grundgebühr (ohne Nachweis bis zu einer Höhe von 50,00 €).

- Die Übernahme einmaliger Anschlusskosten für einen Internetzugang durch den Arbeitgeber.

Beitragsfrei in der Sozialversicherung

Ein Zuschuss zur Internetnutzung, der pauschal versteuert wird, ist in der Sozialversicherung beitragsfrei.

3.3 Pauschalierung der Lohnsteuer bei bestimmten Zukunftssicherungsleistungen (§ 40b EStG)

Zuwendungen des Arbeitgebers zum Aufbau einer nicht kapitalgedeckten betrieblichen Altersvorsorge können mit einem Pauschallohnsteuersatz von 20 % abgerechnet werden (*siehe Kapitel 5.1.4*).

3.3.1 Pauschalierung der Lohnsteuer bei Gruppenunfallversicherung

Zusätzliche Unfallversicherung

In bestimmten Berufszweigen kann es sinnvoll sein, dass der Arbeitgeber neben der gesetzlichen Unfallversicherung der Berufsgenossenschaft eine **zusätzliche Unfallversicherung** für seine Mitarbeiter abschließt.

Steuerfreie Beiträge

Schließt der Arbeitgeber für mehrere seiner Arbeitnehmer eine **Gruppenunfallversicherung** ab, bei der ausschließlich er der Leistungsempfänger im Schadensfall ist, so sind die Beiträge **kein Arbeitsentgelt** im steuer- und sozialversicherungsrechtlichen Sinn. Dies gilt auch, wenn zwar der Arbeitnehmer der Anspruchsberechtigte ist, er die Ansprüche aber nicht selbst geltend machen kann, weil die Ausübung der Rechte aus dem Versicherungsvertrag ausschließlich dem Arbeitgeber zustehen. Es kommt erst im Schadensfall bei der Auszahlung der Leistung an den betroffenen Arbeitnehmer zur Steuer- und Sozialversicherungspflicht, bezüglich der für ihn gezahlten Beiträge zur Gruppenunfallversicherung jedoch höchstens bis in Höhe der ausgezahlten Leistung.

Steuern und Sozialversicherungsbeiträge

Übernimmt der Arbeitgeber dagegen die Beiträge zu einer zusätzlichen Unfallversicherung, bei der auch die privaten Risiken des Arbeitnehmers abgedeckt sind und der **Arbeitnehmer** dadurch **direkte Leistungsansprüche** gegenüber der Versicherungsgesellschaft geltend machen kann, so sind diese Beiträge zum Zeitpunkt der Zahlung **steuer- und sozialversicherungspflichtiges Arbeitsentgelt**.

Dienstreisen

Schließt die Unfallversicherung den Schutz für **Unfälle auf Dienstreisen** ein, so gilt dieser Beitragsteil als **Reisenebenkosten** nach § 3 Nr. 13 und 16 EStG und ist damit steuer- und beitragsfrei zu behandeln.

Eine eindeutige Aufteilung des Beitrages ist oft nicht möglich, sodass es aus Vereinfachungsgründen zulässig ist 20 % des Gesamtbetrages (einschließlich Versicherungssteuer) als Reisekostenersatz abzuziehen. Damit sind 80 % des Gesamtbeitrages einschließlich Versicherungssteuer als steuer- und beitragspflichtiger geldwerter Vorteil zu behandeln.

Der Arbeitgeber hat jedoch die Möglichkeit, die steuerpflichtigen Beiträge mit einer pauschalen Lohnsteuer von **20 %** zu versteuern. Der pauschal versteuerte Betrag ist dann in der Sozialversicherung **beitragsfrei**. Voraussetzungen für eine pauschale Besteuerung gemäß § 40b Abs. 3 EStG und LStR R 40b.2 ist, dass mehrere Arbeitnehmer (mindestens zwei) in der Gruppen-Unfallversicherung versichert sind.

Pauschalbesteuerung der Beiträge

Beispiel
Pauschale Lohnsteur bei Gruppenunfallversicherung

Die ModeFix GmbH schließt für zwölf ihrer Mitarbeiter eine Gruppenunfallversicherung ab, die sowohl berufliche als auch private Risiken abdeckt. Die Arbeitnehmer sind jeweils direkt anspruchsberechtigt gegenüber der Versicherungsgesellschaft. Der Jahresversicherungsbetrag beläuft sich auf 1.440,00 € zuzüglich 19 % Versicherungssteuer.

■ Die steuerliche Behandlung der Beiträge ist wie folgt zu prüfen:

Da die Arbeitnehmer jeweils direkt anspruchsberechtigt gegenüber der Versicherungsgesellschaft sind, sind die Beiträge steuerpflichtig. Eine Pauschalversteuerung ist möglich, da mehrere Arbeitnehmer versichert sind.

■ Die Bemessungsgrundlage für die pauschale Lohnsteuer ist wie folgt zu ermitteln:

Jahresversicherungsbetrag der Gruppenunfallversicherung		1.440,00 €
zzgl. Versicherungssteuer 19 %	+	273,60 €
Gesamtbeitrag		1.713,60 €
abzgl. 20 % steuerfreier Reisekostenersatz	-	342,72 €
Bemessungsgrundlage		**1.370,88 €**

3.4 Pauschalversteuerung nach § 37b EStG

§ 37b EStG ermöglicht die Versteuerung von Sachbezügen eigener Arbeitnehmer oder Sachzuwendungen an Dritte (Geschäftspartner, Arbeitnehmer von Geschäftspartnern, Kunden) mit einem pauschalen Lohnsteuersatz von 30 % (zuzüglich Solidaritätszuschlag und Kirchensteuer), sofern folgende Bedingungen erfüllt sind:

■ Die Sachbezüge sind betrieblich veranlasst.

■ Die Sachbezüge haben in Summe einen Geldwert von maximal 10.000,00 € pro Empfänger und Wirtschaftsjahr.

■ Die Sachbezüge werden zusätzlich zum ohnehin geschuldeten Arbeitslohn (bei Dritten zur ohnehin geschuldeten Leistung oder Gegenleistung) gewährt.

■ Die Sachbezüge sind nicht bereits nach anderen vorrangigen Vorschriften pauschalierungsfähig.

■ Die Sachbezüge werden nicht nach gesonderten Bewertungsvorschriften behandelt (z. B. Fahrzeugnutzung, Rabattfreibetrag, Vermögensbeteiligungen).

Steuerfreie Grenzwerte für Arbeitnehmer:

■ allgemeine monatliche Sachbezugsfreigrenze in Höhe von 50,00 €

■ Sachbezugsfreigrenze in Höhe von 60,00 € anlässlich eines besonderen persönlichen Anlasses und für Aufmerksamkeiten

■ Sachzuwendungen deren Anschaffungskosten oder Herstellungskosten maximal 10,00 € betragen

Steuerfreie Grenzwerte für Nichtarbeitnehmer:

▪ jährliche Sachzuwendungsfreigrenze in Höhe von 50,00 € pro Empfänger

▪ Sachzuwendungen deren Anschaffungskosten oder Herstellungskosten maximal 10,00 € betragen

Beispiel
Pauschalversteuerung
nach § 37b EStG

Ein Arbeitnehmer erhält monatlich zusätzlich zum geschuldeten Arbeitslohn einen Warengutschein im Wert von 38,00 € (Geldauszahlung ist ausgeschlossen). Im Dezember erhält er außerdem einen Bildband im Wert von 86,00 €.

Insgesamt wird im Dezember die allgemeine Sachbezugsfreigrenze von 50,00 € überschritten, sodass im Dezember alle Zuwendungen steuerpflichtig zu behandeln sind.

Wird der Bildband gemäß § 37b EStG durch den Arbeitgeber pauschal versteuert, bleibt der Warengutschein steuerfrei, da die allgemeine Sachbezugsfreigrenze wieder eingehalten wird.

3.4.1 Bemessungsgrundlage der Pauschalierung

Bemessungsgrundlage für die Berechnung der Pauschalsteuer sind die tatsächlichen Bruttoaufwendungen. Ein Bewertungsabschlag[1] kommt nicht in Betracht. Wie bei allen Sachbezügen mindert auch hier eine Zuzahlung den Wert der Zuwendung; jedoch nur Zuzahlungen des Empfängers. Eine Zuzahlung durch einen Dritten mindert die Bemessungsgrundlage nicht.

3.4.2 Freibetrag und Freigrenze

Die Summe aller an einen Arbeitnehmer zugeflossenen Sachzuwendungen im Kalenderjahr sind bis zu einem „Freibetrag" von 10.000,00 € pauschalierbar. Werden insgesamt Sachzuwendungen von mehr als 10.000,00 € überlassen, so ist der übersteigende Betrag nach den individuellen Lohnsteuerabzugsmerkmalen des Arbeitnehmers bzw. durch Dritte zu versteuern.

▪ Außerdem darf eine einzelne Zuwendung an einen Arbeitnehmer die „Freigrenze" von 10.000,00 € nicht übersteigen. Hat eine einzelne Zuwendung einen höheren Wert, so ist die Pauschalierung vollständig ausgeschlossen.

Beispiel
Pauschalversteuerung
nach § 37b EStG

Ein Arbeitnehmer erhält eine einzelne Sachzuwendung im Wert von 11.000,00 € und leistet eine Zuzahlung in Höhe von 2.000,00 €. Damit vermindert sich der Sachbezugswert der Zuwendung auf 9.000,00 € und somit ist eine Pauschalierung nach § 37b EStG möglich.

3.4.3 Abwälzung der Pauschalsteuer

Wie auch bei den anderen Pauschalierungsmöglichkeiten, kann die Pauschalsteuer nach § 37b EStG im Innenverhältnis auf den Arbeitnehmer abgewälzt werden.

---

1 Eine ausführliche Einführung dazu finden Sie im Lehrbuch für Einsteiger.

3.4.4 Pauschalierung und Sozialversicherung

Hier ist zu unterscheiden, ob es sich um Dritte oder um eigene Arbeitnehmer handelt.

Zuwendungen an Arbeitnehmer von Geschäftspartnern sind nicht sozialversicherungspflichtig, wenn die Pauschalversteuerung angewendet wird. Folglich muss der Geschäftspartner keine Sozialversicherungsbeiträge für seinen Arbeitnehmer berechnen und abführen. Erfolgt die Besteuerung nach den individuellen Lohnsteuerabzugsmerkmalen entsteht ein geldwerter Vorteil.

Für eigene Arbeitnehmer und Arbeitnehmer in Konzernunternehmen zieht die Pauschalierung nach § 37b EStG jedoch keine Sozialversicherungsfreiheit nach sich.

Übernimmt der Arbeitgeber den Arbeitnehmeranteil zur Sozialversicherung, handelt es sich nicht um eine Sachleistung, sodass dieser Betrag der individuellen Lohnsteuer zu unterwerfen ist.

Praxisaufgaben

Die Lösungen finden Sie unter https://www.edumedia.de/verlag/loesungen.

Wissenskontrollfragen

1) Nennen Sie die zwei Einsatzmöglichkeiten der Pauschalversteuerung mit besonderen Steuersätzen nach § 40 Abs. 1 EStG.

2) Wie sind Lohnbestandteile, die nach § 40 Abs. 1 EStG mit besonderen Sätzen pauschal versteuert wurden, sozialversicherungsrechtlich zu behandeln?

3) Welche Bedingungen müssen gemäß § 37b EStG erfüllt sein, damit eine Versteuerung von Sachbezügen mit einem pauschalen Lohnsteuersatz von 30 % versteuert werden können?

4) Wann sind Beiträge eines Arbeitgebers zu einer Gruppenunfallversicherung für seine Mitarbeiter als steuer- und sozialversicherungspflichtiges Arbeitsentgelt für die Arbeitnehmer anzusehen?

5) Unter welchen Bedingungen können lohnsteuerpflichtige Beiträge zu einer Gruppenunfallversicherung pauschal versteuert werden?

Übung 1

Frau Lehmann erhält von ihrem Arbeitgeber einen Computer zum Endpreis von 700,00 € sowie ein E-Book-Reader zum Endpreis von 100,00 € übereignet.

◆ Beurteilen Sie die steuerliche und sozialversicherungsrechtliche Behandlung der übereigneten Gegenstände und ermitteln Sie den in der Gehaltsabrechnung zu berücksichtigenden steuerpflichtigen geldwerten Vorteil aus den genannten Sachbezügen.

Abfindungen

Dieses Kapitel beschreibt die steuer- und sozialversicherungsrechtliche Behandlung von Abfindungszahlungen in ihren verschiedenen Formen und Anwendungsfällen.

Inhalt

▨ Entlassungsabfindungen

▨ Zusammenballung von Einkünften

▨ Vervielfältigung bei betrieblicher Altersvorsorge

▨ Abfindung von Anwartschaften auf betriebliche Altersvorsorge

4.1 Entlassungsabfindungen

Häufig zahlt der Arbeitgeber bei Beendigung eines Arbeitsverhältnisses durch arbeitgeberseitige Kündigung eine Abfindung, mit der unter Anderem der eventuelle zwischenzeitliche Verdienstausfall entschädigt werden soll. Eine solche Entlassungsabfindung unterliegt besonderer steuerlicher und sozialversicherungsrechtlicher Behandlung.

4.1.1 Steuerliche Behandlung von Entlassungsabfindungen

Abfindungen sind grundsätzlich als **sonstiger Bezug** dem zu versteuernden Arbeitslohn hinzuzufügen.

"Echte" Abfindung

Oftmals werden zusammen mit der Abfindung auch **sonstige Entgeltansprüche** des Arbeitnehmers ausgezahlt. Zu beachten ist, dass die Bestandteile der Abfindung, die geschuldeten Arbeitslohn darstellen, nicht steuerbegünstigt sind; d. h. solche Bestandteile, die nicht den Verlust des Arbeitsplatzes entschädigen, sondern **bereits erwirtschaftete Ansprüche des Arbeitnehmers** abgelten (Urlaubsabgeltungen, anteiliges Urlaubs- oder Weihnachtsgeld). Der bereinigte Abfindungsbetrag wird auch als "echte" Entlassungsabfindung bezeichnet und ist als sonstiger Bezug zu berücksichtigen.

4.1.2 Sozialversicherungsrechtliche Behandlung von Entlassungsabfindungen

Beitragsfreiheit in der Sozialversicherung

Im Sozialversicherungsrecht werden Abfindungen, die als Entschädigung für den Verlust eines Arbeitsplatzes gezahlt werden, nicht als beitragspflichtiges Arbeitsentgelt behandelt. Sie bilden damit eine Ausnahme, da sich die Sozialversicherung bei der Definition von beitragspflichtigen Arbeitsentgelten ansonsten eng an das Steuerrecht anlehnt. Abfindungen sind somit **beitragsfrei** in der Kranken-, Pflege-, Renten- und Arbeitslosenversicherung.

"Echte" Entlassungsabfindung

Die Beitragsfreiheit gilt jedoch nur für die so genannte "echte" Entlassungsabfindung, d. h. nur für den Teil der Abfindung, der tatsächlich der Entschädigung des Arbeitsplatzverlustes dient - nicht jedoch für Abfindungsbestandteile, die geschuldetes Arbeitsentgelt darstellen (z. B. Urlaubsabgeltungen etc.).

Die ModeFix GmbH vereinbart im August 2023 mit Herrn Köhler folgenden Aufhebungsvertrag:

„Das seit dem 01.04.2010 bestehende Arbeitsverhältnis wird zum 31.08.2024 aufgehoben. Der Arbeitnehmer erhält eine Abfindung in Höhe von 40.000,00 €. Mit dieser Zahlung sind sämtliche gegenseitige Ansprüche abgegolten. Die Auszahlung der Abfindungssumme erfolgt in vier Teilraten von jeweils 10.000,00 €, in den vier Kalendermonaten, die nach Beendigung des Beschäftigungsverhältnisses folgen."

Herr Köhler erhält ein reguläres Bruttogehalt in Höhe von 3.000,00 €. Bei Beendigung des Beschäftigungsverhältnisses stehen Herrn Köhler noch 5 Tage Urlaub sowie das anteilige 13. Monatsgehalt zu, welches normalerweise im November ausgezahlt wird.

Der Abfindungsbetrag ist steuer- und sozialversicherungsrechtlich wie folgt zu behandeln:

1. Schritt:

Von der Abfindungssumme müssen die bereits erwirtschafteten Bestandteile subtrahiert werden um die bereinigte Entlassungsabfindung zu erhalten. Gemäß § 11 BUrlG ist für die Berechnung der Urlaubsabgeltung das Arbeitsentgelt der letzten 13 Wochen (03.06.2024 bis 31.08.2024) vor dem Ausscheiden zu berücksichtigen. Das anteilige Monatsgehalt für Juni wird nach der Arbeitstage-Methode (3.000,00 € x 20 : 20 = 3.000,00 €) berechnet.

Gesamtabfindung		40.000,00 €
abzgl. Urlaubsabgeltung		
9.000,00 € : 65 Arbeitstage x 5 Urlaubstage	=	-692,31 €
abzgl. anteiliges 13. Monatsgehalt		
3.000,00 € : 12 Monate x 8 Monate	=	-2.000,00 €
bereinigte Entlassungsabfindung		**37.307,69 €**

2. Schritt:
Der Betrag der bereinigten Entlassungsabfindung ist steuer- und sozialversicherungsrechtlich wie folgt zu beurteilen:

- In der Sozialversicherung bleibt die gesamte bereinigte Abfindung in Höhe von 37.307,69 € beitragsfrei.

- Steuerlich ist die gesamte Abfindung in Höhe von 40.000,00 € als sonstiger Bezug zu versteuern.

4.1.3 Verwendung für betriebliche Altersvorsorge (Vervielfältigung)

Häufig werden Entlassungsabfindungen genutzt, um sie in Beiträge zur betrieblichen Altersvorsorge umzuwandeln. Solche Beiträge werden steuerlich begünstigt, wobei zu unterscheiden ist, ob es sich um einen Altfall (bis zum 31.12.2004) oder um einen Neufall (ab dem 01.01.2005) handelt.

Vervielfältigungsregelung nach § 3 Nr. 63 Satz 3 EStG

Bei Beendigung eines Arbeitsverhältnisses können Beträge, die für eine betriebliche Altersvorsorge verwendet werden, innerhalb eines **Freibetrages** steuerfrei genutzt werden.

Vervielfältigung

Der Freibetrag wird in zwei Berechnungsschritten ermittelt:

1. Schritt   Berechnung des steuerfreien Jahresbetrages für die betriebliche Altersvorsorge (maximal 4 % BBG RV West).

2. Schritt   Der in Schritt 1 ermittelte Freibetrag wird mit der Anzahl der Beschäftigungsjahre multipliziert, maximal jedoch nur 10 Beschäftigungsjahre.

Beispiel
Vervielfältigung (Neufälle)

> Die ModeFix GmbH vereinbart mit Herrn Schmidt im August 2023 folgenden Aufhebungsvertrag:
>
> Das seit dem 01.04.2001 bestehende Arbeitsverhältnis wird zum 30.06.2024 aufgehoben. Der Arbeitnehmer erhält eine Abfindung in Höhe von 41.800,00 €; mit dieser Zahlung sind sämtliche gegenseitige Ansprüche abgegolten. Von dieser Abfindung sollen 15.000,00 € in eine Pensionskasse fließen.
>
> Herr Schmidt erhält ein reguläres Bruttogehalt in Höhe von 3.000,00 €. Bei Beendigung des Beschäftigungsverhältnisses stehen Herrn Schmidt noch 5 Tage Urlaub sowie das anteilige 13. Monatsgehalt, welches normalerweise im November ausgezahlt wird, zu. Seit 2002 wird bereits durch den Arbeitgeber ein monatlicher Beitrag von 165,00 € für eine Pensionskasse geleistet. Zum Ausscheiden des Herrn Schmidt im Jahr 2024 schließt der Arbeitgeber für die Einmalprämie von 15.000,00 € einen weiteren Versicherungsvertrag zur Pensionskasse ab.
>
> | Vervielfältigter Steuerfreibetrag | | | | |
> |---|---|---|---|---|
> | max. Beschäftigungsjahre 10 | x | 3.624,00 € * | = | 36.240,00 € |
>
> * maximal 4 % der Jahresbeitragsbemessungsgrenze RV West
>
> Die Versteuerung der Abfindung wird dann wie folgt vorgenommen:
>
> | | |
> |---|---|
> | Abfindung steuerfrei auf Grund Vervielfältigung | 15.000,00 € ** |
> | Abfindung individuell zu versteuern | 26.800,00 € |
>
> **Der vervielfältigte Steuerfreibetrag von 36.240,00 € ist nicht ausgeschöpft, dadurch ist der Anteil der Abfindung (Einmalprämie 15.000,00 €), der in eine Pensionskasse fließt, in voller Höhe steuerfrei.

4.2 Abfindung von Anwartschaften auf betriebliche Altersvorsorge (Pensionsansprüche)

Häufig werden bei Auflösung eines Arbeitsverhältnisses auch die während des Beschäftigungsverhältnisses aufgebauten Anwartschaften auf betriebliche Altersvorsorge (Pensionsansprüche) abgefunden. Eine solche Abfindung ist steuer- und sozialversicherungsrechtlich streng von einer Entlassungsabfindung zu unterscheiden. Bis zum 30.06.2016 war diese Abfindung als Arbeitsentgelt stets vollständig steuer- und sozialversicherungspflichtig. Ab dem 01.07.2016 werden diese Abfindungen als Versorgungsbezüge gehandhabt, unabhängig davon, ob es sich um ein bestehendes oder beendetes Arbeitsverhältnis handelt, d.h. es besteht Versicherungspflicht in der Kranken- und Pflegeversicherung. Die daraus resultierenden Sozialversicherungsbeiträge trägt der Versicherte allein.

Praxisaufgaben

Die Lösungen finden Sie unter https://www.edumedia.de/verlag/loesungen.

Wissenskontrollfragen

1) Erklären Sie den Fachbegriff „bereinigte Entlassungsabfindung".

2) Wie wird eine bereinigte Entlassungsabfindung sozialversicherungsrechtlich behandelt?

3) Vervollständigen Sie folgenden Lückentext:

Bei Beendigung eines Arbeitsverhältnisses können Beträge, die aus einer Abfindungszahlung für eine betriebliche Altersvorsorge verwendet werden, innerhalb eines Freibetrages steuerfrei genutzt werden. Der Freibetrag wird in zwei Berechnungsschritten ermittelt:

Schritt 1:
Berechnung des steuerfreien _____ für die betriebliche Altersvorsorge (maximal ____% BBG RV West).

Schritt 2:
Der in Schritt 1 ermittelte Freibetrag wird mit der Anzahl der _____ multipliziert, maximal jedoch nur _____ Beschäftigungsjahre.

4) Worin unterscheidet sich aus sozialversicherungsrechtlicher Sicht eine Abfindung von Anwartschaften auf betriebliche Altersvorsorge von einer Entlassungsabfindung?

Übung 1

Frau Krämer beendet ihr zehnjähriges Beschäftigungsverhältnis zum 30.06. Sie erhält aufgrund des Aufhebungsvertrages vom 01.02. eine Abfindung in Höhe von insgesamt 10.000,00 €, mit der sämtliche gegenseitige Ansprüche aus dem Arbeitsverhältnis abgegolten sind.

Frau Krämer erhielt monatlich ein Gehalt in Höhe von 1.500,00 € und hatte außerdem Anspruch auf ein 13. Monatsgehalt, welches im November des jeweiligen Jahres fällig war. Der anteilige Jahresurlaub wurde gewährt.

Sie hat bereits eine neue Arbeitsstelle, die sie zum 01.10. antritt und erhält dort ein monatliches Gehalt in Höhe von 2.000,00 €.

a) In welcher Weise ist die Abfindung in der Gehaltsabrechnung zu berücksichtigen?

b) Ermitteln Sie den Teil der Abfindungszahlung, der als so genannte „echte" Abfindung gilt.

c) In welcher Höhe ist der Abfindungsbetrag steuerpflichtig?

d) In welcher Höhe ist die Abfindung in der Sozialversicherung beitragspflichtig?

5

Betriebliche Altersvorsorge und Zahlung von Betriebsrenten

In diesem Kapitel wird die betriebliche Altersvorsorge mit ihren verschiedenen Anlageformen vertieft. Sie lernen die Beiträge steuer- und sozialversicherungsrechtlich richtig zu behandeln. Darüber hinaus wird auch auf die Ermittlung der gesetzlichen Abzugsbeträge bei Betriebsrenten eingegangen.

Inhalt

▤ Pensionszusagen / Einzelzusagen

▤ Pensionsfonds

▤ Unterstützungskassen

▤ Nicht kapitalgedeckte Pensionskassen

▤ Rückdeckungsversicherung

▤ Pensions-Sicherungs-Verein

▤ Kündigung betrieblicher Altersvorsorge

▤ Betriebsrenten

5.1 Betriebliche Altersvorsorge

Die betriebliche Altersvorsorge ist neben der gesetzlichen Rentenversicherung und der privaten Vorsorge ein wichtiges Standbein der Alterssicherung. In der Lohn- und Gehaltsbuchführung werden fünf Formen der betrieblichen Altersvorsorge unterschieden:

- Pensionszusage
- Pensionsfonds
- Unterstützungskassen
- Pensionskassen *(siehe Lehrbuch für Einsteiger)*
- Direktversicherung *(siehe Lehrbuch für Einsteiger)*
- Tarifpartnermodell, Sozialpartnermodell (*siehe Lehrbuch für Einsteiger*)

5.1.1 Pensionszusage / Einzelzusage

Die Pensionszusage (auch Einzelzusage oder Direktzusage) ist eine direkte Form der betrieblichen Altersvorsorge. Direkt, da hier die Versorgungsleistungen aus **eigenen Mitteln des Arbeitgebers** erbracht werden. Der Arbeitgeber finanziert dabei steuerlich begünstigte **Pensionsrückstellungen** und sichert so die direkte Auszahlung von Altersrenten an pensionierte ehemalige Arbeitnehmer durch Rückdeckungsversicherungen oder aus dem laufenden Geschäftsergebnis.

Steuerrechtliche Behandlung

Die Rückstellungen für Pensionszusagen stellen **keinen steuerpflichtigen Arbeitslohn** des Arbeitnehmers dar, folglich sind diese Pensionsrückstellungen steuerfrei für den Arbeitnehmer, unabhängig von der Höhe der Pensionsrückstellung.

Sozialversicherungs-
rechtliche Behandlung

In der Sozialversicherung sind Rückstellungen für Pensionszusagen **beitragsfrei**, soweit sie durch **zusätzliche Leistungen des Arbeitgebers** finanziert werden. Rückstellungen hingegen, die durch **Arbeitsentumwandlung** vom Arbeitnehmer finanziert werden, bleiben bis zu einer Grenze von **4 % der allgemeinen Jahresbeitragsbemessungsgrenze** der gesetzlichen Rentenversicherung (West) **sozialversicherungsfrei** - dies entspricht in 2024 einem Betrag von 3.624,00 € pro Jahr bzw. 302,00 € je Monat. Die Beitragsbemessungsgrenze der Rentenversicherung West ist auch für die neuen Bundesländer maßgeblich. Darüber hinausgehende Rückstellungen aus Entgeltumwandlungen sind **sozialversicherungspflichtig**.

Hinweis: Im Anhang finden Sie eine Übersicht zur steuer- und sozialversicherungsrechtlichen Behandlung aller Anlageformen der betrieblichen Altersvorsorge.

Beispiel
Pensionszusage

Frau Lehmann (Ilmenau, Bundesland Thüringen), deren Monatsgehalt 3.500,00 € beträgt, realisiert ihren Anspruch auf betriebliche Altersvorsorge, indem sie monatlich 350,00 € durch Entgeltumwandlung für eine Pensionszusage anlegt.

- Die aus Entgeltumwandlung finanzierten Pensionszusagen sind bei der Ermittlung des steuer- und beitragspflichtigen Bruttoentgelts wie folgt zu berücksichtigen:

Ermittlung des Steuer-Brutto:

Gehalt	3.500,00 €
abzüglich Betrag aus Entgeltumwandlung	- 350,00 €
Steuer-Brutto	3.150,00 €

Ermittlung des Sozialversicherungs-Brutto:

Gehalt	3.500,00 €
abzüglich Entgeltumwandlung	
bis max. 4% der BBG der RV West	- 302,00 €
Sozialversicherungs-Brutto	**3.198,00 €**

5.1.2 Pensionsfonds

Pensionsfonds sind eine seit 2002 zugelassene Form der betrieblichen Altersvorsorge. Bei dieser Vorsorgeart führt der Arbeitgeber Beiträge für einen Arbeitnehmer in einen Fonds ab. Dadurch erwirbt der betreffende Arbeitnehmer einen Anspruch auf Pensionszahlungen aus dem Fonds. Die Vorsorgebeiträge werden im Rahmen des Fonds nicht nur verwaltet, sondern unter anderem auch verwendet, um durch verschiedene Anlageformen wie Wertpapiere, Immobilien usw. Kapitalerträge zu Gunsten des Fonds zu erzielen. Die Anlageformen können dabei durchaus risikoreich sein (z. B. Aktien), müssen aber eine ausreichende Sicherheit und Liquidität des Fonds gewährleisten. Die Auszahlung der Versorgungsleistung durch den Pensionsfonds an den begünstigten Pensionsempfänger erfolgt ausschließlich als lebenslange Leibrente, nicht als Einmalzahlung.

Anlageform der betrieblichen Altersvorsorge

Beiträge zu Pensionsfonds sind bis zu einer Höhe von **8 % der allgemeinen Jahresbeitragsbemessungsgrenze** der gesetzlichen Rentenversicherung (West) **steuerfrei** - für 2024 sind dies 7.248,00 €. Zu beachten ist, dass bei einem Arbeitgeberwechsel während des Jahres die Freibeträge erneut voll ausgeschöpft werden können, da der neue Arbeitgeber nicht wissen kann, inwieweit die Freibeträge beim alten Arbeitgeber bereits in Anspruch genommen wurden; allerdings können die Freibeträge nur für das so genannte **erste Arbeitsverhältnis**, also bei Steuerklasse I bis V, in Anspruch genommen werden.

Steuerrechtliche Behandlung

Beiträge, die über die Freibeträge hinaus gehen, sind als **steuerpflichtiger** Arbeitslohn **individuell** zu versteuern.

Bis zu **4 % der allgemeinen Jahresbeitragsbemessungsgrenze** der gesetzlichen Rentenversicherung (West) verbleiben auch in der Sozialversicherung **beitragsfrei**. Die Beitragsbemessungsgrenze der Rentenversicherung West ist auch für die neuen Bundesländer maßgeblich.

Sozialversicherungsrechtliche Behandlung

Hinweis: Im Anhang finden Sie eine anschauliche Übersicht zur steuer- und sozialversicherungsrechtlichen Behandlung aller Anlageformen der betrieblichen Altersvorsorge in der Ansparphase. Die Berechnungsgrundlagen finden Sie im Kapitel 9 im Lehrbuch für Einsteiger.

Frau Schönberg, deren Monatsgehalt 3.500,00 € beträgt, realisiert ihre betriebliche Altersvorsorge durch Entgeltumwandlung von ihrem Gehalt. Es fließen 395,30 € in einen Pensionsfond. Davon entfallen 350,00 € auf Entgeltumwandlung von Frau Schönberg 45,30 € auf den Arbeitgeberzuschuss, der sich aus 15 % des maximalen beitragsfreien Betrags (302,00 €) in den Pensionsfond errechnet.

- Der aus Entgeltumwandlung und dem Arbeitgeberzuschuss finanzierte Beitrag zum Pensionsfond ist bei der Ermittlung des steuer- und beitragspflichtigen Bruttoentgelts wie folgt zu berücksichtigen:

Ermittlung des Steuer-Brutto:

Gehalt		3.500,00 €
zzgl. Beitragszuschuss des Arbeitgebers		45,30 €
max. steuerfrei 8 % von 7.550,00 € (BBG RV West) =	604,00 €	
Beitragszuschuss des Arbeitgebers	45,30 €	
Entgeltumwandlung der Arbeitnehmerin	350,00 €	
	395,30 €	-395,30 €*
Steuer-Brutto		**3.150,00 €**

Ermittlung des Sozialversicherungs-Brutto:

Gehalt		3.500,00 €
zzgl. Beitragszuschuss des Arbeitgebers		45,30 €
Beitragszuschuss des Arbeitgebers	45,30 €	
Entgeltumwandlung der Arbeitnehmerin	350,00 €	
Beitrag zum Pensionsfond	395,30 €	
max. beitragsfrei 4 % von 7.550,00 € (BBG RV West) =	302,00 €	
abzgl. Maximaler beitragsfreier Betrag		-302,00 €
Sozialversicherungs-Brutto		**3.243,30 €**

* Der monatliche Einzahlungsbetrag beträgt 395,30 €, also kann auch nur dieser Betrag steuerfrei sein.

5.1.3 Unterstützungskassen

Bei dieser Form der betrieblichen Altersvorsorge leistet der Arbeitgeber Beiträge an eine Unterstützungskasse, ähnlich wie bei Pensionsfonds und Pensionskassen. Unterstützungskassen werden oftmals von einzelnen oder in einer Kooperation von mehreren Unternehmen als GmbH oder gemeinnützige Vereine zum Zweck der betrieblichen Altersvorsorge betrieben. Anders als Pensionskassen oder Pensionsfonds gewähren Unterstützungskassen jedoch keinen unmittelbaren Rechtsanspruch auf Leistungen.

Die steuer- und sozialversicherungsrechtliche Behandlung von Beiträgen in eine Unterstützungskasse entspricht der Behandlung von Rückstellungen für eine Pensionszusage *(siehe Kapitel 5.1.1)*.

Hinweis: Im Anhang finden Sie eine anschauliche Übersicht zur steuer- und sozialversicherungsrechtlichen Behandlung aller Anlageformen der betrieblichen Altersvorsorge in der Ansparphase.

5.1.4 Förderbeitrag für Geringverdiener

Seit dem 01.01.2018 gibt es ein neues steuerliches Fördermodell speziell für Geringverdiener mit einem monatlichen Bruttoeinkommen von bis zu 2.575,00 €, für die ein Neuvertrag zur betrieblichen Altersvorsorge abgeschlossen wird. Voraussetzung für die Förderung ist, dass der Arbeitgeber zusätzlich zum geschuldeten Arbeitsentgelt mindestens 240,00 € im Jahr in den Neuvertrag zur betrieblichen Altersvorsorge einzahlt. Der staatliche Zuschuss von 30 % wird bis zum maximalen Förderbetrag von 288,00 € gewährt (§ 100 Abs. 2 EStG). Der Arbeitgeberbeitrag ist steuerfrei und sozialversicherungsfrei, soweit er im Kalenderjahr 960,00 € nicht übersteigt.

Zuschuss zum Arbeitgeberbeitrag

Vertragsabschluss in 2024, Einmalzahlung 250,00 €, Bruttogehalt 2.100,00 €, Lohnsteuer 146,58 €

Bei diesem Geringverdiener kann sich der Arbeitgeber 30 % = 75,00 € von der von ihm gezahlten Einmalprämie für die Altersvorsorge von der abzuführenden Lohnsteuer einbehalten, d. h. er muss nur 71,58 € ans Betriebsstättenfinanzamt abführen.

Beispiel 1
Förderungsmodelle Geringverdiener

Vertragsabschluss in 2024, Einmalzahlung 1.000,00 €, Bruttogehalt 2.100,00 €, Lohnsteuer 146,58 €

Bei diesem Geringverdiener kann der Arbeitgeber den maximalen Förderbetrag für die Altersvorsorge von 288,00 € (30 % von 960,00 €) von der abzuführenden Lohnsteuer einbehalten, d. h. er muss keine Lohnsteuer an das Betriebsstättenfinanzamt abführen. Die restlichen 40,00 € sind nicht förderbar. Auf sie kann der § 3 Nr. 63 EStG angewendet werden.

Beispiel 2
Förderungsmodelle Geringverdiener

Vertragsabschluss in 2024, Einmalzahlung 200,00 €, Bruttogehalt 2.100,00 €, Lohnsteuer 146,58 €

Bei diesem Geringverdiener kann sich der Arbeitgeber nichts von der abzuführenden Lohnsteuer einbehalten, da der Mindestbetrag zur geförderten Altersvorsorge von 240,00 € unterschritten wird.

Beispiel 3
Förderungsmodelle Geringverdiener

Vertragsabschluss in 2024, Einmalzahlung 300,00 €, Bruttogehalt 2.595,00 €, Lohnsteuer 251,66 €

Bei diesem Arbeitnehmer kann der Arbeitgeber keinen Förderungsbetrag geltend machen und nichts von der abzuführenden Lohnsteuer einbehalten, da es sich nicht um einen Geringverdiener handelt.

Beispiel 4
Förderungsmodelle Geringverdiener

Wichtig für die Berechnung des Förderbetrages ist das Bezugsjahr 2016. Hatte der Arbeitgeber bereits im Jahr 2016 einen Zuschuss zur betrieblichen Altersversorgung gezahlt, so ist der Förderbetrag auf den Betrag begrenzt, den der Arbeitgeber mehr zahlt, als im Jahr 2016.

> **Vertragsabschluss in 2008, Einmalzahlung 200,00 €, ab 2024 erhöht der Arbeitgeber die Einmalzahlung auf 300,00 € Bruttogehalt 2.100,00 €, Lohnsteuer 146,58 €**
>
> Da der Arbeitgeber bereits 2016 eine Einmalzahlung in Höhe von 200,00 € leistete, berechnet sich der Förderbetrag lediglich aus dem Erhöhungsbetrag von 100,00 €. Es kann ein Förderbetrag in Höhe von 30,00 € von der Lohnsteuer einbehalten werden, damit verringert sich die abzuführende Lohnsteuer auf 116,58 €.

5.1.5 Beiträge zu einer nicht kapitalgedeckten Pensionskasse

Die betriebliche Altersvorsorge im Öffentlichen Dienst wird zumeist über **umlagefinanzierte** - also nicht kapitalgedeckte - Pensionskassen durchgeführt (z. B. kommunale oder kirchliche Zusatzversorgungskassen).

Pauschalversteuerung nach
§ 40b EStG

Die Änderungen zur Beitragsbesteuerung der betrieblichen Altersvorsorge zum 01.01.2005 kommen hier nicht zum Tragen, da sie ausschließlich für **kapitalgedeckte** Anlageformen gelten. Für Beiträge in eine umlagefinanzierte Pensionskasse besteht die Möglichkeit bis zu 1.752,00 € pro Jahr nach § 40b EStG mit einem Satz von **20 % pauschal** zu versteuern. Die Pauschalversteuerung zieht **Beitragsfreiheit** in der Sozialversicherung nach sich, sofern die Beiträge vom Arbeitgeber zusätzlich zum Arbeitsentgelt oder vom Arbeitnehmer durch eine Gehaltsumwandlung aus einer Einmalzahlung finanziert werden.

Steuerfreie Beiträge nach
§ 3 Nr. 56 EStG

Zusätzlich sind die Beiträge in eine nicht kapitalgedeckte Pensionskasse bis zu 3 % der Jahresbeitragsbemessungsgrenze RV West (2024: 2.718,00 €) steuerfrei und damit auch beitragsfrei in der Sozialversicherung. Der Prozentsatz steigt ab 2025 auf 4 %. Sofern jedoch gleichzeitig Beiträge nach § 3 Nr. 63 EStG angelegt werden sollten, sind diese vorrangig zu behandeln und mindern die steuerfrei möglichen Beiträge nach § 3 Nr. 56 EStG. Hiermit soll eine Angleichung der Behandlung der betrieblichen Altersvorsorgeverträge erreicht werden.

5.1.6 Rückdeckungsversicherung

Finanzielle Absicherung des
Arbeitgebers

Bei Pensionszusagen gehen Arbeitgeber gegenüber dem einzelnen Arbeitnehmer eine direkte Verpflichtung zur Zahlung einer Altersversorgung ein. Die Versorgungsleistung muss aus eigenen Mitteln - entweder aus dem laufenden Betriebsergebnis oder aus zuvor angesparten Rückstellungen - finanziert werden. Da die Rückstellungen oft nicht ausreichen und der Arbeitgeber darüber hinaus auch ein **hohes finanzielles Risiko** im Fall einer vorzeitigen Fälligkeit der Versorgungsansprüche (z. B. bei Invalidität oder Tod des Arbeitnehmers) eingeht, sichern viele Arbeitgeber den zur Auszahlung einer Pensionszusage notwendigen Kapitalaufwand über eine so genannte Rückdeckungsversicherung ab.

Dies geschieht meist in Form einer **Kapitallebensversicherung**, die der Arbeitgeber (Versicherungsnehmer) auf den Arbeitnehmer (versicherte Person) bei einer Versicherungsgesellschaft abschließt.

Rückdeckungsversicherung
und Direktversicherung

Die Rückdeckungsversicherung stellt keine eigene betriebliche Altersvorsorge dar, sondern ist lediglich eine **Versicherung des Arbeitgebers** gegen eigenes finanzielles Risiko. Sie darf insbesondere nicht mit der betrieblichen Altersvorsorge durch eine Direktversicherung verwechselt werden. Bei der Rückdeckungsversicherung ist ausschließlich der **Arbeitgeber anspruchsberechtigt** gegenüber der Versicherung - nur ihm fließen die Versicherungsleistungen zu.

Die Beiträge, die ein Arbeitgeber zu einer Rückdeckungsversicherung leistet, stellen keinen steuer- oder sozialversicherungspflichtigen Arbeitslohn für den Arbeitnehmer dar. Allerdings muss sichergestellt sein, dass es sich tatsächlich um eine Rückdeckungsversicherung und nicht etwa um eine Direktversicherung handelt. Gemäß LStR R40b.1 besteht eine Rückdeckungsversicherung, wenn folgende Bedingungen erfüllt sind:

Steuer- und Beitragsfreiheit

- Es besteht eine betriebliche Altersvorsorge in Form einer Pensionszusage.

- Der Arbeitnehmer leistet keine eigenen Beiträge zur Versicherung. Dabei kann der Arbeitgeber seine Versicherungsbeiträge durchaus mittels einer Gehaltsumwandlung durch den Arbeitnehmer mitfinanzieren lassen - ein Gehaltsverzicht des Arbeitnehmers gilt hier nicht als eigener Beitrag.

- Ausschließlich der Arbeitgeber ist gegenüber der Versicherungsgesellschaft anspruchsberechtigt. Allerdings ist es zulässig, die Ansprüche des Arbeitgebers an den Arbeitnehmer abzutreten oder zu verpfänden.

5.1.7 Pensions-Sicherungs-Verein

Auch der Pensions-Sicherungs-Verein (PSVaG) dient zur Absicherung der Betrieblichen Altersvorsorge im Insolvenzfall des Arbeitgebers. Im Falle einer Unternehmensinsolvenz übernimmt der Pensions-Sicherungs-Verein eine direkte Zahlung an alle anspruchsberechtigten Arbeitnehmer. Die Finanzierung der Insolvenzsicherung erfolgt durch insolvenzsicherungspflichtige Arbeitgeber gemäß Betriebsrentengesetz. Jeder Arbeitgeber, der Versorgungsleistungen zusagt, ist verpflichtet sich beim Pensions-Sicherungs-Verein anzumelden und Beiträge zu zahlen.

Der Arbeitgeber muss bis zum 30.09. des laufenden Jahres für das zurückliegende Kalenderjahr die Höhe des für die Berechnung maßgeblichen Betrages (Beitragsbemessungsgrundlage) dem Pensions-Sicherungs-Verein (PSVaG) in einem Erhebungsbogen mitteilen. Der Arbeitgeber hat zusätzlich zu der Papierform die Möglichkeit die Meldung der Beitragsbemessungsgrundlage elektronisch zu übermitteln. Der Beitragssatz für das Jahr 2023 beträgt 1,9 Promille. Die Beiträge zum Pensions-Sicherungs-Verein werden allein vom Arbeitgeber getragen und stellen damit kein Arbeitsentgelt dar.

5.2 Kündigung der Betrieblichen Altersvorsorge

Wie alle Verträge, kann auch der Vertrag über eine betriebliche Altersvorsorge durch den Arbeitnehmer gekündigt werden. Bei der Rückzahlung der bisher gezahlten Beiträge durch das Versicherungsunternehmen ist zu prüfen, ob es sich um lohnsteuerpflichtiges und/oder sozialversicherungspflichtiges Arbeitsentgelt handelt. Hier ist zu unterschieden, ob es sich um eine vorzeitige Kündigung mit Wirkung in die Zukunft, bei der der sog. Rückkaufswert durch die Versicherung ausgezahlt wird, oder um eine Aufhebung des Vertrages mit Wirkung in die Vergangenheit handelt.

5.2.1 Kündigung mit Wirkung in die Zukunft - Auszahlung des Rückkaufswerts

Bei einer vorzeitigen Kündigung des Versicherungsvertrages durch den Arbeitnehmer wird durch die Versicherungsgesellschaft der sog. Rückkaufswert ausgezahlt. In diesem Fall ist die Leistung aus dem Versicherungsvertrag nicht nach § 19 EStG im Lohnsteuerabzugsverfahren, sondern nach § 22 EStG im Rahmen der Einkommensteuerveranlagung des Arbeitnehmers zu versteuern. Die Versicherungsgesellschaft stellt hierzu die entsprechende Bescheinigung für den Arbeitnehmer aus und übermittelt eine Kontrollmitteilung an das Veranlagungsfinanzamt. Der Rückkaufswert ist nicht in der Lohnsteuerbescheinigung durch den Arbeitgeber zu bescheinigen.

5.2.2 Aufhebung des Versicherungsvertrages - Erstattung der gezahlten Beiträge

In Ausnahmefällen kann es aber auch sein, dass der Arbeitnehmer vom Versicherungsvertrag zurücktritt bzw. eine Widerrufserklärung abgibt. Das Versicherungsunternehmen zahlt dann sämtliche Beiträge zurück. Die Rückzahlung der Beiträge unterliegt dem Lohnsteuerabzug nach § 19 EStG, da hier rückwirkend keine wirksame Vereinbarung über eine Betriebliche Altersvorsorge vorgelegen hat. Die Rückzahlung der Beiträge ist als sonstiger Bezug zu versteuern.

5.2.3 Versorgungsfreibetrag

In beiden Fällen kommt der Versorgungsfreibetrag nicht zur Anwendung, da es sich nicht um einen Versorgungsbezug handelt.

5.2.4 Sozialversicherung

Sowohl die Auszahlung des Rückkaufswertes als auch die Erstattung der Beiträge bei Widerruf sind als Einmalzahlung sozialversicherungspflichtig zu behandeln.

5.3 Zahlung von Betriebsrenten

Die verschiedenen Formen der Betrieblichen Altersvorsorge werden nach dem Zeitpunkt der Besteuerung unterschieden. Entweder sind die in der Ansparphase vom Arbeitgeber geleisteten Vorsorgebeiträge steuerpflichtig oder die in der Auszahlungsphase gewährten Versorgungsleistungen *(siehe dazu Lehrbuch für Einsteiger)*.

Da bei der Betrieblichen Altersversorgung über eine Pensionszusage oder Unterstützungskasse die Versorgungsleistungen direkt vom ehemaligen Arbeitgeber ausgezahlt werden, hat dieser die Ermittlung und Abführung der gesetzlichen Abzugsbeträge vorzunehmen.

5.3.1 Lohnsteuerabzug bei Betriebsrenten

Zahlt ein Arbeitgeber **steuerpflichtige Versorgungsleistungen** aus einer betrieblichen Altersvorsorge an pensionierte Arbeitnehmer oder dessen Hinterbliebene aus (Betriebsrente), so hat er die entsprechende Lohnsteuer anhand der individuellen Lohnsteuerabzugsmerkmale des Empfängers zu ermitteln und abzuführen.[1]

Versorgungsbezüge

Beim Lohnsteuerabzug für Betriebsrenten sind zwei Besonderheiten zu beachten: Zum einen ist bei der Ermittlung der Steuerbeträge die **besondere Lohnsteuertabelle** anzuwenden, zum anderen kommt der **Versorgungsfreibetrag** zum Tragen, sofern es sich bei den Rentenzahlungen um so genannte Versorgungsbezüge handelt. Dies ist der Fall, wenn die Betriebsrente gewährt wird als:

- Betriebsrente an Arbeitnehmer, die das 63. Lebensjahr vollendet haben

- Betriebsrente an schwerbehinderte Arbeitnehmer, die das 60. Lebensjahr vollendet haben

- Hinterbliebenenbezüge auf Grund von Betriebsrenten

- Betriebsrente auf Grund verminderter Erwerbsfähigkeit des Arbeitnehmers

---

1   Hat der Empfänger der Betriebsrente seinen Wohnsitz ins Ausland verlegt, ist das entsprechende Doppelbesteuerungsabkommen zu berücksichtigen. In der Regel ist die Betriebsrente im Wohnsitzstaat zu versteuern, sodass der ehemalige Arbeitgeber keine Lohnsteuer einbehalten und abführen muss. *(Siehe dazu Kapitel 8.)*

Die Gesamthöhe des Versorgungsfreibetrages setzt sich aus einem **variablen Grundfreibetrag** und einem **festen Zuschlag** zusammen. Der Grundfreibetrag wird als Prozentsatz des als Bemessungsgrundlage geltenden Versorgungsbezuges ermittelt - ist jedoch auf einen jährlichen Maximalbetrag begrenzt. Sowohl der Grundfreibetrag als auch der Zuschlag sinken seit 2005 in Folge des Alterseinkünftegesetzes (AltEinkG) kontinuierlich ab:

- Der in 2005 für den Grundfreibetrag maßgebliche Prozentsatz von 40 % sinkt ab 2021 bis 2040 jährlich um 0,8 Prozentpunkte.
- Der in 2005 für den Grundfreibetrag maßgebliche jährliche Höchstbetrag von 3.000,00 € sinkt ab 2021 bis 2040 jährlich um 60,00 €.
- Der in 2005 maßgebliche Zuschlag von 900,00 € pro Jahr sinkt ab 2021 bis 2040 jährlich um 18,00 €.

Höhe des Versorgungsfreibetrages

Jahr des Rentenbeginns	Versorgungsfreibetrag		Jährlicher Zuschlag
	Grundfreibetrag		
	Bemessungsgrundlage in %	jährlicher Höchstbetrag	
2005	40,0	3.000,00	900,00
2006	38,4	2.880,00	864,00
...			
2022	14,4	1.080,00	324,00
2023	14,0	1.050,00	315,00
2024	13,6	1.020,00	306,00
2025	13,2	990,00	297,00
...			
2057	0,4	30,00	9,00
2058	0,0	0,00	0,00

Die vollständige Tabelle finden Sie im Anhang.

Der bei Beginn der Rentenzahlung maßgebliche Prozentsatz und Höchstbetrag zur Ermittlung des Versorgungsfreibetrages wird auch in allen Folgejahren beibehalten. Für Rentenzahlungen, die vor dem 01.01.2005 begonnen haben, sind die Grenzen des Jahres 2005 heran zu ziehen.

Als Bemessungsgrundlage für den Versorgungsfreibetrag sind die kalenderjährlichen Versorgungsbezüge **zum Zeitpunkt der erstmaligen Zahlung** maßgebend (§ 19 Abs. 2 Satz 4 EStG). Das heißt, wenn es sich um einen laufenden Versorgungsbezug handelt, ist als Bemessungsgrundlage das **Zwölffache des ersten vollen Monats**, zuzüglich voraussichtlicher Sonderzahlungen, zugrundezulegen. Versorgungsfreibetrag und Zuschlag bleiben unverändert, so lange der Versorgungsbezug gezahlt wird, sie ändern sich auch bei einer späteren Erhöhung des Versorgungsbezugs nicht.

Bemessungsgrundlage für den Versorgungsfreibetrag (§ 19 Abs. 2 Satz 4 EStG)

Herr Gerhardt bezieht seit März 2003 eine monatliche Betriebsrente in Höhe von 580,00 €. Seit Januar 2010 ist der Versorgungsbezug auf 600,00 € pro Monat erhöht worden.

■ Für 2024 ist das monatliche steuerpflichtige Brutto wie folgt zu ermitteln:

Als Versorgungsfreibetrag ist der zu Beginn der Rentenzahlung ermittelte Freibetrag maßgeblich. Da der Rentenbeginn vor dem 01.01.2005 liegt, sind die Höchstgrenzen von 2005 heranzuziehen.

Ermittlung des Versorgungsfreibetrages:

Bemessungsgrundl. für Grundfreibetrag	12 Monate x 580,00 € =	6.960,00 €
jährlicher Grundfreibetrag	40 % von 6.960,00 € =	2.784,00 €
jährlicher Zuschlag	+	501,12 €
jährlicher Versorgungsfreibetrag		**3.285,12 €**
monatlicher Versorgungsfreibetrag	3.285,00 € : 12 Monate =	273,76 €

Ermittlung des monatlichen steuerpflichtigen Brutto in 2024:

monatlicher Versorgungsbezug		600,00 €
abzüglich monatlicher Versorgungsfreibetrag	-	273,76 €
steuerpflichtig		**326,24 €**

5.3.2 Sozialversicherungsbeiträge für Betriebsrenten

Mitglieder einer gesetzlichen Krankenversicherung, die Versorgungsleistungen aus einer **betrieblichen Altersvorsorge** erhalten, müssen für diese Versorgungsbezüge entsprechende **Beiträge zur Kranken- und Pflegeversicherung** zahlen. In der **Renten- und Arbeitslosenversicherung** besteht hingegen **keine Beitragspflicht**.

Zu beachten ist, dass der Rentenempfänger die Beiträge in vollem Umfang **allein** zu tragen hat. Der Arbeitgeber, der die Betriebsrente auszahlt, hat keine Arbeitgeberanteile zu leisten. Bei Auszahlung als monatliche Rente muss er die durch den Rentenempfänger zu zahlenden Beiträge jedoch einbehalten und an die Krankenkasse abführen. Bei einer Einmalauszahlung ist der ehemalige Arbeitgeber verpflichtet, den Auszahlungsbetrag der Krankenkasse zu melden.

Freibetrag/Freigrenze

Bei der Berechnung der Sozialabgaben auf einen Versorgungsbezug kommt gemäß § 226 Abs. 2 SGB V bei der Berechnung der Beiträge zur Krankenversicherung ein Freibetrag und zur Pflegeversicherung eine Freigrenze in Höhe von 176,75 € (1/20 von 3.535,00 €) zum Ansatz.

Maßgebliche Beitragssätze

Bei pflichtversicherten und freiwillig versicherten Rentnern wird der **allgemeine** Beitragssatz und der Zusatzbeitragssatz der Krankenkasse des Rentners für die Berechnung der Beiträge aus den Betriebsrenten oder den Versorgungsbezügen verwendet. Bei Veränderungen des Zusatzbeitragssatzes wird der neue Beitragssatz für Rentner erst zwei Monate nach den Veränderungen angewendet. Dies gilt auch, wenn der Versorgungsbezug als Einmalzahlung gewährt wird.

Bemessungsgrundlage

Als Bemessungsgrundlage für die Beiträge ist grundsätzlich der **laufende Versorgungsbezug** bis zur gültigen Beitragsbemessungsgrenze heranzuziehen. Da bei einer Kapitalausschüttung durch **Einmalzahlung** in der Regel die gültige Beitragsbemessungsgrenze weit überschritten würde, ist in diesem Fall der Betrag fiktiv auf **10 Jahre** (120 Monate) zu verteilen. Monatlich beitragspflichtig ist dann 1/120 der Einmalzahlung bis zur monatlichen Beitragsbemessungsgrenze. Wird die Einmalzahlung für weniger als 10 Jahre gewährt, ist für die fiktive Verteilung der kürzere Zeitraum maßgebend.

Der Arbeitnehmer Karl Huber erhält von seinem früheren Arbeitgeber (Bundesland Thüringen) seine betrieblichen Pensionsansprüche in Höhe von 120.000,00 € als einmalige Kapitalausschüttung am 26.07.2024 ausgezahlt. Er ist gesetzlich krankenversichert, seine Krankenkasse hat einen Zusatzbeitragssatz von 1,9 %. Herr Huber ist 1957 geboren und hat keine Kinder.

120.000,00 € : 120 Monate* = 1.000,00 €   >   176,75 €

Der auf einen Monat entfallende Teil der Einmalzahlung übersteigt die Freigrenze und ist somit in voller Höhe beitragspflichtig. Die monatliche Beitragsbemessungsgrenze wird nicht erreicht.

Berechnung der Kranken- und Pflegeversicherungsbeiträge:

KV	823,25 €	x	14,6%		120,19 €
KV Zusatz	823,25 €	x	1,9%	+	15,64 €
PV	1.000,00 €	x	3,4%	+	34,00 €
PV Zuschlag	1.000,00 €	x	0,60%	+	6,00 €
monatliche Beiträge für 2024 ab August **					**175,83 €**

Die Beiträge sind in den Folgejahren bis Juli 2034 neu zu berechnen.**

* 120 Monate = 10 Jahre
  Bei Kapitalausschüttung durch Einmalzahlung ist eine Verteilung auf 10 Jahre vorgeschrieben, wenn die aktuelle Beitragsbemessungsgrenze überschritten wird.

** Die Frist von 10 Jahren beginnt mit dem auf die Kapitalausschüttung folgenden Kalendermonat.

Praxisaufgaben

Die Lösungen finden Sie unter https://www.edumedia.de/verlag/loesungen.

Wissenskontrollfragen

1) Erklären Sie das Konzept der Pensionszusage als Form der betrieblichen Altersvorsorge. Weshalb wird sie auch als „Direktzusage" bezeichnet?

2) Vervollständigen Sie folgenden Text:

   Die Auszahlung der Versorgungsleistung durch den Pensionsfonds an den begünstigten Pensionsempfänger erfolgt ausschließlich als _____, nicht als _____.

3) Wozu dienen so genannte Rückdeckungsversicherungen im Bereich der betrieblichen Altersvorsorge? Wer schließt eine solche Versicherung ab?

4) Vervollständigen Sie folgenden Text:

   Bei der Rückdeckungsversicherung ist ausschließlich der _____ anspruchsberechtigt gegenüber der Versicherung – nur ihm fließen _____ zu.

5) Unter welchen Voraussetzungen kann beim Lohnsteuerabzug für Betriebsrenten der Versorgungsfreibetrag angewendet werden?

Übung 1

◆ Welche monatlichen Versorgungsfreibeträge sind für folgende Arbeitnehmer im Jahr 2024 anzuwenden.

a) Herr Walther ist Altersvollrentner und hat die Regelaltersgrenze überschritten. Er bezieht seit dem 01.01.2009 eine monatliche Betriebsrente von seinem ehemaligen Arbeitgeber in Höhe von 800,00 €. Außerdem hat er aufgrund der Pensionszusage einen Anspruch auf Weihnachtsgeld in Höhe von 800,00 €, welches im Dezember ausgezahlt wird.

....

....

....

b) Frau Grün ist Altersvollrentnerin und hat die Regelaltersgrenze überschritten. Sie bezieht ab dem 01.03.2024 eine monatliche Betriebsrente in Höhe von 500,00 €.

....

....

....

6

Besondere Abrechnungsgruppen und -fälle

In diesem Kapitel lernen Sie verschiedene Gruppen von Lohn- oder Gehaltsempfängern kennen, die gegenüber herkömmlichen Arbeitnehmern steuer- oder sozialversicherungsrechtlich besonders behandelt werden.

Inhalt

▨ Vorstandsmitglieder von Aktiengesellschaften und Genossenschaften

▨ GmbH-Geschäftsführer

▨ Familienangehörige

▨ Kurzarbeitergeld

▨ Beschäftigung von Schülern, Studenten, Praktikanten

▨ Altersteilzeit

▨ Geringfügig Beschäftigte in privaten Haushalten

▨ Bundesfreiwilligendienst

▨ Pflegezeit und Familienpflegezeit

▨ Beschäftigung schwerbehinderter Menschen

6.1 Vorstandsmitglieder von Aktiengesellschaften und Genossenschaften

Für Vorstandsmitglieder von Aktiengesellschaften und Genossenschaften, die **gegen Entgelt** beschäftigt sind, gilt es einige steuer- und sozialversicherungsrechtliche Besonderheiten in der Gehaltsabrechnung zu berücksichtigen.

6.1.1 Lohnsteuerliche Behandlung der Einkünfte von Vorstandsmitgliedern

Vorstandsmitglieder von Aktiengesellschaften und Genossenschaften sind im lohnsteuerrechtlichen Sinne **Arbeitnehmer**, da sie direkt in die betrieblichen Abläufe des Unternehmens eingebunden sind. Daher ist die Vorstandstätigkeit in einem gesonderten Vertrag hinsichtlich Art, Umfang und Vergütung genau zu regeln. Durch den Arbeitgeber ist der normale **Lohnsteuerabzug** anhand der individuellen Lohnsteuerabzugsmerkmale oder mit pauschalen Lohnsteuersätzen durchzuführen. Unter Umständen ist dabei die **besondere Lohnsteuertabelle** anzuwenden *(siehe auch Lehrbuch für Einsteiger)*. Wird das Entgelt allerdings in Form eines **Aufwandsersatzes** geleistet, liegt **keine steuerpflichtige Vergütung** von Arbeitsleistung vor. Der Arbeitgeber hat in diesem Fall keine Lohnsteuer einzubehalten.

6.1.2 Sozialversicherungsrechtliche Behandlung der Einkünfte von Vorstandsmitgliedern

Während Vorstände von **Genossenschaften** grundsätzlich in allen Zweigen der Sozialversicherung **versicherungspflichtig** sind, werden bei Vorständen von Aktiengesellschaften die einzelnen Versicherungszweige unterschiedlich behandelt.

Renten- und Arbeitslosenversicherung bei Vorstandsmitgliedern einer Aktiengesellschaft

Keine
Rentenversicherungspflicht

Vorstände von Aktiengesellschaften sind aufgrund ihrer besonderen und vergleichsweise starken wirtschaftlichen Stellung **keine Arbeitnehmer im Sinne des Rentenversicherungsrechts.** Daher beschränkte sich die Rentenversicherungsfreiheit bis 2004 nicht nur auf die Vorstandstätigkeit, sondern bezog sich auch auf alle anderen Nebentätigkeiten und Anstellungsverhältnisse, selbst wenn diese gegenüber der Vorstandstätigkeit überwogen.

Bereits im Jahr 2001 hat das Bundessozialgericht jedoch darauf hingewiesen, dass auch Vorstände kleiner und finanzschwacher Aktiengesellschaften einer sozialen Absicherung bedürfen und dass die Gründung einer solchen Aktiengesellschaft rechtsmissbräuchlich und daher unzulässig ist, wenn sie wesentlich dem Zweck dient, das Vorstandsmitglied generell von der Rentenversicherungspflicht zu befreien.

Seit 2004 ist nun für alle nach dem 06.11.2003 bestellten Vorstände die Rentenversicherungsfreiheit auf die **Vorstandstätigkeit selbst** und auf weitere Anstellungsverhältnisse **innerhalb des Konzernunternehmens** beschränkt. Für Beschäftigungen bei Unternehmen, die nicht zur Aktiengesellschaft gehören, ist die Rentenversicherungspflicht gesondert zu prüfen.

Keine Arbeitslosenversicherungspflicht

Die Befreiung von der Pflicht zur **Arbeitslosenversicherung** beschränkt sich ebenfalls auf die Vorstandstätigkeit und alle anderen Anstellungsverhältnisse innerhalb des Konzernunternehmens. Beschäftigungen bei Unternehmen, die nicht zur Aktiengesellschaft gehören, deren Vorstand der Betreffende ist, sind dagegen hinsichtlich ihrer Beitragspflicht in der Arbeitslosenversicherung zu prüfen.

Kranken- und Pflegeversicherung bei Vorstandsmitgliedern einer Aktiengesellschaft

Bei der Beurteilung der Versicherungpflicht von Vorstandsmitgliedern in der Kranken- und Pflegeversicherung ist die **Aktienbeteiligung** des Vorstandsmitgliedes am Unternehmen zu berücksichtigen.

Hält das betreffende Vorstandsmitglied **keine Aktienmehrheit** am Unternehmen, ist es **versicherungspflichtig in der Kranken- und Pflegeversicherung,** wenn seine Bezüge die Jahresarbeitsentgeltgrenze nicht überschreiten. In der Regel ist dies jedoch der Fall, sodass die meisten Vorstände privat oder freiwillig gesetzlich krankenversichert sind. Da sie an sich versicherungspflichtig sind und nur aufgrund der Überschreitung der Jahresarbeitsentgeltgrenze von Beiträgen befreit sind, gehören sie zu den Arbeitnehmern, die nach § 257 SGB V und § 61 SGB XI einen gesetzlichen Anspruch auf Arbeitgeberzuschüsse zu ihren privaten bzw. freiwilligen gesetzlichen Kranken- und Pflegeversicherungsbeiträgen haben. Die entsprechenden Arbeitgeberzuschüsse stellen kein steuer- und beitragspflichtiges Entgelt dar.

Hält das Vorstandmitglied hingegen die **Aktienmehrheit** am Unternehmen, gilt es nicht mehr als Arbeitnehmer im sozialversicherungsrechtlichen Sinne. In diesem Fall besteht **keine Versicherungspflicht in der Kranken- und Pflegeversicherung.** Freiwillige Arbeitgeberzuschüsse zu einer privaten oder freiwillig gesetzlichen Krankenversicherung stellen dann steuerpflichtigen Arbeitslohn dar, weil der Arbeitnehmer keinen Rechtsanspruch auf die Zuschüsse hat.

Keine Aktienmehrheit

Aktienmehrheit

6.1.3 Berufsgenossenschaftsbeiträge für Vorstandsmitgliedern einer Aktiengesellschaft

Vorstandsmitglieder einer Aktiengesellschaft sind hinsichtlich einer Mitgliedschaft in der Berufsgenossenschaft versicherungsfrei. Sie können sich jedoch nach § 6 Abs. 1 Nr. 2 SGB VII freiwillig versichern. Beiträge zur freiwilligen Versicherung in der Berufsgenossenschaft sind, sofern sie vom Unternehmen getragen werden, dem steuerpflichtigen Lohn zuzurechnen.

6.1.4 Vermögenswirksame Leistungen

Oft erhalten auch Vorstände von Aktiengesellschaften über ihre Lohnabrechnung Zuschüsse durch den Arbeitgeber zu den Vermögenswirksamen Leistungen. Dies allein ist nicht weiter problematisch, da der Zuschuss generell steuer- und beitragspflichtig zu behandeln ist.

In der Regel werden jedoch auch die Überweisungen des Sparbetrages an das Anlageunternehmen als Vermögenswirksame Leistungen gekennzeichnet. Diese Kennzeichnung löst bei dem Anlageunternehmen eine entsprechende Bescheinigung aus, womit der Arbeitnehmer im Rahmen seiner Einkommensteuerveranlagung die Arbeitnehmer-Sparzulage beantragt.

Jedoch sind die Mitglieder des zur gesetzlichen Vertretung berufenen Organs juristischer Personen, z. B. Vorstände einer Aktiengesellschaft, nach dem Vermögensbildungsgesetztes (VermBG) nicht zulageberechtigt. Die Zahlung von Vermögenswirksamen Leistungen darf daher nicht als solche gekennzeichnet werden.

6.2 Geschäftsführer einer GmbH

Geschäftsführer sind leitende Angestellte eines Unternehmens, die den **Weisungen der Gesellschafter** unterliegen. Sie sind in vielen Fragen des Arbeitsrechts von normalen Arbeitnehmern zu unterscheiden, da sie berechtigt sind, Mitarbeiter einzustellen, ihnen Weisungen zu erteilen und sie erforderlichenfalls zu entlassen. Für die Gehaltsabrechnung eines Geschäftsführers ist von Bedeutung, ob dieser gleichzeitig auch Gesellschafter der GmbH ist (**Gesellschafter-Geschäftsführer**) oder ob er selbst keine Anteile am Unternehmen besitzt (**Fremd-Geschäftsführer**). Zudem ist zu prüfen, ob seine Stellung im Unternehmen als „beherrschend" anzusehen ist.

6.2.1 Steuerliche Behandlung von GmbH-Geschäftsführern

Lohnsteuerrechtlich ist zu unterscheiden, ob es sich um einen Fremd-Geschäftsführer oder Gesellschafter-Geschäftsführer handelt.

Fremd-Geschäftsführer werden steuerlich wie **gewöhnliche Arbeitnehmer** behandelt. Der Lohnsteuerabzug wird anhand der Lohnsteuerabzugsmerkmale und den Lohnsteuertabellen durchgeführt. Dieses Verfahren gilt auch für **Gesellschafter-Geschäftsführer**, jedoch ist für diese Personengruppe die **allgemeine** oder die **besondere** Lohnsteuertabelle anzuwenden, je nach dem, ob der Gesellschafter-Geschäftsführer als sozialversicherungspflichtiger Arbeitnehmer geführt wird oder nicht.

Lohnbestandteile von Gesellschafter-Geschäftsführern

Bei Gesellschafter-Geschäftsführern müssen die verschiedenen Lohnbestandteile daraufhin überprüft werden, ob sie als Gegenleistung für die Geschäftsführer-Tätigkeit und somit als Arbeitslohn anzusehen sind, oder ob es sich um **Gewinnausschüttungen** handelt, die dann als Einkünfte aus Kapitalvermögen gelten würden. Aufgrund ihrer besonderen Stellung als Miteigentümer der GmbH zählen für Gesellschafter-Geschäftsführer folgende Bezüge nicht zum Arbeitslohn, sondern zu den Einkünften aus Kapitalvermögen:

- Überstundenvergütung
- Zuschläge, gleich welcher Art
- Bezüge, die im Arbeitsvertrag nicht eindeutig einer genauen Tätigkeit zugeordnet sind
- Bezüge, die im Branchenvergleich für die Art und den Umfang der Tätigkeit als überhöht zu erachten sind
- Bei einer Nachversteuerung durch den Arbeitgeber übernommene Lohnsteuer
- Von der GmbH übernommene Beiträge zur Berufsgenossenschaft, sofern die Übernahme nicht arbeitsvertraglich festgelegt ist.
- Von der GmbH gewährte Zuschüsse zur Kranken- und Pflegeversicherung, sofern die Zuschüsse nicht arbeitsvertraglich festgelegt sind.

Urlaubsabgeltung

Dagegen stellt eine Urlaubsabgeltung, während oder nach Beendigung des Beschäftigungsverhältnisses, keine verdeckte Gewinnausschüttung, sondern lohnsteuerpflichtigen Arbeitslohn dar, sofern eine Auszahlung des Urlaubsanspruchs im Arbeitsvertrag geregelt wurde. Hier unterscheiden sich Gesellschafter-Geschäftführer arbeitsrechtlich von Arbeitnehmern, da für Arbeitnehmer die Zahlung einer Urlaubsabgeltung während des Beschäftigungsverhältnisses nicht möglich wäre.

6.2.2 Sozialversicherungspflicht für GmbH-Geschäftsführer

Da Sozialversicherungspflicht grundsätzlich nur für abhängig beschäftigte Arbeit- | Arbeitnehmerstatus
nehmer, nicht aber für Selbständige und Unternehmer, besteht, gilt es bei GmbH-Geschäftsführern zu prüfen, ob sie als **abhängige Arbeitnehmer** im sozialversicherungsrechtlichen Sinne anzusehen oder aber **unabhängig unternehmerisch tätig** sind. Dabei ist von besonderer Bedeutung, in welchem Maße der Geschäftsführer gegenüber den Gesellschaftern einer GmbH weisungsgebunden und wie groß sein eigener Einfluss auf die Belange des Unternehmens ist.

Als unternehmerisch tätig und daher von der Sozialversicherungspflicht befreit gilt | Unternehmerische Tätigkeit
ein GmbH-Geschäftsführer, wenn für ihn mindestens eine der folgenden Gegebenheiten zutrifft:

- Der Geschäftsführer ist selbst **Gesellschafter** der GmbH und hat mindestens 50 % Anteil am Stammkapital (so genannter beherrschender Gesellschafter-Geschäftsführer).

- Der Geschäftsführer ist aufgrund seiner arbeitsvertraglich definierten Rolle in der GmbH und nach den tatsächlichen Gegebenheiten weitgehend **weisungsfrei** hinsichtlich Zeit, Dauer, Ort und Art seiner Tätigkeit. Dies ist insbesondere dann der Fall, wenn er als Einziger über die für die Führung des Unternehmens notwendigen Branchenkenntnisse verfügt.

- Ein formal bestehendes **Weisungsrecht** der Gesellschafter gegenüber dem Geschäftsführer wird nachweislich **nicht ausgeübt**. Dies ist häufig der Fall, wenn Familienangehörige der Gesellschafter als Geschäftsführer eingesetzt werden.

- Der Geschäftsführer hat aufgrund seiner eigenen Kapitalbeteiligung am Unternehmen, seiner Gesellschafter-Rechte oder seiner arbeitsvertraglichen Beziehungen zur GmbH maßgebenden **Einfluss auf Entscheidungen** der Gesellschaft; zum Beispiel kann er im Rahmen einer gegebenen Sperr-Minorität Entscheidungen verhindern etc.

- Der Geschäftsführer trägt ein **unternehmerisches Risiko**. Dazu reicht z. B. aus, wenn ein Fremd-Geschäftsführer ohne eigene Anteile an der GmbH eine Bürgschaft für diese übernimmt.

Zu beachten ist, dass bei im Grunde sozialversicherungspflichtigen Geschäftsführern das Gehalt oftmals die Jahresarbeitsentgeltgrenze der Krankenversicherung übersteigt und dadurch ggf. die Versicherungspflicht entfällt. Ist dies der Fall, haben Geschäftsführer nach § 257 SGB V und § 61 SGB XI unter Umständen Anspruch auf Arbeitgeberzuschüsse zur privaten oder freiwilligen gesetzlichen Kranken- und Pflegeversicherung. Diese Arbeitgeberzuschüsse sind kein steuerpflichtiges Arbeitsentgelt und nicht beitragspflichtig. | Steuerliche Behandlung von Arbeitgeberzuschüssen

Oftmals werden auch die privaten oder freiwillig gesetzlichen Krankenversicherungsbeiträge von unternehmerisch tätigen Geschäftsführern arbeitgeberseitig bezuschusst. Da die Beitragsfreiheit in der gesetzlichen Sozialversicherung in diesen Fällen aber nicht in der Überschreitung der Jahresarbeitsentgeltgrenze sondern in der unternehmerischen Tätigkeit begründet ist, besteht auf die Arbeitgeberzuschüsse kein gesetzlicher Anspruch. Sie stellen daher eine freiwillige zusätzliche Leistung des Arbeitgebers dar und sind als **steuerpflichtiges Entgelt** zu behandeln.

6.2.3 Berufsgenossenschaftsbeiträge für GmbH-Geschäftsführer

Beiträge zur
Berufsgenossenschaft

Ist ein GmbH-Geschäftsführer sozialversicherungspflichtig, sind für ihn auch Beiträge zur Mitgliedschaft in der Berufsgenossenschaft zu entrichten.

Geschäftsführer, die aus einem der oben genannten Gründe sozialversicherungsfrei sind und für die entsprechend keine Beiträge zur Berufsgenossenschaft abzuführen sind, können sich unter Umständen freiwillig bei der Berufsgenossenschaft versichern, sofern deren Satzung dies zulässt. Werden solche freiwilligen Beiträge durch die GmbH getragen, sind zwei Fälle zu unterscheiden:

- Die Übernahme der Beiträge durch den Arbeitgeber ist **Bestandteil der Vergütungsvereinbarung**: in diesem Fall sind die Beiträge dem **steuerpflichtigen Lohn** zuzurechnen.

- Die Übernahme der Beiträge durch den Arbeitgeber ist **nicht Bestandteil der Vergütungsvereinbarung**. Die Beiträge gelten in diesem Fall als **Einkünfte aus Kapitalvermögen** und stellen eine verdeckte Gewinnausschüttung dar. Sie sind daher nicht dem lohnsteuerpflichtigen Arbeitslohn zuzurechnen.

6.2.4 Statusfeststellungsverfahren zur Sozialversicherungspflicht

Statusklärung

Die eindeutige Feststellung, ob ein GmbH-Geschäftsführer sozialversicherungspflichtig ist oder nicht, liegt nicht nur im Interesse der Sozialversicherungträger, sondern auch in dem des Arbeitgebers, da dieser auf der einen Seite natürlich keine unnötigen Beiträge entrichten, auf der anderen Seite aber auch Beitragsnachzahlungen vermeiden möchte - zumal er in diesem Fall unter Umständen den Arbeitnehmeranteil mittragen müsste.

Einleitung des Verfahrens

Um in der Frage der Sozialversicherungspflicht vom geschäftsführenden Gesellschafter einer GmbH Rechtssicherheit herzustellen, wird ein so genanntes Statusfeststellungsverfahren durchgeführt, in dem anhand eines Fragebogens der sozialversicherungsrechtliche Status des betreffenden Geschäftsführers überprüft wird. Das Feststellungsverfahren wird seitens der Sozialversicherungträger eingeleitet, sobald das Unternehmen den Gesellschafter-Geschäftsführer als sozialversicherungspflichtigen Arbeitnehmer einstuft und ihn mit dem Statuskennzeichen „2" beim Sozialversicherungträger anmeldet.

6.2.5 Versteuerung von Tantiemen

Tantiemen sind Vergütungen, die sich nach der Höhe des Umsatzes oder des Gewinnes eines Unternehmens richten. Solche **erfolgsabhängigen Bezüge** sind gerade bei Geschäftsführern häufig Bestandteil der Vergütungsvereinbarung.

Tantiemen als Arbeitslohn

Bei Gesellschafter-Geschäftsführern zählen Tantiemen nur dann zum Arbeitslohn, wenn deren Zahlung in der **Vergütungsvereinbarung** eindeutig festgelegt ist. Dabei muss nicht die genaue Höhe der Tantiemen festgeschrieben sein; diese kann auch, zum Beispiel im Voraus für ein Kalenderjahr, durch einen Gesellschaftsbeschluss festgelegt werden. Erfolgt eine Tantiemenzahlung an einen Gesellschafter-Geschäftsführern hingegen ohne eine entsprechende vertragliche Vereinbarung oder als Nachzahlung, handelt es sich um eine so genannte verdeckte Gewinnausschüttung, die als Einkünfte aus Kapitalvermögen zu behandeln ist.

Abrechnung

Tantiemen sind je nach Zahlungsweise dem **laufenden** steuerpflichtigen Arbeitslohn zuzurechnen oder als **Einmalzahlung** bzw. **sonstiger Bezug** zu behandeln.

Im Gegensatz zum allgemein geltenden Zuflussprinzip gelten Tantiemen eines beherrschenden Gesellschafter-Geschäftsführers mit Erstellung der Bilanz bzw. Beschlussfassung der Gesellschafter-Versammlung als zugeflossen, unabhängig vom tatsächlichen Zahlungszeitpunkt. Dies bedeutet, dass Tantiemen bereits mit Erstellung der Bilanz bzw. Beschlussfassung der Gesellschafter-Versammlung versteuert werden müssen, auch wenn sie erst später, z. B. im Folgejahr, ausgezahlt werden. Auch hier gibt es Ausnahmen. So stellte der Bundesfinanzhof (BFH) fest, dass der Anspruch des beherrschenden Gesellschafter-Geschäftsführers auf Tantiemen des beherrschenden Gesellschafter-Geschäftsführers zwar üblicherweise zum Jahresabschluss fällig wird, aber nur, wenn die Vertragsparteien vertraglich nicht etwas anderes vereinbart haben.

6.2.6 Vermögenswirksame Leistungen

Oft erhalten auch Geschäftsführer über die Lohnabrechnung des Arbeitgebers Zuschüsse zu den Vermögenswirksamen Leistungen. Dies allein ist nicht weiter problematisch, da der Zuschuss generell steuer- und beitragspflichtig zu behandeln ist. In der Regel werden jedoch die Überweisungen des Sparbetrages an das Anlageunternehmen auch als Vermögenswirksame Leistungen gekennzeichnet. Diese Kennzeichnung löst bei dem Anlageunternehmen eine entsprechende Bescheinigung aus, mit der der Arbeitnehmer im Rahmen seiner Einkommensteuerveranlagung die Arbeitnehmer-Sparzulage beantragt. Jedoch sind von der Begünstigung nach dem Vermögensbildungsgesetz (VermBG) u. a. die Mitglieder des zur gesetzlichen Vertretung berufenen Organs juristischer Personen ausgeschlossen. Demnach sind z. B. Geschäftsführer einer GmbH nicht zulageberechtigt. Die Zahlung von Vermögenswirksamen Leistungen dürfen daher nicht als solche gekennzeichnet werden.

6.3 Beschäftigung von Familienangehörigen

Vor allem in kleinen und mittelständischen Unternehmen - insbesondere in Familienunternehmen - ist es üblich, dass Familienangehörige des Firmeninhabers mitarbeiten, also als Arbeitnehmer beschäftigt sind. Als Familienangehörige in diesem Sinne gelten:

- Ehegatten / Lebenspartner

- Verwandte und Verschwägerte

Prinzipiell werden Familienangehörige wie normale Arbeitnehmer behandelt. Es ist jedoch zu prüfen, ob tatsächlich ein **reguläres Arbeitsverhältnis** besteht, oder ob vielmehr von einem überwiegenden **Unternehmerinteresse** der „Arbeitnehmer" ausgegangen werden darf.

Von einem regulären Beschäftigungsverhältnis ist auszugehen, wenn der Familienangehörige die gleichen arbeitsrechtlichen und arbeitsvertraglichen Rechte und Pflichten hat wie ein fremder Arbeitnehmer und er gegenüber diesen nicht besser gestellt ist. Mit anderen Worten: wenn ein fremder Arbeitnehmer zu den gleichen Bedingungen eingestellt werden würde.

Kriterien für ein reguläres Arbeitsverhältnis

Dies gilt insbesondere, wenn folgende Kriterien erfüllt sind:

- Es liegt ein Arbeitsvertrag vor, in dem die Tätigkeit, die Weisungsgebundenheit bzw. -befugnisse, die Arbeitszeiten, die Vergütung, die Urlaubsansprüche etc. geregelt sind.

- Der Familienangehörige ist in Art und Umfang seiner Tätigkeit weisungsgebunden.

- Die Gesamtvergütung (einschließlich betrieblicher Altersvorsorge) weicht nicht erheblich von der Vergütung ab, die einem familienfremden Mitarbeiter für die gleiche Tätigkeit gezahlt werden würde.

- Es ist keine Vereinbarung getroffen, nach der das Arbeitsverhältnis aufgrund einer eventuellen Ehescheidung automatisch aufgelöst werden würde.

- Es besteht ein Anspruch auf 6 Wochen Entgeltfortzahlung bei Krankheit.

- Die vereinbarte Vergütung wird regelmäßig und pünktlich gezahlt.

- Der vereinbarte Urlaubsanspruch wird gewährt.

- Die vereinbarte Arbeitszeit wird eingehalten.

Statusfeststellungsverfahren Zur Feststellung der **Sozialversicherungspflicht** eines beschäftigten Familienangehörigen bedienen sich die Sozialversicherungsträger des Statusfeststellungsverfahrens. Dabei wird anhand eines Fragebogens überprüft, ob für den betreffenden Familienangehörigen ein reguläres sozialversicherungspflichtiges Beschäftigungsverhältnis gegeben ist oder ob er in Wirklichkeit unternehmerisch tätig ist.

Für den Sozialversicherungsträger sind dazu z. B. folgende aufschlussreiche Fragen von Interesse:

- Wird für das Arbeitsentgelt Lohnsteuer entrichtet?

- Wird das Arbeitentgelt als Betriebsausgabe gebucht?

- Ist der Familienangehörige an dem Betrieb finanziell beteiligt?

- Hat der Familienangehörige dem Betrieb Darlehen gewährt oder für den Betrieb Bürgschaften übernommen?

Einleitung des Verfahrens Das Feststellungsverfahren wird seitens der Sozialversicherungsträger eingeleitet, sobald der Arbeitgeber den Ehegatten/Lebenspartner oder Verwandte/Verschwägerte mit dem Statuskennzeichen „1" zur Sozialversicherung anmeldet.

6.4 Kurzarbeitergeld

Konjunkturelle Kurzarbeit Das konjunkturelle Kurzarbeitergeld (Kug) gewährt wird, wenn im Unternehmen die regelmäßige betriebsübliche wöchentliche Arbeitszeit aufgrund wirtschaftlicher Ursachen oder eines unabwendbaren Ereignisses vorübergehend verkürzt werden muss. Durch die Einführung einer solchen **Kurzarbeit** wird in das bestehende Arbeitsverhältnis eingegriffen, indem die Pflichten zur Arbeitsleistung und zur Entgeltzahlung verringert werden.

Saison-Kurzarbeitergeld Eine Sonderform des Kurzarbeitergeldes ist das Saison-Kurzarbeitergeld. Es wird für Arbeitnehmer gewährt, wenn im Unternehmen die regelmäßige betriebsübliche Arbeitszeit aufgrund von Witterung saisonal verkürzt wird. Diese Leistung entspricht dem früheren Winterausfallgeld und Schlechtwettergeld.

6.4.1 Bezug von Kurzarbeitergeld

Auszahlung durch den Arbeitgeber Für die durch Kurzarbeit bedingten Ausfallzeiten leistet der Arbeitgeber keine Lohnfortzahlung. Daher bekommen von Kurzarbeit betroffene Arbeitnehmer als Ausgleich ihres Einkommensverlustes ein so genanntes Kurzarbeitergeld als **Lohnersatzleistung**. Ausgezahlt wird das Kurzarbeitergeld vom Arbeitgeber, der die entsprechenden Auslagen wiederum von der Bundesagentur für Arbeit erstattet bekommt.

Voraussetzung für die Gewährung von Kurzarbeitergeld gemäß § 95 - 105 SGB III:

Voraussetzungen

▦ es muss ein erheblicher Arbeitsausfall mit Entgeltausfall vorliegen

▦ die betrieblichen Voraussetzungen müssen erfüllt sein

▦ die persönlichen Voraussetzungen müssen erfüllt sein

▦ rechtzeitige schriftliche oder elektronische Anzeige des Arbeitsausfalles durch den Arbeitgeber an die Bundesagentur fur Arbeit

Vorliegen eines erheblichen Arbeitsausfalls

Ein Arbeitsausfall ist erheblich, wenn:

Kriterien

▦ der Arbeitsausfall auf wirtschaftlichen oder unabwendbaren Ereignissen beruht

▦ der Arbeitsausfall vorübergehend ist

▦ der Arbeitsausfall unvermeidbar ist

▦ im Anspruchszeitraum (Kalendermonat) mindestens ein Drittel der beschäftigten Arbeitnehmer von einem Arbeitsentgeltausfall von jeweils mehr als 10 % ihres monatlichen Bruttorarbeitsentgelts betroffen sind

Als wirtschaftliche Gründe sind alle Einflüsse zu sehen, die mit dem betrieblichen Ablauf zusammenhängen, z. B. fehlende Aufträge. Als unabwendbare Ereignisse sind alle Ereignisse zu sehen, die durch Witterungsverhältnisse (Schneefall) oder behördliche Anordnungen (Covid-19-Pandemie) entstehen. Ein unvermeidbarer Arbeitsausfall liegt vor, wenn der Arbeitgeber vor Anzeige des Arbeitsausfalls vergeblich versucht hat den Arbeitsausfall zu vermeiden.

Betriebliche und persönliche Voraussetzungen

Als betriebliche Voraussetzung für die Gewährung von Kurzarbeitergeld reicht es aus, dass in dem Betrieb (oder der betreffenden Betriebsabteilung) **mindestens ein Arbeitnehmer** beschäftigt ist.

Betriebliche Voraussetzungen

Um bezugsberechtigt zu sein, müssen Arbeitnehmer nach Beginn des Arbeitsausfalls eine versicherungspflichtige Beschäftigung fortsetzen oder aufnehmen, d. h., das Arbeitsverhältnis darf nicht gekündigt oder aufgehoben worden sein.

Persönliche Voraussetzungen

Der Anspruch auf Kurzarbeitergeld besteht auch im Falle einer krankheitsbedingten Arbeitsunfähigkeit für die Zeit, in der der Arbeitnehmer Anspruch auf Lohnfortzahlung hätte.

Die Bundesagentur für Arbeit kann Bezieher von konjunkturellem Kurzarbeitergeld auf andere Arbeitsstellen oder in Weiterbildungsmaßnahmen vermitteln. Arbeitnehmer, die nachfolgende Leistungen erhalten, sind vom Bezug des Kurzarbeitergeldes ausgeschlossen:

Ausschluss

▦ Übergangsgeld

▦ Krankengeld

▦ Arbeitslosengeld für eine Teilnahme an einer beruflichen Weiterbildung

Arbeitnehmer, die bei einer Vermittlung durch die Bundesagentur für Arbeit nicht in der verlangten und gebotenen Weise mitwirken oder eine angebotene zumutbare Beschäftigung (Zweitarbeitsverhältnis) ohne Grund ablehnen, erhalten eine Sperrzeit in der Zahlung des Kurzarbeitergeldes.

Auslage und Antrag auf Erstattung von Kurzarbeitergeld

Berechnung und
Auszahlung durch den
Arbeitgeber

Der Arbeitgeber ist verpflichtet, das Kurzarbeitergeld für seine Mitarbeiter zu **berechnen** und **auszuzahlen**. Auf Antrag erhält er diese Auslage dann von der Bundesagentur für Arbeit erstattet. Den schriftlichen oder elektronischen **Antrag auf Erstattung** des Kurzarbeitergeldes hat der Arbeitgeber innerhalb der folgenden drei Monaten nach Ablauf des Kalendermonats, in dem die Kurzarbeit geendet hat, bei der Bundesagentur für Arbeit einzureichen. Der Antrag muss die Namen, Anschriften und Sozialversicherungsnummern der betroffenen Arbeitnehmer enthalten.

6.4.2 Bezugsdauer und Höhe von Kurzarbeitergeld

Gemäß § 104 Abs. 1 SGB III beträgt die gesetzliche Bezugsdauer für das konjunkturelle Kurzarbeitergeld 12 Monate. Das Bundesministerium für Arbeit und Soziales (BMAS) kann durch Rechtsverordnungen die Bezugsdauer verlängern. Der Bezugszeitraum für das Kurzarbeitergeld ist immer ein Kalendermonat. Wird der Bezug von Kurzarbeitergeld für mindestens einen vollen Monat unterbrochen, verlängert sich der Bezugszeitraum um die Unterbrechungszeit. Ein neuer Anspruch auf Kurzarbeitergeld besteht, wenn ein Arbeitgeber kein Kurzarbeitergeld für mindestens 3 zusammenhängende Monate beantragt.

Sonderregelung

Für Betriebe die während der Pandemie (seit März 2020) durchgehend von Kurzarbeit betroffen sind, wird die Bezugsdauer für das Kurzarbeitergeld auf bis zu 28 Monate verlängert. Diese Regelung war bis zum 30.06.2022 befristet; ab dem 01.07.2022 beträgt die Bezugsdauer wieder 12 Monate.

Die Bezugszeit für das Saison-Kurzarbeitergeld richtet sich nach der Schlechtwetterzeit. Der Zeitraum, der als Schlechtwetterzeit definiert ist, wird jedes Jahr neu festgelegt. Die Bezugszeit von Saison-Kurzarbeitergeld wird nicht auf die Bezugsdauer des konjunkturellen Kurzarbeitergeldes angerechnet. Die Höhe des Kurzarbeitergeldes wird anhand einer aktuellen Leistungstabelle der Bundesagentur für Arbeit ermittelt.

Dies erfolgt in 3 Schritten:

1. Schritt   Ermittlung des Soll-Entgelts und des Ist-Entgelts (§ 106 SGB III)

         Soll-Entgelt ist das beitragspflichtige Bruttoarbeitsentgelt, dass der Arbeitnehmer ohne Arbeitsausfall im Kalendermonat erhalten hätte. Einmalzahlungen und Arbeitsentgelte für Mehrarbeit und deren Zuschläge sind nicht zu berücksichtigen.

         Das Ist-Entgelt ist das tatsächlich erzielte Bruttoarbeitsentgelt, dass der Arbeitnehmer im jeweiligen Kalendermonat erhalten hat, einschließlich Arbeitsentgelte für Mehrarbeit und deren Zuschläge. Einmalzahlungen sind nicht zu berücksichtigen. Soll-Entgelt und Ist-Entgelt sind auf den nächsten durch 20 teilbaren Eurobetrag zu runden.

         Arbeitsentgelte aus einer geringfügigen Beschäftigung werden bis zum 30.06.2023 nicht auf das Kurzarbeitergeld angerechnet. Ab dem 01.07.2023 wird das Arbeitsentgelt aus einer neu aufgenommenen geringfügigen Beschäftigung seit Beginn der Kurzarbeit auf das Kurzarbeitergeld angerechnet.

2. Schritt	Zuordnung des Leistungssatzes:

- **Leistungssatz 1:** Arbeitnehmer, die mindestens 0,5 Kinderfreibetrag (§ 32 Abs. 1, §§ 3 bis 5 EStG) in ihren Lohnsteuerabzugsmerkmalen haben oder Arbeitnehmer, die aufgrund einer Bescheinigung von der Bundesagentur für Arbeit der Leistungssatz 1 zugeteilt ist.

- **Leistungssatz 2:** alle übrigen Arbeitnehmer.

Leistungssatz 1 = erhöhter Leistungssatz= 67 %

Leistungssatz 2 = allgemeiner Leistungssatz= 60 %

3. Schritt	Ermittlung des Kurzarbeitergeldes:

Aus der Leistungstabelle der Bundesagentur für Arbeit ist nun unter Berücksichtigung des Leistungssatzes und der Lohnsteuerklasse das pauschale Nettoentgelt (rechnerischer Leistungssatz) jeweils für das Soll- und das Ist-Entgelt abzulesen.

Der rechnerische Leistungssatz für das Ist-Entgelt ist vom rechnerischen Leistungssatz des Soll-Entgelts abzuziehen. Der Restbetrag stellt das Kurzarbeitergeld für den betreffenden Monat dar.

Leistungssätze

Bruttoarbeitsentgelt		Rechnerische Leistungsätze					
		nachden monatlichen pauschlierten Nettoentgelten					
			Lohnsteuerklasse				
		Leistungs-satz	I/ IV	II	III	V	VI
von	bis				monatlich		
€			€	€	€	€	€
1.310,00	1.329,99	1	707,52	707,52	707,52	619,98	610,10
		2	633,60	633,60	633,60	555,20	546,35
1.330,00	1.349,99	1	718,24	718,24	718,24	629,02	619,14
		2	643,20	643,20	643,20	563,30	554,45
1.350,00	1.369,99	1	728,74	728,96	728,96	638,01	628,13
		2	652,60	652,80	652,80	571,35	562,50
2.670,00	2.689,99	1	1.268,31	1.330,23	1.423,19	1.064,86	1.039,17
		2	1.135,80	1.191,25	1.274,50	953,60	930,60
2.690,00	2.709,99	1	1.276,13	1.338,22	1.432,24	1.071,56	1.045,98
		2	1.142,80	1.198,40	1.282,60	959,60	936,70
2.710,00	2.729,99	1	1.283,89	1.346,20	1.441,17	1.078,48	1.052,57
		2	1.149,75	1.205,55	1.290,60	965,80	942,60

Aufgrund der schlechten wirtschaftlichen Lage ist die Krüger Türen GmbH gezwungen, einen Teil ihrer Belegschaft für die Monate Juni und Juli auf 50 % Kurzarbeit zu setzen. Anstelle der betrieblich vereinbarten 8 Stunden werden nur 4 Stunden pro Arbeitstag geleistet. Die betrieblichen Voraussetzungen zur Gewährung von Kurzarbeitergeld wurden bereits geprüft und sind erfüllt.

Von der Kurzarbeit ist auch Herr Keller betroffen. Anstelle seines normalen Bruttoarbeitslohns von 2.675,20 € erhält er nun für diese zwei Monate jeweils nur 1.337,60 € brutto. Herr Keller hat folgende Lohnsteuerabzugsmerkmale: III/2/--.

■ Wie wird für Herrn Keller das Kurzarbeitergeld berechnet?

Da Herr Keller auch während der Ausfallzeit sozialversicherungspflichtig beschäftigt bleibt, hat er einen Anspruch auf Kurzarbeitergeld. Die Höhe des Kurzarbeitergeldes ist vom Arbeitgeber wie folgt zu ermitteln:

Schritt 1:

Soll-Entgelt brutto	2.680,00 €
Ist-Entgelt brutto	1.340,00 €

Hinweis: Es erfolgte eine Rundung des Soll- und Ist-Entgelts auf den nächsten durch 20 teilbaren Eurobetrag.

Schritt 2:
Herr Keller ist aufgrund seines Kinderfreibetrages dem Leistungssatz 1 zuzuordnen.

Schritt 3:
In der KuG-Tabelle werden unter Berücksichtigung des Leistungssatzes 1 und der Lohnsteuerklasse III folgende rechnerische Leistungssätze abgelesen:

rechnerischer Leistungssatz für Soll-Entgelt	1.423,19 €
rechnerischer Leistungssatz für Ist-Entgelt	718,24 €

Schritt 4:
Es wird die Differenz der rechnerischen Leistungssätze gebildet:

rechnerischer Leistungssatz für Soll-Entgelt	1.423,19 €
rechnerischer Leistungssatz für Ist-Entgelt	-718,24 €
	704,95 €

Der Arbeitgeber zahlt Herrn Keller für den Monat Juli ein Kurzarbeitergeld in Höhe von 704,95 € aus. Den Betrag bekommt er auf Antrag von der Bundesagentur für Arbeit erstattet.

6.4.3 Steuern und Sozialversicherungsbeiträge bei Kurzarbeit

Da bei Kurzarbeit das laufende Arbeitsentgelt vermindert wird und das gezahlte Kurzarbeitergeld eine **Lohnersatzleistung** darstellt, sind die betroffen Abrechnungszeiträume in der Lohn- und Gehaltsabrechnung besonders zu behandeln.

Als Bemessungsgrundlage zur Ermittlung der Lohnsteuer sind ausschließlich die **geminderten Arbeitsentgelte** maßgebend. Kurzarbeitergeld bleibt als Lohnersatzleistung steuerfrei, unterliegt jedoch dem Progressionsvorbehalt und ist in der elektronischen Lohnsteuerbescheinigung in Zeile 15 einzutragen.

Lohnsteuer

In den Zweigen der Sozialversicherung werden Zeiten von Kurzarbeit unterschiedlich behandelt. Zudem werden für Arbeitnehmer und Arbeitgeber - abweichend vom Halbteilungsgrundsatz - unterschiedliche Bemessungsgrundlagen herangezogen.

Sozialversicherung

Der **Arbeitnehmer** wird in allen Sozialversicherungszweigen lediglich mit Beiträgen für das tatsächlich gezahlte geminderte Arbeitsentgelt (**Ist-Entgelt**) belastet.

Für das tatsächlich erzielte beitragspflichtige Arbeitsentgelt (Ist-Entgelt) erfolgt die Berechnung der Sozialversicherungsbeträge für Arbeitgeber und Arbeitnehmer wie bei einem regulären Arbeitsentgelt.

Die Berechnungsgrundlage für die Berechnung der Sozialversicherungsbeiträge für die Ausfallstunden ist das **fiktive Arbeitsentgelt**.

fiktives Arbeitsentgelt = (ungerundetes Soll-Entgelt -ungerundetes Ist-Entgelt) x 80 %

Abweichend vom Halbteilungsgrundsatz hat der Arbeitgeber alle auf das fiktive Arbeitsentgelt zu zahlenden Sozialversicherungsbeiträge, einschließlich des kassenindividuellen Zusatzbeitrages, zu tragen. Der Beitragszuschlag für Kinderlose in der Pflegeversicherung wird von der Bundesagentur für Arbeit pauschal abgegolten.

In der Arbeitslosenversicherung hat der Arbeitgeber nur den Arbeitgeberanteil für das Ist-Entgelt zu entrichten. Das fiktive Entgelt ist soweit beitragspflichtig, wie es zusammen mit dem Ist-Entgelt die Beitragsbemessungsgrenzen (BBG) nicht übersteigt. Das Ist-Entgelt ist die Berechnungsgrundlage für die Umlagen U1, U2 und U3.

Die Bundesagentur für Arbeit (BA) erstattet Arbeitgebern die Hälfte der Sozialversicherungsbeiträge, wenn die Arbeitnehmer während der Kurzarbeit eine berufliche Weiterbildung bis zum 31.07.2023 begonnen haben (§ 106a SGB III). Dem Arbeitgeber werden bis zum 31.07.2024 von der BA die Lehrgangskosten für Weiterbildungsmaßnahmen anteilmäßig erstattet.

Entlastungen Arbeitgeber bei beruflicher Weiterbildung

- 1 – 9 Arbeitnehmer   100 %

- 10 – 249 Arbeitnehmer   50 %

- 250 – 2.499 Arbeitnehmer   25 %

- ab 2.500 Arbeitnehmer   15 %

In den **Meldungen zur Sozialversicherung** ist als rentenversicherungspflichtiges Entgelt das Ist-Entgelt zuzüglich dem fiktiven Entgeltes bis zu den Beitragsbemessungsgrenzen anzugeben.

Beispiel
Bemessungsgrundlage
bei Kurzarbeitergeld

Aufgrund von Kurzarbeit beträgt das Arbeitsentgelt von Herrn Keller im Monat Juni nur 1.337,60 € (Ist-Entgelt) anstelle des vollen Arbeitslohns von 2.675,20 € (Soll-Entgelt). Herr Keller ist in allen Zweigen der Sozialversicherung beitragspflichtig.

- Die Sozialversicherungsbeiträge sind vom Arbeitgeber anhand folgender Bemessungsgrundlagen zu berechnen:

fiktives Entgelt   =   (2.675,20 € - 1.337,60 €)   x   80 % =   **1.070,08 €**

Bemessungsgrundlagen:

Beiträge zur / Beitragsträger	KV/PV	RV	AV	Umlagen
		Bemessungsgrundlage		
AN (Ist-Entgelt)*	1.337,60 €	1.337,60 €	1.337,60 €	--
AG (Ist-Entgelt)**	1.337,60 €	1.337,60 €	1.337,60 €	1.337,60 €
AG (fiktives Entgelt)***	1.070,08 €	1.070,08 €	--	--

* Der Arbeitnehmer trägt von dieser Bemessungsgrundlage seine anteiligen Sozialversicherungsbeträge einschließlich der Zusatzbeitragssätze.
** Der Arbeitgeber trägt von dieser Bemessungsgrundlage seine anteiligen Sozialversicherungsbeträge und die Umlagen.
*** Der Arbeitgeber trägt von dieser Bemessungsgrundlage die vollen Beiträge zu den Sozialversicherungen einschließlich des Zusatzbeitragssatzes zur Krankenkasse. Das fiktive Entgelt ist soweit beitragspflichtig, wie es zusammen mit dem Ist-Entgelt die Beitragsbemessungsgrenzen nicht übersteigt.

Das meldepflichtige Bruttoarbeitsentgelt beträgt für diesen Monat 2.407,68 €.

6.4.4 Arbeitgeberzuschuss zum Kurzarbeitergeld

In einigen Fällen zahlt der Arbeitgeber Zuschüsse zum Kurzarbeitergeld, dies kann z. B. arbeitsvertraglich oder tarifvertraglich festgelegt sein. Die Arbeitgeberzuschüsse zum Kurzarbeitergeld und Saison-Kurzarbeitergeld sind steuerpflichtig. Sozialversicherungsfreiheit besteht nur, wenn die Arbeitgeberzuschüsse und das Kurzarbeitergeld aufaddiert maximal 80 % der Differenz zwischen Soll-Entgelt und Ist-Entgelt (fiktives Arbeitsentgelt) betragen. Übersteigende Arbeitgeberzuschüsse sind sozialversicherungspflichtig.

In einigen Tarifverträgen ist der Arbeitgeberzuschuss als Prozentsatz des Nettoarbeitsentgelts ausgewiesen, sodass in diesen Fällen der Bruttoarbeitgeberzuschuss durch Hochrechnung erst ermittelt werden muss, um prüfen zu können, ob er zusammen mit dem Kurzarbeitergeld das fiktive Entgelt übersteigt.

Beispiel
Arbeitgeberzuschuss
zum Kurzarbeitergeld

Herr Keller erhält aufgrund des geltenden Tarifvertrages zum Kurzarbeitergeld in Höhe von 704,95 € einen Arbeitgeberzuschuss von 200,00 €; das fiktive Entgelt beträgt 1.070,08 € *(siehe dazu auch vorheriges Beispiel)*.

Um die Sozialversicherungspflicht beurteilen zu können, ist zunächst die Summe aus Kurzarbeitergeld und Zuschuss zu ermitteln:

Kurzarbeitergeld		704,95 €
Arbeitgeberszuschuss	+	200,00 €
Summe		**904,95 €**

Da das Kurzarbeitergeld und der Zuschuss zusammen insgesamt niedriger als das fiktive Entgelt sind, ist der Zuschuss zum Kurzarbeitergeld beitragsfrei zu behandeln.

6.5 Beschäftigung von Schülern

6.5.1 Schulbescheinigung

Für beschäftigte Schüler gelten in der Sozialversicherung unter bestimmten Voraussetzungen gesonderte Regelungen. Dazu muss dem Arbeitgeber bei Beginn des Beschäftigungsverhältnisses und zum Schuljahreswechsel jeweils eine aktuelle Bescheinigung der besuchten Schule vorliegen. Die Bescheinigung enthält folgende Angaben:

- Vor- und Zuname

- Geburtsdatum

- Anschrift

- ausstellende Schule

- welche Klasse der Schüler derzeit besucht und

- wie lange der Schüler voraussichtlich die Schule noch besuchen wird

6.5.2 Besonderheiten in der Sozialversicherung

Grundsätzlich sind Schüler, die neben dem Schulbesuch einer Beschäftigung nachgehen, **versicherungspflichtig**. Dennoch gibt es einige Besonderheiten zu berücksichtigen.

Wenn es sich um ein **geringfügiges Arbeitsverhältnis** handelt, sind die entsprechenden Regelungen anzuwenden. Die Geringfügigkeits-Richtlinien haben Vorrang.

Bei Geringfügigkeit

Bei einer geringfügigen Beschäftigung im Privathaushalt zahlt der Arbeitgeber nur 5 % zur Rentenversicherung. Lässt der Schüler sich nicht von der Rentenversicherungspflicht befreien, hat der Schüler einen Beitragssatz von 13,6 % zur Rentenversicherung zu zahlen.

Ist das Beschäftigungsverhältnis mehr als geringfügig, so tritt volle Versicherungspflicht ein, d. h. es sind Beiträge zur Kranken-, Pflege-, Renten- und Arbeitslosenversicherung zu leisten. Eine weitere **Sonderregelung** gibt es für die **Arbeitslosenversicherung**. Beschäftigte Schüler, die eine allgemeinbildende Schule besuchen, sind in der Arbeitslosenversicherung befreit. Der Arbeitgeber muss auch keinen „Strafbeitrag" leisten. Dies gilt nicht für Schüler von Abend- und Berufsschulen.

Sozialversicherung

Schulabgänger

Wird ein Schulabgänger nach Abschluss der Schulausbildung für eine kurze Zeit (Überbrückungszeit) beschäftigt, muss überprüft werden, ob es sich um eine berufsmäßige Tätigkeit handelt. Beginnt der Schulabgänger nach der Überbrückungszeit eine Berufsausbildung ist der Schulabgänger als berufsmäßig einzustufen und wird wie ein normaler Arbeitnehmer abgerechnet. Beginnt der Schulabgänger nach der Überbrückungszeit ein Studium wird die schulische Bildung fortgesetzt und damit ist der Schulabgänger als nicht berufsmäßig einzustufen.

6.5.3 Steuerliche Behandlung von Schülern

Steuerlich werden beschäftigte Schüler nicht gesondert behandelt. Es wird der normale **Lohnsteuerabzug** mittels elektronischer Lohnsteuerabzugsmerkmale vorgenommen oder die Pauschalversteuerung angewendet, wenn es sich um eine **geringfügige Beschäftigung** handelt.

6.6 Beschäftigung von Studenten

6.6.1 Immatrikulationsbescheinigung

Unter bestimmten Voraussetzungen sind beschäftigte Studenten nicht in allen Zweigen der Sozialversicherung versicherungspflichtig. Dazu muss dem Arbeitgeber bei Beginn der Beschäftigung und zu jedem neuen Semester die aktuelle **Immatrikulationsbescheinigung** vorliegen. Mit dieser Bescheinigung weist der Arbeitnehmer nach, dass er an einer Universität oder Hochschule tatsächlich eingeschrieben ist und somit grundlegend die Studenteneigenschaft erfüllt.

Die Immatrikulationsbescheinigung wird von der Universität bzw. der Hochschule für jedes Semester gesondert ausgestellt und enthält folgende Angaben:

- Vor- und Zuname

- Geburtsdatum und Geburtsort

- Ausstellende Universität/Hochschule

- Bezeichnung des angestrebten Abschlusses

- Studiengang/Studienfächer

- Fachsemester/Regelstudienzeit

- Zeitraum des Semesters

Beispiel
Beschäftigung von
Studenten

Die Modedesignstudentin Lisa Pfeifer arbeitet neben dem Studium für ca. 12 Stunden pro Woche in der ModeFix GmbH und erhält dafür 700,00 € im Monat. Darüber hinaus wird sie im nächsten Semester ein sechsmonatiges Pflichtpraktikum bei der ModeFix GmbH absolvieren, wobei ein Praktikumsentgelt von 1.480,00 € im Monat gezahlt wird.

Wie werden der Nebenjob und das Praktikum von Lisa Pfeifer in der Lohn- und Gehaltsrechnung behandelt?

6.6.2 Beschäftigung neben dem Studium

Bei Studenten muss unterschieden werden, ob es sich um eine **geringfügige Beschäftigung** handelt oder nicht. Handelt es sich um eine geringfügige oder kurzfristige Beschäftigung, sind keine besonderen Abrechnungsregeln zu beachten. Eine Abrechnung erfolgt, wie bei allen Arbeitnehmern, in geringfügigen oder kurzfristigen Beschäftigungen (*siehe Lehrbuch für Einsteiger, Kapitel 10.5 und Kapitel 10.6*). Werden Studenten **mehr als geringfügig** beschäftigt, so sind besondere Regelungen anzuwenden.

Kranken-, Pflege- und Arbeitslosenversicherung

Arbeitsentgelte von Studenten, die neben dem ihrem Studium mehr als geringfügig arbeiten sind **beitragsfrei** in der Kranken-, Pflege- und Arbeitslosenversicherung und sozialversicherungspflichtig in der Rentenversicherung. Dazu sind folgende Voraussetzungen zu erfüllen: Beitragsfreiheit

- Der Student ist ordentlicher Studierender an einer Hochschule, Universität oder Fachhochschule.

- Die Arbeitszeit beträgt maximal 20 Stunden pro Woche.

Des Weiteren ist die 26-Wochen-Grenze und die 182-Kalendertage-Frist zu beachten. Wenn ein Student im Laufe eines Jahres über 26 Wochen mit einer wöchentlichen Arbeitszeit von mehr als 20 Stunden beschäftigt wird, besteht Versicherungspflicht in allen Sozialversicherungszweigen. Beitragspflicht

Für die Bestätigung des Studentenstatus muss der Arbeitgeber sich eine **Studien- bzw. Immatrikulationsbescheinigung** vorlegen lassen und diese zu den Lohnunterlagen nehmen. Als ordentliche Studenten gelten im Übrigen auch Studierende, die zwar ihren Studienabschluss bereits absolviert haben, aber in einem Aufbau-, Ergänzungs- oder Zweitstudium immatrikuliert sind. Sie müssen dann jedoch glaubhaft machen können, dass sie sich tatsächlich dem Studium widmen und einen weiteren **akademischen Abschluss** anstreben und nicht nur zum Erhalt des Studentenstatus eingeschrieben sind. Nachweis des Studentenstatus

Bei mehreren Tätigkeiten des Studenten werden alle Beschäftigungen **zusammengerechnet**, um das Einhalten der Zeitgrenze zu überprüfen, d. h. der Studierende darf für all seine Nebentätigkeiten insgesamt nicht mehr als 20 Stunden in der Woche aufwenden. Der Arbeitgeber ist umlagepflichtig für U1, U2 und U3. Zusammenrechnung

Während der **vorlesungsfreien Zeit** dürfen die 20 Arbeitsstunden pro Woche überschritten werden. Die Versicherungsfreiheit bleibt in der Kranken- Pflege und Arbeitslosenversicherung erhalten. Dies gilt auch für Beschäftigungen, die ausschließlich in den Semesterferien ausgeübt werden und von vornherein auf die Dauer der Semesterferien befristet sind. Arbeiten in den Semesterferien

Rentenversicherung

Für studentische Arbeitnehmer besteht Beitragspflicht in der Rentenversicherung. Bei Arbeitsentgelten zwischen 538,01 € und 2.000,00 € (Übergangsbereich) müssen die Übergangsreglungen (*siehe Lehrbuch für Einsteiger, Kapitel 10.7*) angewendet werden. Bei Arbeitsentgelten ab 2.000,01 € trägt Arbeitgeber und Arbeitnehmer jeweils die Hälfte des Rentenversicherungsbeitrages. Beitragspflicht

Lohnsteuer

Individuelle oder
pauschale Lohnsteuer

Bei der Erhebung der Lohnsteuer gibt es **keine Sonderbehandlung** für Studenten. Sie werden als normale Arbeitnehmer angesehen. Der Arbeitgeber führt den Lohnsteuerabzug entweder individuell anhand der **ELStAM-Datei** durch oder er führt eine **pauschale** Lohnsteuer ab. Pauschalierungen sind nur möglich, wenn die Voraussetzungen der Geringfügigkeit erfüllt sind (*siehe Lehrbuch für Einsteiger, Kapitel 10.5*).

Zu beachten ist bei studentischen Arbeitskräften, dass diese zumeist noch nicht über nennenswerte andere steuerpflichtige Einnahmen verfügen und somit aufgrund der **Freibeträge** oftmals gar keine Steuern entrichten müssten. In diesen Fällen ist der individuelle Lohnsteuerabzug für den Arbeitgeber günstiger, als der pauschalierte. Eine Prüfung im Einzelfall kann sich hier durchaus lohnen.

zu Beispiel
Beschäftigung von
Studenten

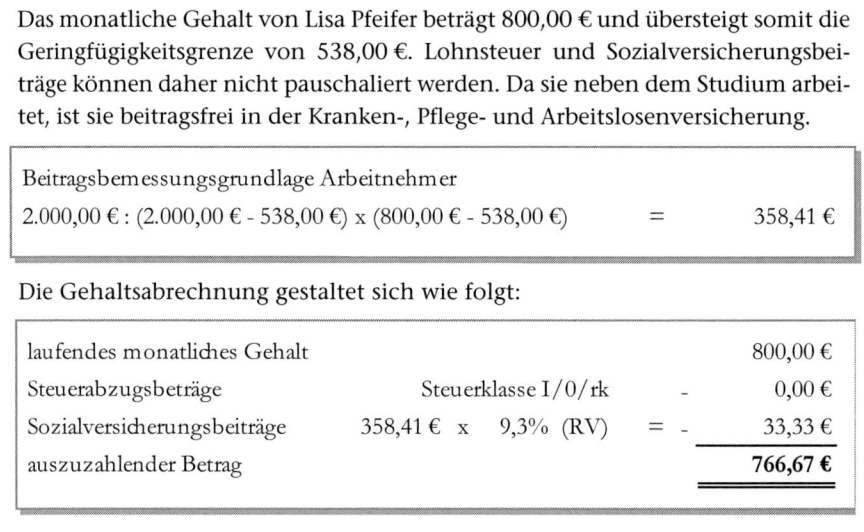

Das monatliche Gehalt von Lisa Pfeifer beträgt 800,00 € und übersteigt somit die Geringfügigkeitsgrenze von 538,00 €. Lohnsteuer und Sozialversicherungsbeiträge können daher nicht pauschaliert werden. Da sie neben dem Studium arbeitet, ist sie beitragsfrei in der Kranken-, Pflege- und Arbeitslosenversicherung.

Beitragsbemessungsgrundlage Arbeitnehmer		
2.000,00 € : (2.000,00 € - 538,00 €) x (800,00 € - 538,00 €)	=	358,41 €

Die Gehaltsabrechnung gestaltet sich wie folgt:

laufendes monatliches Gehalt				800,00 €
Steuerabzugsbeträge	Steuerklasse I/0/rk		-	0,00 €
Sozialversicherungsbeiträge	358,41 € x 9,3% (RV)	=	-	33,33 €
auszuzahlender Betrag				**766,67 €**

6.7 Beschäftigung von studentischen Praktikanten

In den meisten Studienordnungen ist mindestens ein Praktikum vorgesehen, in welchem der Student das an der Hochschule erworbene theoretische Wissen in der Praxis anwenden, erweitern und vervollständigen soll.

Praktikanten sind grundsätzlich versicherungspflichtig. Es ist zu unterscheiden, ob es sich um ein Pflichtpraktikum während, vor oder nach dem Studium handelt oder um ein freiwilliges Praktikum. Des Weiteren ist das Mindestlohngesetz zu beachten. Dies gilt für ein freiwilliges Praktikum, das über drei Monate währt. Dieses gilt nicht für ein Praktikum, das durch eine Studien-, bzw. Prüfungsordnung vorgeschrieben ist (unabhängig vom Zeitraum) oder für ein freiwilliges Praktikum unter drei Monaten.

6.7.1 Vorgeschriebenes Praktikum

Das Praktikum muss in einer Studien- oder Prüfungsordnung vorgeschrieben sein und die Ableistung des Praktikums ist nachzuweisen. Am häufigsten ist das vorgeschriebene **Zwischenpraktikum**. Bei Ableistung eines vorgeschriebenen Praktikums besteht Versicherungsfreiheit in allen Zweigen der Sozialversicherung. Es ist dabei unerheblich, ob und in welcher Höhe der Praktikant ein Arbeitsentgelt erhält und wie hoch die wöchentliche Arbeitszeit ist. Es müssen keine Meldungen zur Sozialversicherung übermittelt und auch keine Umlagebeiträge gezahlt werden. Aufgrund der Sozialversicherungsfreiheit muss die besondere Lohnsteuertabelle verwendet werden.

Bei vorgeschriebenen **Vor- und Nachpraktika** gegen Arbeitsentgelt besteht Versicherungspflicht in allen Zweigen. Dieses Praktikum wird nicht während des Studiums absolviert, der Praktikant ist also nicht immatrikuliert. Die Geringfügigkeits-Richtlinien können nicht angewandt werden, da das Praktikum der Berufsausbildung dient. Auch die Übergangsregelung findet hier keine Anwendung. Es greift jedoch die Geringverdienergrenze (*vgl. Auszubildende*). Hier fallen auch die Umlagebeiträge an.

Erhält der Praktikant während des vorgeschriebenen Vor- und Nachpraktikums kein Arbeitsentgelt, sind durch den Arbeitgeber Beiträge zur Renten- und Arbeitslosenversicherung aus einem fiktiven Entgelt zu melden und abzuführen. Das **fiktive Entgelt** beträgt 1 % der monatlichen Bezugsgröße.

Bezugsgrößen 2024

1 % von 3.535,00 € = 35,35 € (West)

1 % von 3.465,00 € = 34,65 € (Ost)

6.7.2 Freiwilliges Praktikum

Wird ein Praktikum freiwillig absolviert, **fehlt es an der Verpflichtung** zur Ableistung und dient daher nicht zur Berufsausbildung. Die Lohnabrechnung erfolgt wie bei jedem Arbeitnehmer, folglich besteht Steuer- und Sozialversicherungspflicht.

6.7.3 Lohnsteuerliche Behandlung der Einkünfte von Praktikanten

In der Besteuerung werden Praktikanten nicht von anderen Arbeitnehmern unterschieden. Es ist zu prüfen, welche Art von Praktikum abgeleistet wird, d. h. welche sozialversicherungsrechtlichen Regelungen angewandt werden. Ist das Praktikum von der Sozialversicherung befreit und liegt das Arbeitsentgelt über 538,00 €, muss nach den ELStAM-Daten abgerechnet werden. Greifen die Geringfügigkeits-Richtlinien, ist die entsprechende Versteuerung zu prüfen.

zu Beispiel
Beschäftigung von
Praktikanten

Lisa Pfeifer absolviert bei der ModeFix GmbH in Berlin ihr vorgeschriebenes sechsmonatiges Zwischenpraktikum unter Vorlage der Lohnsteuerabzugsmerkmale (I/0/rk) und erhält ein Praktikumsgehalt von 1.480,00 €. Das Gehalt berechnet sich wie folgt:

laufendes monatliches Gehalt			1.480,00 €
Lohnsteuer	Steuerklasse I	-	54,41 €
Kirchensteuer 9 %	rk	-	4,89 €
Sozialversicherungsbeiträge		-	0,00 €
auszuzahlender Betrag			**1.420,70 €**

Die Beitragsfreiheit in der Rentenversicherung ist gegeben, weil es sich um ein in der Studienordnung vorgeschriebenes Zwischenpraktikum handelt.

6.8 Duale Studiengänge: sozialversicherungsrechtliche Beurteilung

Ein dualer Studiengang liegt vor, wenn ein Studium an einer Hochschule bzw. einer Akademie eng gekoppelt wird mit einer praktischen Berufsausbildung in einem Unternehmen. Der duale Student erwirbt innerhalb von drei bis fünf Jahren gleichzeitig einen Diplom- oder Bachelor-Abschluss sowie den Abschluss einer anerkannten Berufsausbildung vor einer Kammer (z. B. IHK). Das setzt zum einen das Abitur oder die allgemeine Fachhochschulreife voraus, zum anderen einen Ausbildungsvertrag mit einem Betrieb.

Duale Studiengänge gibt es z. B. bei der Kopplung eines Wirtschaftsstudiums mit kaufmännischer Ausbildung im Bereich Steuer-, Wirtschaftsrecht oder Medienwirtschaft oder bei der Kombination eines Informatikstudiums mit technischer Berufsausbildung, wie im Bereich Medieninformatik oder Wirtschaftsinformatik.

Einheitliche SV-Pflicht

Nach dem 4. SGB-IV-Änderungsgesetz sind seit dem 01.01.2012 alle Teilnehmer an dualen Studiengängen sozialversicherungspflichtig in allen Zweigen der Sozialversicherung, unabhängig davon, ob sie sich in der Praxis- oder der Studienphase befinden. Sie werden den Auszubildenden gleichgestellt und müssen daher auch wie Auszubildende gemeldet werden.

Beispiel
Duales Studium

> Max Kramer studiert in einem praxisintegrierten dualen Studiengang und erhält vom Betrieb ein monatliches Entgelt über 325,00 €.
>
> Der Betrieb muss ihn mit Personengruppe 102, Beitragsgruppe 1111 bei der zuständigen Einzugsstelle melden. Die Sozialversicherungsbeiträge werden anhand des gezahlten Entgelts berechnet.
>
> Würde Max Kramer ein Entgelt bis 325,00 € beziehen, wäre er mit Personengruppe 121 und Beitragsgruppe 1111 zu melden. Die Sozialversicherungsbeiträge werden anhand des gezahlten Entgelts berechnet und alleinig vom Arbeitgeber gezahlt.
>
> Erhielte Herr Kramer kein Entgelt, wäre er mit Personengruppe 102 und Beitragsgruppe 0110 zu melden. Da er kein Entgelt erhielte, würden auch keine Sozialversicherungsbeiträge anfallen.

6.9 Altersteilzeit

Viele ältere Arbeitnehmer nutzen die Möglichkeiten zur Altersteilzeitarbeit, um nicht abrupt von einer Vollzeitbeschäftigung in den Ruhestand zu wechseln. Einen Rechtsanspruch auf Altersteilzeitarbeit haben ältere Arbeitnehmer nicht, eine entsprechende Regelung kann nur auf Basis einer freiwilligen Vereinbarung zwischen Arbeitnehmer und Arbeitgeber, eines Tarifvertrages, einer Betriebsvereinbarung oder eines Einzelarbeitsvertrages realisiert werden.

Bis zum 31.12.2009 hat die Bundesagentur für Arbeit eine Förderung (Aufstockungsbetrag) übernommen, wenn der frei werdende Arbeitsplatz mit einem Arbeitslosen oder einem Arbeitnehmer nach Abschluss der Ausbildung wieder besetzt wurde. Diese staatliche Förderung der Altersteilzeit ist zum 31.12.2009 ausgelaufen. Zuschüsse für eine bereits begonnene Altersteilzeit werden jedoch über den 31.12.2009 weiter geleistet.

Altersteilzeit im Sinne des Altersteilzeitgesetzes (AltTZG) ist unabhängig von einer staatlichen Förderung, es gilt für alle älteren Arbeitnehmer, die ihre Arbeitszeit ab dem 55. Lebensjahr vermindern. Ab dem 01.01.2010 kann das um die Hälfte reduzierte Vollzeitarbeitsentgelt für die Altersteilzeitarbeit vom Arbeitgeber (§ 3 Abs. 1 Nr. 1 a AltTZG) mit 20 % aufgestockt werden, um die Einkommensverminderung teilweise auszugleichen. Die Berechnungsgrundlage für die Berechnung des Aufstockungsbetrages ist das Regelarbeitsentgelt für die Altersteilzeitarbeit (Altersteilzeitentgelt).

6.9.1 Anspruchsvoraussetzungen

▪ Der betreffende Arbeitnehmer muss das 55. Lebensjahr - jedoch noch nicht das Lebensjahr für den Anspruch auf Regelaltersrente[1] - vollendet haben.

▪ Der Arbeitnehmer darf noch keinen Anspruch auf ungekürzte Altersrente haben.

▪ Die Arbeitszeit muss auf die Hälfte der bisherigen Arbeitszeit reduziert werden.

▪ Es muss sich weiterhin um ein versicherungspflichtiges Beschäftigungsverhältnis handeln, d. h. der Arbeitgeber zahlt zusätzliche Versicherungsbeiträge (Arbeitgeberanteil). Das reduzierte Arbeitsentgelt darf nicht die Geringfügigkeitsgrenze von 538,00 € unterschreiten.

▪ Die Altersteilzeit muss sich bis zum Renteneintrittsalter des betreffenden Arbeitnehmers erstrecken.

▪ Der betreffende Arbeitnehmer muss innerhalb der letzten fünf Jahre vor Beginn der Altersteilzeitarbeit mindestens 1.080 Kalendertage in einer versicherungspflichtigen Beschäftigung nach dem Sozialgesetzbuch (SGB III) oder nach den Vorschriften eines Mitgliedstaates der Europäischen Union gestanden haben. Als versicherungspflichtige Beschäftigungszeiten werden auch Bezugszeiten von Lohnersatzleistungen im Sinne des § 26 Abs. 2 SGB III (z. B. Arbeitslosengeld, Arbeitslosenhilfe, Krankengeld) anerkannt.

▪ Der Arbeitgeber muss das Altersteilzeitentgelt um mindestens 20 % aufstocken.

▪ Der Arbeitgeber muss für den Arbeitnehmer neben der Entgeltaufstockung auch zusätzliche Beiträge zur gesetzlichen Rentenversicherung von 80 % des Altersteilzeitentgeltes zahlen.

6.9.2 Halbierung der Arbeitszeit

Eine der Voraussetzungen für Altersteilzeitarbeit ist, dass die bisherige wöchentliche Arbeitszeit um die Hälfte reduziert wird. Maßgeblich ist die tatsächliche wöchentliche Arbeitszeit, die mit dem Arbeitnehmer unmittelbar vor dem Übergang in die Altersteilzeit vereinbart war, höchstens jedoch die im Durchschnitt der letzten 24 Monate tatsächlich geleistete wöchentliche Arbeitszeit.

Halbierungsrichtlinien

Mittels dieser Durchschnittsberechnung wird die bisherige tatsächliche regelmäßige Arbeitszeit unabhängig von einer Regelung in einem Tarifvertrag oder einer Betriebsvereinbarung festgestellt. Des Weiteren werden auch Arbeitszeiten, die über der tariflichen regelmäßigen wöchentlichen Arbeitszeit liegen, berücksichtigt.

Die Halbierung der Arbeitszeit bezieht sich nicht nur auf Vollzeitbeschäftigungen. Auch bei einer bereits bestehenden Teilzeitbeschäftigung muss für die Altersteilzeitarbeit die Wochenarbeitszeit nochmals vermindert werden.

---

1   Die Regelaltersrententabelle (Altersrente ohne Abzüge) finden Sie im Anhang.

Bei der Berechnung der wöchentlichen Arbeitszeit in der Altersteilzeitphase kann die durchschnittliche Arbeitszeit auf die nächste volle oder halbe Stunde kaufmännisch auf- oder abgerundet werden.

Zeitmodelle

Unerheblich hingegen ist, in welcher zeitlichen Aufteilung die halbierte Wochenarbeitszeit abgeleistet wird. Es ist beispielsweise nicht erforderlich, dass eine reguläre Halbtagsbeschäftigung eingerichtet wird. Ebenso gut können sich Arbeitsphasen und Freistellungsphasen täglich oder wöchentlich abwechseln. Üblich ist vor allem auch das so genannte **Blockzeitmodell**, bei dem eine einzige Arbeitsphase bis zur Hälfte der Altersteilzeitphase andauert und die gesamte restliche Laufzeit als Freistellungsphase genutzt wird. Während dieser aktiven Arbeitsphase im Blockzeitmodell erwirtschaftet der Arbeitnehmer also Entgeltansprüche gegenüber dem Arbeitgeber - es entsteht ein **Wertguthaben**. Diese Entgeltansprüche werden dann als laufendes Entgelt während der Freistellungsphase an den Arbeitnehmer ausgezahlt.

Beispiel
Halbierung der Arbeitszeit

> Frau Kuhn ist 57 Jahre alt und hat mit ihrem Arbeitgeber eine Altersteilzeitvereinbarung getroffen. Bisher hatte sie eine tatsächliche Wochenarbeitszeit von 39 Stunden. Die tarifliche Wochenarbeitszeit für vergleichbare Beschäftigte beträgt 37 Stunden.
>
> Die Berechnung der Wochenarbeitszeit basiert auf der Grundlage der tatsächlich geleisteten Arbeitszeit.
>
> | | |
> |---|---|
> | bisher vereinbarte Arbeitszeit | 39 Stunden |
> | tarifliche Arbeitszeit | 37 Stunden |
> | Grundlage für die Halbierung | 39 Stunden |
> | wöchentl. Arbeitszeit in Altersteilzeitphase | 19,5 Stunden |
>
> Es kann eine wöchentliche Arbeitszeit in der Altersteilzeitphase von 19,5 Stunden genommen werden oder es wird kaufmännisch aufgerundet, d. h. 20 Stunden.

Beispiel
Halbierung der Arbeitszeit

> Herr Ludwig ist 56 Jahre alt und war bisher auf Teilzeitbasis mit 23 Arbeitsstunden pro Woche als Hausmeister angestellt. Er hat nun mit seinem Arbeitgeber eine Altersteilzeitvereinbarung getroffen.
>
> ▪ Die Wochenarbeitszeit in der Altersteilzeitphase ermittelt sich wie folgt:
>
> | | |
> |---|---|
> | bisher vereinbarte Arbeitszeit | 23 Stunden |
> | Grundlage für die Halbierung | 23 Stunden |
> | wöchentl. Arbeitszeit in Altersteilzeitphase | 11,5 Stunden |
>
> Es kann eine wöchentliche Arbeitszeit in der Altersteilzeitphase von 11,5 Stunden genommen werden oder es wird kaufmännisch aufgerundet, d. h. 12 Stunden.

Beispiel
Ermittlung der
Wochenarbeitszeit

Herr Walter wird ab dem 01.08.2024 in Altersteilzeit beschäftigt, die tarifliche Arbeitszeit beträgt 35 Stunden pro Woche. In den vergangenen 24 Monaten hatte Herr Walther unterschiedliche Arbeitszeitvereinbarungen mit seinem Arbeitgeber:

- in der Zeit vom 01.08.2022 bis 31.12.2022   30 Std./wöchentl.
- in der Zeit vom 01.01.2023 bis 31.07.2024   35 Std./wöchentl.

Die Berechnung der maximalen Wochenarbeitszeit für die Altersteilzeitphase wird wie folgt ermittelt:

$$\frac{5 \text{ Mon. x 30 Wochenstd.} + 19 \text{ Mon. x 35 Wochenstd.}}{24 \text{ Monate}} = 33{,}96 \text{ Wochenstd.}$$

33 Stunden : 2 = 16,5 Std./Woche oder
34 Stunden : 2 = 17 Std./Woche

Es kann eine wöchentliche Arbeitszeit in der Altersteilzeitphase von 16,5 Stunden oder 17 Stunden genommen werden.

6.9.3 Insolvenzversicherung bei Altersteilzeit

Das in der Praxis am häufigsten angewendete Zeitmodell für Altersteilzeitarbeit ist das so genannte **Blockzeitmodell**, dem zufolge sich nicht kürzere Arbeits- und Freistellungsphasen abwechseln, sondern eine zusammenhängende längere Arbeitsphase bis zur Hälfte der Altersteilzeitphase andauert und die gesamte restliche Laufzeit als Freistellungsphase genutzt wird. Bei einer Laufzeit von z. B. insgesamt vier Jahren arbeitet der Arbeitnehmer trotz eigentlich halbierter Arbeitszeit zunächst für zwei Jahre im Rahmen der bisherigen Arbeitszeit weiter, erhält aber nur die reduzierten Altersteilzeit-Bezüge. Dadurch erbringt er die Arbeitsleistung für die zweite Hälfte der Laufzeit im Voraus. Nach zwei Jahren tritt der Arbeitnehmer in die Freistellungsphase ein, die dann bis zum Ende der Gesamtlaufzeit andauert. Während der Freistellungsphase werden die angesparten Altersteilzeit-Bezüge weiter gezahlt.

Blockzeitmodell,
Gleichverteilungsmodell

Das Zeitmodell **Gleichverteilungsmodell** wird auch „echte Altersteilzeit" genannt. Bei diesem Zeitmodell wird die Arbeitszeit auch auf die Hälfte reduziert, aber über den gesamten Zeitraum der Altersteilzeit verteilt. Wie die Verteilung der Stunden pro Woche erfolgt, ist eine Absprache zwischen dem Arbeitgeber und dem Arbeitnehmer und wird an die Anforderungen des Unternehmens angepasst.

Während der aktiven Arbeitsphase im Blockzeitmodell erwirtschaftet der Arbeitnehmer Entgeltansprüche gegenüber dem Arbeitgeber, es entsteht ein **Wertguthaben**. Diese Entgeltansprüche werden dann als laufendes Entgelt während der Freistellungsphase an den Arbeitnehmer ausgezahlt. Damit der Arbeitnehmer aber nicht das Risiko tragen muss, dass der Arbeitgeber möglicherweise vor Ablauf der Freistellungsphase insolvent wird und daher die aufgebauten Entgeltansprüche nicht vollständig abgelten kann, ist der Arbeitgeber verpflichtet, eine entsprechende **Absicherung für den Insolvenzfall** vorzunehmen.

Aufbau eines Wertguthabens

Wird ein Wertguthaben über einen Zeitraum von **mehr als drei Monaten** hinweg aufgebaut, muss der Arbeitgeber dieses bereits vom ersten Monat der Arbeitsphase an gegen das Risiko einer Insolvenz absichern und dies dem Arbeitnehmer regelmäßig (halbjährlich) nachweisen.

Insolvensicherung

Als Insolvenzsicherung sind folgende Sicherheiten geeignet und zulässig:

- Bankbürgschaften

- dingliche Sicherheiten (z. B. die Verpfändung von Wertpapieren zu Gunsten des Arbeitnehmers)

- bestimmte Versicherungsmodelle der Versicherungswirtschaft

- Sicherheiten nach dem Modell der so genannten doppelseitigen Treuhand

Dagegen sind folgende Sicherungsmodelle ausdrücklich nicht zulässig, da sie keine ausreichende tatsächliche Sicherheit gewährleisten können:

- Rückstellungen in der Bilanz

- Einstandspflichten zwischen Konzernunternehmen (z. B. Bürgschaften oder Patronatserklärungen)

- Schuldbeitritte

6.9.4 Berechnung des Aufstockungsbetrages

Das Regelarbeitsentgelt für die Altersteilzeitarbeit (Altersteilzeitentgelt) ist das laufend zu zahlende **sozialversicherungspflichtige Arbeitsentgelt**, maximal bis zur Beitragsbemessungsgrenze in der Renten- und Arbeitslosenversicherung. Es wird als Grundlage für die Berechnung des vom Arbeitgeber zu erbringenden Aufstockungsbetrages herangezogen. Neben dem laufenden Arbeitsentgelt werden auch folgende Entgeltbestandteile berücksichtigt:

- Vermögenswirksame Leistungen

- Prämien und Zulagen

- Sachbezüge und sonstige geldwerte Vorteile

- Zuschläge für Sonntags-, Feiertags- und Nachtarbeit

- wiederkehrende Einmalzahlungen (Weihnachts- und Urlaubsgeld)

Zulagen gehören in unverminderter Höhe zum Regelarbeitsentgelt, wenn sie für bestimmte Arbeiten gewährt werden, unabhängig von den geleisteten Arbeitsstunden. Nicht wiederkehrende Einmalzahlungen bleiben unberücksichtigt.

Beispiel
Aufstockungsbetrag

Zwischen der ModeFix GmbH (Filiale im Bundesland Saarland) und der Leiterin der Finanzbuchhaltung, Frau Stolze, wurde eine Vereinbarung zur Altersteilzeitarbeit getroffen. Die Arbeitszeit wird im Zuge dessen um die Hälfte reduziert. Ihr monatliches Gehalt betrug bisher 8.000,00 € zuzüglich einer regelmäßigen monatlichen Leistungszulage (unabhängig von den geleisteten Arbeitsstunden) in Höhe von 500,00 € monatlich. Außerdem erhält Frau Stolze im laufenden Monat eine einmalige Sonderprämie in Höhe von 250,00 €.

Berechnen Sie den Aufstockungsbetrag.

Vollzeitarbeitsentgelt	8.000,00 €
halbiertes Vollzeitarbeitsentgelt	4.000,00 €
Leistungszulage	+ 500,00 €
Sonderprämie	+ 250,00 €
Altersteilzeitentgelt für den lfd. Monat	**4.750,00 €**

Als Aufstockungsbetrag muss der Arbeitgeber 20 % des Regelarbeitsentgelts für die Altersteilzeitarbeit leisten:

halbiertes Vollzeitarbeitsentgelt	4.000,00 €
zzgl. Leistungszulage lfd. Monat	+ 500,00 €
Regelarbeitsentgelt für die Altersteilzeitarbeit	4.500,00 €
davon 20 % (Aufstockungsbetrag)	**900,00 €**

Die einmalige Sonderprämie bleibt für die Ermittlung des Aufstockungsbetrages außer acht.

6.9.5 Steuer- und sozialversicherungsrechtliche Behandlung von Altersteilzeitarbeit

Altersteilzeitentgelt ist lohnsteuerrechtlich grundsätzlich wie gewöhnliches Arbeitsentgelt zu behandeln, es unterliegt dem Lohnsteuerabzug durch den Arbeitgeber. Entsprechend hat der Arbeitnehmer auch während den Freistellungsphasen die **ELStAM-Datei** beim Arbeitgeber freizugeben.

Lohnsteuerliche Behandlung

Steuerfrei verbleibt jedoch der Teil des Arbeitsentgeltes, der als **Aufstockungsbetrag** gezahlt wird. Der Aufstockungsbetrag unterliegt jedoch dem Progressionsvorbehalt und ist daher in der elektronischen Lohnsteuerbescheinigung (Zeile 15) einzutragen.

Das Altersteilzeitentgelt ist in allen Zweigen der Sozialversicherung beitragspflichtig. Berechnungsgrundlagen sind das tatsächlich erwirtschafte Arbeitsentgelt in der noch aktiven Arbeitsphase oder Entgeltzahlungen aus dem vorhandenen Wertguthaben während der Freistellungsphase. Beitragsfrei verbleibt jedoch der Aufstockungsbetrag. Es ist zu beachten, wenn auf eine Freistellungsphase keine weitere Arbeitsphase, sondern der direkte Eintritt in den Ruhestand folgt, ist in der Freistellungsphase der **ermäßigte Beitragssatz** zur Krankenversicherung anzuwenden, da der Arbeitnehmer von diesem Zeitpunkt an kein Krankengeld mehr beanspruchen kann.

Sozialversicherungsrechtliche Behandlung

Über die von Arbeitgeber und Arbeitnehmer für das Altersteilzeitentgelt geleisteten Rentenversicherungsbeiträge hinaus hat der **Arbeitgeber zusätzliche Beiträge** zu entrichten. Für die zusätzlich zu entrichteten Beiträge trägt der Arbeitgeber die vollen Arbeitgeber- und Arbeitnehmerbeiträge. Die Bemessungsgrundlage für die zusätzlichen Beiträge wird für so genannte **Altfälle** (Beginn der Altersteilzeitarbeit vor dem 01.07.2004) wie folgt ermittelt:

Rentenversicherungsbeiträge

> 90% des bisherigen beitragspflichtigen Arbeitsentgelts
>
> - beitragspflichtiges Entgelt bei Altersteilzeit
> _____
> = Bemessungsgrundlage für zusätzliche Beiträge

Für so genannte **Neufälle** (Beginn der Altersteilzeitarbeit ab 01.07.2004) beträgt die Bemessungsgrundlage für die durch den Arbeitgeber zu tragenden zusätzlichen Beiträge 80 % des Regelarbeitsentgelts für die Altersteilzeitarbeit, jedoch höchstens die Differenz aus 90 % der monatlichen Beitragsbemessungsgrenze der Rentenversicherung (2024: West 7.550,00 €, Ost 7.450,00 €) und dem Regelarbeitsentgelt.

Bemessungsgrundlage für zusätzl. Beiträge	=	Regelarbeitsentgelt für Altersteilzeitarbeit	x	80 %
Höchst-Bemessungsgrundlage	=	90 % der BBG (RV) -		Regelarbeitsentgelt für Altersteilzeitarbeit

Meldung

In der Meldung zur Sozialversicherung setzt sich das zu meldende beitragspflichtige Bruttoarbeitsentgelt aus dem monatlichen beitragspflichtigen Altersteilzeitentgelt (ohne Aufstockungsbetrag) und der Bemessungsgrundlage für den alleinigen Arbeitgeberzusatzbeitrag zur Rentenversicherung zusammen.

Umlagen

Bei der Berechnung der Umlagen (U1, U2, U3) ist auch das Arbeitsentgelt der Arbeitnehmer in der Altersteilzeit zu berücksichtigen, unabhängig davon, ob sich der Arbeitnehmer in der Arbeitsphase oder in der Freistellungsphase befindet. Bei der Ermittlung der Mitarbeiterzahl eines Betriebes zur Feststellung, ob eine Teilnahmepflicht am Umlageverfahren (U1) besteht, werden die Arbeitnehmer in der Freistellungsphase der Altersteilzeit jedoch nicht berücksichtigt (*siehe Lehrbuch für Einsteiger, Kapitel 12.10*).

Berechnungsgrundlagen sind das tatsächliche erwirtschafte Arbeitsentgelt gemindert um den Anteil zum Aufbau des Wertguthabens in der noch aktiven Arbeitsphase oder Entgeltzahlungen aus dem vorhandenen Wertguthaben während der Freistellungsphase. Der Aufstockungsbetrag und die fiktiven rentenversicherungspflichtigen Arbeitsentgelte bleiben unberücksichtigt und werden nicht mit einbezogen (§ 163 Abs. 5 SGB VI). Wenn das angesparte Wertguthaben nicht bestimmungsgemäß als laufendes Entgelt in der Freistellungsphase ausgezahlt werden kann, z. B. bei Erwerbsunfähigkeit oder Tod und die Auszahlung des angesparten Wertguthabens als Einmalzahlung erfolgt, ist diese Einmalzahlung nicht umlagepflichtig.

Beispiel
Zusätzlicher Rentenversi-
cherungsbeitrag

Frau Stolze (Bundesland: Saarland) erhielt bisher ein Vollzeitarbeitsentgelt von 8.000,00 €, zuzüglich einer laufenden Leistungszulage von 500,00 € und im August einer Sonderprämie von 250,00 €. Nach Eintritt in die Altersteilzeit ab August 2024 wird das Vollzeitarbeitsentgelt halbiert, die monatliche Leistungszulage in voller Höhe weiter gezahlt und das daraus resultierende Regelarbeitsentgelt mit 20 % durch den Arbeitgeber aufgestockt. Das Altersteilzeitentgelt beträgt im laufenden Monat 4.750,00 € und das Regelarbeitsentgelt für die Altersteilzeitarbeit 4.500,00 € (siehe Beispiel Aufstockungsbetrag).

■ Der zusätzliche Rentenversicherungsbeitrag wird wie folgt ermittelt:

Da es sich um einen so genannten Neufall handelt, ist als Bemessungsgrundlage für den zusätzlichen Beitrag in der Rentenversicherung 80 % des Regelarbeitsentgelts heranzuziehen:

Bemessungsgrundlage für zusätzlichen RV-Beitrag	4.500,00 € x 80% = 3.600,00 €

Jedoch ist zu prüfen, ob der Höchstbetrag überschritten wird:

90 % der monatl. Beitragsbemessungsgrenze der RV (West)	6.795,00 €
abzügl. Regelarbeitsentgelt	- 4.500,00 €
Höchst-Beitragsbemessungsgrundlage	2.295,00 €

Der Vergleichsrechnung zufolge ist zur Berechnung der zusätzlichen RV-Beiträge die Höchst-Beitragsbemessunggrundlage heranzuziehen:

zusätzl. RV-Beitrag	2.295,00 € x 18,60%	426,87 €

Der Arbeitgeber hat diesen zusätzlichen Rentenversicherungsbeitrag in voller Höhe allein zu tragen. In der Meldung zur Sozialversicherung ist dieser Monat wie folgt zu berücksichtigen:

Entgelt für den Monat August	4.750,00 €
Bemessungsgrundlage für den Zusatzbeitrag RV	2.295,00 €
	7.045,00 €

6.10 Geringfügig Beschäftigte in privaten Haushalten

Für geringfügig entlohnte Beschäftigte in privaten Haushalten gelten zwar die gleichen Geringfügigkeitsgrenzen wie im gewerblichen Bereich (maximal 538,00 € monatliches Arbeitsentgelt), jedoch gibt es bei den Sozialversicherungsbeiträgen und der Ermittlung des beitragspflichtigen Entgelts gesonderte Regelungen. (*Eine ausführliche Einführung dazu finden Sie im Lehrbuch für Einsteiger.*)

Haushaltsnahe Tätigkeiten

Als Beschäftigungen in privaten Haushalten werden solche Tätigkeiten angesehen, die durch einen privaten Haushalt begründet sind und sonst gewöhnlich durch Mitglieder des privaten Haushalts erledigt werden. Dies sind beispielsweise:

- Kinderbetreuung

- Pflege von Angehörigen

- Wohnungsreinigung

- allgemeine Haushaltstätigkeiten

- Haus- und Gartenpflege

6.10.1 Steuern und Sozialabgaben

Pauschalsteuer

Wie bei herkömmlichen Beschäftigungsverhältnissen, die geringfügig entlohnt werden, **kann** auch bei Arbeitsverhältnissen in privaten Haushalten durch den Arbeitgeber eine pauschalierte Steuer von **2 %** abgeführt werden. Darin sind neben der Lohnsteuer auch die Kirchensteuer und der Solidaritätszuschlag enthalten. Die Steuer wird von der **Knappschaft-Bahn-See** eingezogen. Es besteht auch die Möglichkeit eine pauschale Steuer von **20 %**, wie bei herkömmlichen Beschäftigungsverhältnissen, die geringfügig entlohnt werden oder eine pauschale Steuer von **25 %**, wie bei herkömmlichen Beschäftigungsverhältnissen, die kurzfristig geringfügig entlohnt werden, abzuführen.

Im Gegensatz zur 2 %-Pauschalierung werden hier jedoch **zusätzlich** der Solidaritätszuschlag und gegebenenfalls Kirchensteuer auf Basis der Lohnsteuer erhoben. Pauschalsteuer und Zuschlagssteuern werden mit der Lohnsteueranmeldung an das zuständige **Betriebsstättenfinanzamt** gemeldet und abgeführt.

Sozialversicherungsbeiträge

Bei den Sozialversicherungsbeiträgen werden private Haushalte gegenüber gewerblichen Arbeitgebern günstiger gestellt. Private Haushalte entrichten als Arbeitgeberbeiträge lediglich **10 %** des Arbeitsentgeltes an die **Knappschaft-Bahn-See**. Davon entfallen 5 % auf die Krankenversicherung (sofern der Arbeitnehmer Mitglied einer gesetzlichen Krankenversicherung ist) und 5 % auf die Rentenversicherung. Für den Arbeitnehmer besteht Rentenversicherungspflicht (2024: 13,6 %), falls keine "Befreiung von der Rentenversicherungspflicht" beantragt wurde.

Fälligkeit der Abgaben

Die Abgaben für geringfügig Beschäftigte im Privathaushalt werden für die Monate Januar bis Juni am 31. Juli des laufenden Kalenderjahres und für die Monate Juli bis Dezember am 31. Januar des Folgejahres von der Knappschaft-Bahn-See eingezogen.

Lohnfortzahlung

Auch private Haushalte müssen **Umlagen** zur Entgeltfortzahlungsversicherung zahlen, wenn sie als Arbeitgeber auftreten. Entsprechend stehen ihnen bei Krankheit oder Mutterschaft der Hausangestellten die Erstattungen der Aufwendungen zu, die durch Lohnfortzahlung entstehen (2024: U1 = 1,1 %, U2 = 0,24 %).

Unfallversicherung

Die Beiträge zur gesetzlichen Unfallversicherung werden von der Knappschaft-Bahn-See berechnet und eingezogen und an den zuständigen Unfallversicherungsträger weitergeleitet. Nach § 185 Abs. 4 Satz 3 SGB VII beträgt der Beitragssatz zur Unfallversicherung für geringfügig Beschäftigte, die im Haushaltsscheckverfahren gemeldet sind, bundeseinheitlich 1,6 % vom Bruttoarbeitsentgelt.

6.10.2 Haushaltsscheckverfahren

Die sozialversicherungsrechtliche Meldung von geringfügig Beschäftigten in Privathaushalten erfolgt mit dem so genannten **Haushaltsscheck**. Darauf werden die relevanten Angaben bezüglich des Arbeitnehmers und des Beschäftigungsverhältnisses eingetragen. Unter anderem enthält der Haushaltsscheck folgende Angaben:

Meldung zur Sozialversicherung

- persönliche Daten des Arbeitgebers
- persönliche Daten des Arbeitnehmers
- Kennzeichnung über die Zahlung von Pauschalsteuer
- Angaben zur Kranken- und Rentenversicherung des Arbeitnehmers
- Beginn/Ende der Beschäftigung
- monatliches Entgelt

Der Haushaltsscheck wird in dreifacher Ausfertigung ausgefüllt. Eine Ausfertigung wird zur Meldung an die Knappschaft-Bahn-See verwendet, eine weitere dient dem Arbeitgeber als Nachweis und die dritte Ausfertigung erhält der Arbeitnehmer.

Bei unterschiedlichen Arbeitsentgelten ist der Haushaltsscheck monatlich einzureichen. Bei gleich bleibenden Entgelten kann er zum **Dauerscheck** erklärt werden. Weitere Meldeanlässe sind der Beginn und das Ende eines Arbeitsverhältnisses sowie die Änderung des Entgeltes.

Meldeanlässe

Die Knappschaft-Bahn-See berechnet anhand der Angaben des Haushaltsschecks halbjährlich die Sozialversicherungsbeiträge, die pauschale Lohnsteuer, die Umlagebeiträge zur Entgeltfortzahlungsversicherung und den Beitrag zur gesetzlichen Unfallversicherung. Auch die Jahresmeldung wird von der Knappschaft-Bahn-See erstellt. Das Haushaltsscheckverfahren ist dabei zwingend an die Erteilung einer **Einzugsermächtigung** des Arbeitgebers an die Knappschaft-Bahn-See gebunden, sodass diese die berechneten Abgaben im Lastschriftverfahren einziehen kann.

Einzug durch die Knappschaft-Bahn-See

6.11 Bundesfreiwilligendienst

Der Bundesfreiwilligendienst - Freiwilliges soziales / ökologisches Jahr - wurde zum 01.07.2011 eingeführt. Er dauert in der Regel 12 Monate; vorgesehen sind jedoch mindestens 6 und maximal 18 Monate. Unter bestimmten Voraussetzungen kann der Freiwilligendienst auch 24 Monate andauern.

Die Teilnehmer erhalten ein „Taschengeld" in Höhe von maximal 6 % der monatlichen BBG RV West (2024: 6 % von 7.550,00 € = 453,00 €). Des Weiteren kann dem Teilnehmer Unterkunft, Verpflegung und Arbeitskleidung zur Verfügung gestellt oder der entsprechende Gegenwert ausgezahlt werden.

Vergütung

Für Teilnehmer des Bundesfreiwilligendienstes gilt Sozialversicherungspflicht in allen Zweigen. Die Beiträge sind von der Einsatzstelle alleine zu tragen und berechnen sich aus dem „Taschengeld" sowie dem Wert aller zusätzlichen Sachleistungen oder deren ausgezahlter Gegenwert. Weder die Geringfügigkeits-Richtlinien noch die Übergangsregelung finden Anwendung. Weitere Sonderregelungen gibt es bei der Krankenversicherung und der Arbeitslosenversicherung.

Sozialversicherung

Bei der Krankenversicherung wird der durchschnittliche Zusatzbeitragssatz (2024: 1,7 %), unabhängig von dem individuellen Zusatzbeitragssatz der jeweiligen Krankenkasse des Bundesfreiwilligendienstleistenden, verwendet.

Wird ein Bundesfreiwilligendienst innerhalb eines Monats nach einer sozialversicherungspflichtigen Beschäftigung aufgenommen, berechnet sich der Beitrag zur Arbeitslosenversicherung aus festgelegten monatlichen Bezugsgrößen (2024: 3.535,00 € West und 3.465,00 € Ost), unabhängig vom tatsächlichen „Taschengeld".

Umlage	Die Umlage U1 für Krankheit ist nicht zu zahlen. Seit 01.07.2012 muss jedoch die Umlage U2 für Mutterschaft von der Einsatzstelle gezahlt werden. Damit hat diese auch einen Anspruch auf Erstattung nach dem AAG im Falle des Mutterschutzes. Die Insolvenzgeldumlage (U3) ist auch zu zahlen, außer der Arbeitgeber erfüllt die Befreiungstatbestände nach § 358 Abs. 1 Satz 2 SGB III.
DEÜV Meldung	Teilnehmer des Bundesfreiwilligendienstes werden mit dem Personengruppenschlüssel 123 gemeldet. Wird der Bundesfreiwilligendienst von einem Altersvollrentner ausgeübt, muss der Personengruppenschlüssel "119" (versicherungsfreie Altersvollrentner) oder "120" (versicherungspflichtige Altersvollrentner) verwendet werden. Diese beiden Persongruppenschlüssel sind vorrangig.
Lohnsteuer	Die Bezüge im Rahmen des Bundesfreiwilligendienstes sind steuerpflichtig, außer dem „Taschengeld", dieses ist gemäß § 3 Nr. 5 Buchstabe d EStG steuerfrei. Die Einsatzstelle hat die Möglichkeit den Lohnsteuerabzug anhand der Lohnsteuerabzugsmerkmale durchzuführen, die aus der ELStAM-Datei des Teilnehmers zu entnehmen sind.

6.12 Pflegezeit und Familienpflegezeit

Kündigungsschutz	Für Arbeitnehmer, welche die Pflege naher Angehöriger übernehmen möchten, hat der Gesetzgeber verschiedene Möglichkeiten geschaffen, durch volle oder teilweise Arbeitsfreistellungen notwendige Pflegezeiten besser mit dem Beruf zu vereinbaren. Arbeitnehmer, die eine der nachfolgend beschriebenen Leistungen in Anspruch nehmen, haben von der Ankündigung der Auszeit bis zum Ende der Pflegezeit Kündigungsschutz.
Nahe Angehörige	Als nahe Angehörige zählen hierbei:

- Eltern, Stiefeltern, Schwiegereltern
- Großeltern
- Ehegatten, Partner in lebenspartnerschaftlichen Gemeinschaften
- Geschwister
- Schwägerinnen und Schwager
- Kinder, Adoptiv- und Pflegekinder
- Enkel und Schwiegerkinder

Die Regelungen gelten auch für Eltern und Angehörige pflegebedürftiger Kinder, die nicht zu Hause, sondern in externen Einrichtungen betreut werden.

6.12.1 Kurzfristige Arbeitsverhinderung

Freistellung bis zu 10 Arbeitstagen	Weist der Arbeitnehmer die akute Pflegebedürftigkeit eines nahen Angehörigen nach, hat er Anspruch auf Freistellung bis zu 10 Arbeitstagen (§ 2 PflegeZG), um eine entsprechende bedarfsgerechte Pflege zu organisieren. Zu dieser Freistellung ist jeder Arbeitgeber, unabhängig von der Gesamtbeschäftigtenzahl, verpflichtet. Für diesen Zeitraum erhält der Arbeitnehmer Pflegeunterstützungsgeld.

Pflegeunterstützungsgeld als Lohnersatzleistung

Als Ausgleich für das entgangene Arbeitsentgelt während einer kurzfristigen Arbeitsverhinderung erhalten Arbeitnehmer für maximal 10 Arbeitstage das so genannte Pflegeunterstützungsgeld als Lohnersatzleistung von der Pflegekasse des Pflegebedürftigen (§ 2 Abs. 3 PflegeZG, § 44a Abs. 3 SGB XI).

Das Pflegeunterstützungsgeld beträgt 90 % des Nettoarbeitsentgelts. Wurde in den zwölf Kalendermonaten vor der Freistellung mindestens eine Einmalzahlung (z. B. Urlaubsgeld, Weihnachtsgeld) gewährt, beträgt der Lohnersatz 100 % des regelmäßigen Nettoarbeitsentgelts. Insgesamt darf das Pflegeunterstützungsgeld 70 % der Beitragsbemessungsgrenzen KV/PV (2024: 3.622,50 €) nicht übersteigen.

Das Pflegeunterstützungsgeld ist in der Kranken-, Renten- und Arbeitslosenversicherung beitragspflichtig. Die Sozialversicherungsbeiträge werden anteilig von der Pflegekasse des Pflegebedürftigen und des in Pflegezeit befindlichen Arbeitnehmers (Leistungsempfänger) getragen.

Sozialversicherung bei kurzfristiger Arbeitsverhinderung

Die Berechnung der Gesamtsozialversicherungsbeiträge erfolgt aus 80 % des Bruttoarbeitsentgeltes. Der Leistungsempfänger trägt jedoch nur den halben Beitragssatz zur Kranken-, Renten- und Arbeitslosenversicherung aus dem Bruttopflegeunterstützungsgeld. Die Pflegekasse trägt die andere Hälfte des Beitrags und die Differenz zu den Gesamtsozialversicherungsbeiträgen.

6.12.2 Pflegezeit und Familienpflegezeit

Pflegezeit - Freistellung bzw. Reduzierung der Arbeitszeit bis zu 6 Monate

Zur längeren Pflege eines nahen Angehörigen in häuslicher Umgebung haben Arbeitnehmer Anspruch auf vollständige Freistellung von bis zu 6 Monaten. Auch eine teilweise Freistellung ist möglich, soweit dies keinen dringenden betrieblichen Interessen entgegensteht.

Zu dieser Freistellung ist jeder Arbeitgeber, der regelmäßig mehr als 15 Mitarbeiter verpflichtet. Eine Lohnersatzleistung wird nicht gewährt. Der Arbeitnehmer hat die Pflicht, dem Arbeitgeber die Pflegezeit mindestens 10 Arbeitstage im Voraus schriftlich anzukündigen.

Familienpflegezeit

Seit dem 01.01.2015 haben Arbeitnehmer eine weitere Möglichkeit, Auszeiten zur häuslichen Pflege von nahen Angehörigen in Anspruch zu nehmen. Bei der Familienpflegezeit kann die Arbeitszeit für bis zu 24 Monate auf mindestens 15 Stunden pro Woche reduziert werden.

Zu dieser Freistellung ist jeder Arbeitgeber verpflichtet, der regelmäßig mehr als 26 Mitarbeiter beschäftigt. Eine Lohnersatzleistung wird nicht gewährt. Der Arbeitnehmer ist verpflichtet, dem Arbeitgeber die Pflegezeit mindestens 8 Wochen im Voraus schriftlich anzukündigen.

Die geforderte Mindestarbeitszeit von 15 Stunden pro Woche muss im Durchschnitt eines Jahres erreicht werden. Daraus ergibt sich die Möglichkeit einer flexibel zwischen Arbeitnehmer und Arbeitgeber vereinbarten zeitlichen Ausgestaltung.

Zeitmodelle

Lohnfortzahlung und Wertguthaben bei Pflegezeit und Familienpflegezeit

Da es für die Pflegezeit und die Familienpflegezeit keine Lohnersatzleistung gibt, kann der finanzielle Ausfall für den Arbeitnehmer auf zweierlei Arten abgefedert werden:

Entweder vereinbart der Arbeitnehmer mit seinem Arbeitgeber eine Aufstockung des Arbeitsentgelts, die aus einem in der Vorpflegephase durch Mehrarbeit aufgebauten Wertguthaben "gespeist" wird oder er erhält in der Nachpflegephase so lange ein geringeres Entgelt, bis die Aufstockung des Arbeitsentgelts in der Pflegephase abgearbeitet ist.

Wertguthaben

Zinsloses Darlehen

Die zweite Möglichkeit besteht darin, dass der Beschäftigte beim Bundesamt für Familie und zivilgesellschaftliche Aufgaben (BAFzA) ein zinsloses und in monatlichen Raten rückzahlbares Darlehen beantragt.

Familienpflegezeitversicherung

Hat der Arbeitnehmer in der Vorpflegephase kein Wertguthaben aufgebaut und erhält dafür in der Nachpflegephase geringere Bezüge, bedeutet dies für den Arbeitgeber, dass er während der Pflegephase Gehaltsvorschüsse gewährt. Das Risiko, dass der Arbeitnehmer diese Gehaltsvorschüsse in der Nachpflegephase nicht vollständig ableisten oder zurückzahlen kann, kann mit einer Familienpflegezeitversicherung abgedeckt werden.

Sozialversicherung bei Pflegezeit und Familienpflegezeit

Während der Pflegezeit und der Familienpflegezeit bleibt die Versicherungspflicht in allen Sozialversicherungszweigen des Beschäftigten erhalten. Die Beiträge berechnen sich aus dem reduzierten Gehalt in der Pflegephase inklusive des Wertguthabens. Dieses muss während der Pflegezeit den Betrag von 538,00 € monatlich übersteigen.

Befreiung von der Versicherungspflicht

Aufgrund der Reduzierung des Entgelts kann es sein, dass Versicherungspflicht wegen Unterschreiten der Jahresarbeitsentgeltgrenze eintritt. Für diese Arbeitnehmer besteht die Möglichkeit, sich von der Versicherungspflicht befreien zu lassen.

Meldungen an die SV-Träger

Der Arbeitgeber meldet das beitragspflichtige Arbeitsentgelt an die Rentenversicherung. Arbeitsentgelte, die in einem Wertguthabenkonto gesammelt wurden, sind erst bei der Auszahlung zu melden. In der Meldung zur Unfallversicherung ist das tatsächlich erarbeitete beitragspflichtige Arbeitsentgelt zu melden, also auch der Teil der eventuell in ein Wertguthabenkonto eingestellt wird.

6.12.3 Begleitung in der letzten Lebensphase

Auch für die Begleitung schwerstkranker Angehöriger in der letzten Lebensphase besteht für maximal drei Monate die Möglichkeit, die Arbeitszeit ganz oder teilweise zu reduzieren. Im Unterschied zur Pflegezeit oder Familienpflegezeit, kann diese Auszeit auch in Anspruch genommen werden, wenn der nahe Angehörige keinen Pflegegrad hat und/oder außerhäuslich (z. B. in einem Hospiz) betreut wird.

Zu dieser Freistellung ist jeder Arbeitgeber verpflichtet, der regelmäßig mehr als 15 Mitarbeiter beschäftigt. Der Arbeitnehmer ist verpflichtet, dem Arbeitgeber die Pflegezeit mindestens 10 Arbeitstage im Voraus anzukündigen. Eine Lohnersatzleistung wird nicht gewährt. Die Lohnfortzahlung über ein Wertguthaben und die Regelungen zur Sozialversicherung werden wie bei der Pflegezeit und Familienpflegezeit gehandhabt.

6.13 Lebensarbeitszeitmodell

Zeitwertkonto

Arbeitnehmer haben die Möglichkeit Gehaltsbestandteile in ein, in Geldwert vom Arbeitgeber geführtes Zeitwertkonto, zu stellen und zu einem späteren Zeitpunkt, zur mittel- oder langfristigen Freistellung von der Arbeit, einzusetzen. Steuer- und Sozialversicherungsbeiträge werden erst bei der Entnahme fällig. Die gesetzliche Grundlage ist das „Gesetz zur sozialrechtlichen Absicherung flexibler Arbeitszeitregelungen (ArbZAbsichG)".

6.14 Beschäftigung schwerbehinderter Menschen

Um die berufliche Gleichstellung von behinderten Menschen zu gewährleisten, ist jeder Arbeitgeber, mit monatlich mindestens **20 Arbeitsplätzen** (jahresdurchschnittlich) gemäß § 154 SGB IX verpflichtet schwerbehinderten Menschen zu beschäftigen. Es müssen mindestens 5 % der Arbeitsplätze durch schwerbehinderte Arbeitnehmer besetzt werden.

Schwerbehinderten-Quote

Anzahl der Arbeitsplätze (jahresdurchschnittlich)	Pflichtarbeitsplätze (jahresdurchschnittlich)
1 bis 19	0
20 bis 39	1
40 bis 59	2
60 bis 69	3
70 bis 89	4
90 bis 109	5

Die sich bei der Berechnung der Pflichtarbeitsplätze ergebende Bruchteile von 0,5 und mehr sind aufzurunden, außer wenn jahresdurchschnittlich 40 Arbeitnehmer oder 60 Arbeitnehmer beschäftigt werden, dann wird abgerundet.

Der Arbeitgeber kann frei entscheiden, welchen behinderten Arbeitnehmer er einstellen möchte. Er sollte jedoch bei der Beschäftigung mehrerer behinderter Arbeitnehmer darauf achten, dass ein ausgewogenes Verhältnis zwischen den Behinderungen hinsichtlich ihrer Art und Schwere besteht.

Erfüllt der Arbeitgeber diese Quote nicht, so muss er gemäß § 160 SGB IX für jeden nicht besetzten Pflichtarbeitsplatz eine monatliche Ausgleichsabgabe entrichten. Die Höhe der Abgabe richtet sich danach, wie weit diese Pflichtquote unterschritten wird. Entscheidend für die Feststellung, ob und in welcher Höhe eine **Schwerbehindertenausgleichsabgabe** zu entrichten ist, sind daher folgende Faktoren:

Ausgleichsabgabe

- Anzahl der Mitarbeiter des Betriebes (nicht berücksichtigt werden dabei Auszubildende, Praktikanten, Referendare)

- Anzahl der durch schwerbehinderte Menschen besetzten Stellen

Zur Feststellung der Anzahl, der durch schwerbehinderte Menschen besetzten Stellen, genügt es nicht, die schwerbehinderten Mitarbeiter zu zählen. Entscheidend ist, ob ein schwerbehinderter Mitarbeiter auf einen **Pflichtarbeitsplatz** angerechnet wird. Unter bestimmten Voraussetzungen kann ein schwerbehinderter Arbeitnehmer auf bis zu drei Pflichtstellen angerechnet werden, z. B. wird ein schwerbehinderte Auszubildende auf zwei Pflichtarbeitsplätze angerechnet (§ 159 Abs. 2 SGB IX).

Mehrfachanrechnung § 159 SGB IX

Die Ausgleichsabgabe beträgt je Monat und je unbesetztem Pflichtarbeitsplatz:

- Beschäftigungsquote von 3 % bis weniger als 5 % = 140,00 €

- Beschäftigungsquote von 2 % bis weniger als 3 % = 245,00 €

- Beschäftigungsquote von mehr als 0 % bis 2 % = 360,00 €

- Beschäftigungsquote von 0 % = 720,00 €

Beispiel
Schwerbehindertenaus-
gleichszahlung

> Ein Arbeitgeber mit 60 vollbeschäftigten Arbeitnehmern bildet einen schwer-
> behinderten Jugendlichen aus. Für diesen können zwei Pflichtarbeitsplätze an-
> gerechnet werden.
>
> Ermittlung der monatlichen Schwerbehindertenausgleichsabgabe:
>
> | | |
> |---|---:|
> | zu besetzende Pflichtarbeitsplätze | 3 |
> | als besetzte angerechnete Pflichtarbeitsplätze | 2 |
> | unbesetzte Pflichtarbeitsplätze | 1 |
> | | |
> | Beschäftigungsquote | 3 % |
> | monatliche Schwerbehindertenausgleichsabgabe | 140,00 € |
>
> Der Arbeitgeber hat für dieses Kalenderjahr eine Schwerbehindertenaus-
> gleichsabgabe in Höhe von 1.680,00 € an das Integrationsamt zu zahlen.

Zahlung und Meldung

Der Arbeitgeber zahlt errechnet (Selbstveranlagung) und zahlt die Ausgleichsabgabe für das gesamte Kalenderjahr bis spätestens zum 31. März des Folgejahres. Zusammen mit der Zahlung ist ein Verzeichnis für das zuständige **Integrationsamt** des jeweiligen Bundeslandes zu erstellen und elektronisch zu übermitteln. Darin sind die zur Berechnung der Abgabe notwendigen Daten getrennt nach Monaten aufzuführen. Für rückständige Beträge der Ausgleichsabgabe werden **Säumniszuschläge** gemäß § 24 Abs. 1 SGB IV erhoben. Ist der Arbeitgeber mehr als drei Monate im Verzug, erlässt das Integrationsamt einen Feststellungsbescheid über die rückständigen Beträge und zieht diese ein.

Behindertenpauschalbeträge

Ab dem 01.01.2022 werden die Behindertenpauschalbeträge (§ 33b Abs. 3 Satz 2 EStG) erhöht und der Grad der Behinderung wird dem Sozialrecht angepasst. Die Gradstufungen erfolgen in 10er Schritten und bereits ab einem dauerhaften Grad der Behinderung von 20 wird ein Jahrespauschalbetrag gewährt.

Grad der Behinderung	Jahrespauschalbetrag
20 %	384,00 €
30 %	620,00 €
40 %	860,00 €
50 %	1.140,00 €
60 %	1.440,00 €
70 %	1.780,00 €
80 %	2.120,00 €
90 %	2.460,00 €
100 %	2.840,00 €

Die Behindertenjahrespauschalbeträge für behinderte Menschen die hilflos gemäß § 33b Abs. 6 EStG sind, z. B. Blinde, wird auf 7.400,00 € erhöht.

Ab dem 01.01.2022 wird eine behinderungsbedingten Fahrtkostenpauschale im neuen § 33 Abs. 2a EStG eingeführt. Für behinderte Menschen mit einem Grad der Behinderung von mindestens 80 beträgt die Jahresfahrtkostenpauschale 900,00 €. Steht im Schwerbehindertenausweis das Merkzeichen „ag" für außergewöhnliche Gehbehinderung oder das Merkzeichen „bl" für vollständige Blindheit beträgt die Jahresfahrtkostenpauschale 4.500,00 €.

Alle Behindertenpauschalbeträge können auf Antrag des Arbeitnehmers bei seinem Wohnsitzfinanzamt als Freibetrag in die ELStAM Datei eingetragen werden.

Praxisaufgaben

Die Lösungen finden Sie unter https://www.edumedia.de/verlag/loesungen.

Wissenskontrollfragen

1) Wie werden Vorstandsmitglieder von Aktiengesellschaften und Genossenschaften lohnsteuerrechtlich behandelt?

2) Worin unterscheiden sich die sozialversicherungsrechtlichen Behandlungen der Einkünfte von Vorständen einer Genossenschaft und Vorständen einer Aktiengesellschaft?

3) Füllen Sie folgende Übersicht mit „Ja" oder „Nein" aus:

Das Vorstandsmitglied einer AG ...	hält Aktienmehrheit	hält keine Aktienmehrheit
ist beitragspflichtig in der gesetzlichen KV und PV		
AG-Zuschüsse zu privater KV sind steuerpflichtig		
ist versicherungpflichtig in der Berufsgenossenschaft		
Vom Unternehmen getragene Beiträge zu einer freiwilligen Versicherung in der BG sind steuerpflichtig.		

4) Erklären Sie im Hinblick auf die Geschäftsführer einer GmbH die Begriffe „Gesellschafter-Geschäftsführer" und „Fremd-Geschäftsführer".

5) Unter welchen Voraussetzungen sind Tantiemenzahlungen an einen Gesellschafter-Geschäftsführer als steuerpflichtiger Arbeitslohn zu behandeln?

6) Zu welchem Zeitpunkt sind Tantiemen an einen beherrschenden Gesellschafter-Geschäftsführer zu versteuern?

7) Wer berechnet und zahlt im Falle einer Kurzarbeit das Kurzarbeitergeld an die betroffenen Arbeitnehmer aus?

8) Wie lange ist die gesetzliche Bezugsfrist für das konjunkturelle Kurzarbeitergeld?

9) Beschreiben Sie das so genannte Blockzeitmodel zur arbeitszeitlichen Ausgestaltung einer Altersteilzeitphase.

10) Wie wird der Aufstockungsbetrag für das Altersteilzeitentgelt steuerrechtlich und sozialversicherungsrechtlich behandelt?

11) Was bezeichnet man im Hinblick auf geringfügige Beschäftigungen als so genannte haushaltsnahe Tätigkeiten? Nennen Sie drei Beispiele solcher Tätigkeiten.

12) Wozu dient der so genannte Haushaltsscheck bei geringfügigen Beschäftigungen in privaten Haushalten?

Übung 1

◆ Entscheiden Sie folgende Fälle.

a) Das Schreibwarengeschäft Velber hat eine neue Mitarbeiterin eingestellt. Diese arbeitet 40 Stunden in der Woche. Da das Schreibwarengeschäft sechs Tage in der Woche zwischen 7:00 Uhr und 20:00 Uhr geöffnet hat, arbeitet die neue Mitarbeiterin in Absprache mit den Kollegen zu unterschiedlichen Zeiten. Ist die neue Mitarbeiterin als Arbeitnehmerin einzustufen? Begründen Sie Ihre Entscheidung.

....

....

....

b) Die Druckerei Master lässt ihre Lohnbuchführung von der selbstständigen Buchhalterin Maria Heinze bearbeiten. Diese kommt zweimal im Monat nach freier Zeiteinteilung in den Betrieb und erstellt dort die Gehaltsabrechnungen mit allen erforderlichen Nebenarbeiten. Abgerechnet wird auf Stundenlohnbasis. Es ist bekannt, dass Frau Heinze noch für andere Firmen arbeitet. Ist Frau Heinze als Arbeitnehmerin oder als Selbstständige anzusehen? Begründen Sie Ihre Entscheidung.

....

....

....

Übung 2

Herr Grundig ist Gesellschafter-Geschäftsführer der Grün & Grün GmbH. Er ist am Unternehmen zu 80 % beteiligt. Über die Geschäftsführer-Tätigkeit und die hierfür zu erbringenden Gegenleistungen der GmbH besteht ein Vertrag mit folgendem Inhalt:

Herr Grundig hat Anspruch auf

▓ ein monatliches Gehalt in Höhe von 6.000,00 €

▓ eine im Monat Mai zu zahlende gewinnabhängige Tantieme, im laufenden Jahr in Höhe von 15.000,00 €

▓ einen Zuschuss zur privaten Kranken- und Pflegeversicherung in Höhe von insgesamt 200,00 € monatlich

▓ einen unentgeltlich überlassenen Firmen-Pkw (kein Elektrofahrzeug) zur privaten Nutzung, Inlandsbruttolistenneuwagenpreis am Tag der Erstzulassung einschl. Sonderausstattung 47.580,00 €, Entfernung zwischen Wohnung und erster Tätigkeitsstätte 30 km - keine Pauschalversteuerung

▓ pauschale Überstundenvergütung in Höhe von 500,00 € monatlich

▓ Erstattung seiner freiwilligen Beiträge zur Berufsgenossenschaft, im laufenden Jahr beträgt der Beitrag 326,70 €

Weitere Vergütungen oder eine betriebliche Altersvorsorge wurde nicht vereinbart.

◆ Beurteilen Sie die lohnsteuerliche Behandlung der einzelnen Vergütungsbestandteile und ermitteln Sie das steuerpflichtige Jahreseinkommen.

....

....

....

Übung 3

Die Firma Fichtelberg mit Firmensitz in Hamburg hat Kurzarbeit. Ermitteln Sie für folgende Mitarbeiter die Berechnungsgrundlagen für die Sozialversicherungsbeiträge und das jeweilige meldepflichtige Bruttoarbeitsentgelt.

a) Frau Karcher hat ein Ist-Arbeitsentgelt in Höhe von 1.200,00 € anstelle des vollen Arbeitsentgeltes von 2.400,00 € (Soll-Arbeitsentgelt).

Beiträge zur / Beitragsträger	KV/PV	RV	AV	Umlagen
		Bemessungsgrundlage		
AN (Ist-Entgelt)				
AG (Ist-Entgelt)				
AG (fiktives Entgelt)				

b) Herr Keilberg hat ein Ist-Arbeitsentgelt in Höhe von 3.700,00 € anstelle des vollen Arbeitsentgeltes von 7.400,00 € (Soll-Arbeitsentgelt).

Beiträge zur / Beitragsträger	KV/PV	RV	AV	Umlagen
		Bemessungsgrundlage		
AN (Ist-Entgelt)				
AG (Ist-Entgelt)				
AG (fiktives Entgelt)				

Übung 4

◆ Berechnen Sie den Aufstockungsbetrag und erläutern Sie das Ergebnis. Der Firmensitz ist in Köln (Bundesland Nordrhein-Westfalen).

Beispiel	Entgelt aus Altersteilzeit	wiederkehrende Einmalzahlungen	BBG RV	Berechnung	Aufstockungs-betrag
1	2.550,00 €	1.800,00 €			
2	6.050,00 €	1.600,00 €			
3	7.580,00 €	1.100,00 €			

Übung 5

◆ Berechnen Sie den Aufstockungsbetrag und erläutern Sie das Ergebnis. Der Firmensitz ist in Strausberg (Bundesland Brandenburg).

Beispiel	Entgelt aus Altersteilzeit	wiederkehrende Einmalzahlungen	BBG RV	Berechnung	Aufstockungs-betrag
1	6.720,00 €	800,00 €			

Übung 6

Theo Lange studiert Architektur im 6. Semester und arbeitet neben seinem Studium durchschnittlich 14 Stunden in der Woche in einem Architekturbüro. Herr Lange verdient 792,00 € im Monat.

◈ Wie ist der Fall aus steuer- und sozialversicherungsrechtlicher Sicht zu beurteilen?

....

....

....

Lohnpfändung und Lohnabtretung

In diesem Kapitel erfahren Sie, wie eine Lohnpfändung bzw. Lohnabtretung in der Lohn- und Gehaltsabrechnung zu berücksichtigen ist.

Inhalt

- Verfahren einer Lohnpfändung
- Pfändbares Arbeitsentgelt
- Nettomethode

7.1 Verfahren einer Lohnpfändung/Lohnabtretung

Beispiel
Verfahren einer
Lohnpfändung

> Pascale Böhm ist Lagerarbeiter in der ModeFix GmbH. Er hat sich mit den Ratenzahlungen für sein Haus, seinen Pool und sein Cabrio etwas übernommen, sodass nun die kreditgebende Bank seinen Lohn pfänden will. In welcher Weise ist die ModeFix GmbH in das Verfahren involviert und welche Lohnbestandteile dürfen überhaupt gepfändet werden?

Schuldner, Gläubiger und
Drittschuldner

Wenn sich ein Arbeitnehmer verschuldet hat, kann der Gläubiger durch eine Lohnpfändung erwirken, dass seine Forderungen unmittelbar vom Lohn des Schuldners abgezogen und durch den Arbeitgeber (**Drittschuldner**) an ihn überwiesen werden. Der Arbeitgeber hat Lohnpfändungen gegen seine Arbeitnehmer zwingend zu beachten. Ein Ausschluss (etwa im Arbeitsvertrag) ist nicht möglich.

Der Gläubiger muss zunächst einen vollstreckbaren Titel (d. h. ein rechtswirksames Urteil, Vollstreckungsbescheid) erlangen, mit dem er einen Antrag auf Lohnpfändung stellen kann. Hat das Vollstreckungsgericht dem Antrag zugestimmt und einen Pfändungs- und Überweisungsbeschluss ausgestellt, so wird dieser vom Gläubiger an den Schuldner und dessen Arbeitgeber (Drittschuldner) per Post oder durch einen Gerichtsvollzieher zugestellt.

Drittschuldnererklärung

In den ersten 14 Tagen nach Erhalt des Pfändungsbeschlusses muss der Arbeitgeber dem Gläubiger mitteilen, ob bereits andere Personen oder Firmen eine Lohnpfändung gegen den betreffenden Arbeitnehmer vollziehen. Des Weiteren muss er dem Gläubiger eine Aufstellung erstellen, in der die Lohn- und Gehaltsansprüche des Schuldners und die pfändbaren Beträge aufgelistet sind.

Der Arbeitgeber darf ab dem Eingang der ersten Lohnpfändung den pfändbaren Teil des Arbeitsentgeltes nicht mehr an den Arbeitnehmer (**Schuldner**) auszahlen. Der gepfändete Betrag wird an den Gläubiger überwiesen oder durch diesen eingezogen.

Bearbeitungsgebühren

Aufgrund der bestehenden Vertragsfreiheit können Arbeitgeber und Arbeitnehmer eine Bearbeitungsgebühr im Arbeitsvertrag vereinbaren. Die Bearbeitungsgebühren sind ein Nettoabzug. Ist keine Regelung im Arbeitsvertrag enthalten, trägt der Arbeitgeber alle anfallenden Kosten.

Pfändungsreihenfolge bei
mehreren Gläubigern

Haben mehrere Gläubiger einen Pfändungsanspruch, muss der Arbeitgeber die Pfändungen in der Reihenfolge des **zeitlichen Eingangs** berücksichtigen. Erst wenn eine Forderung vollständig mit Zinsen und Vollstreckungskosten abbezahlt ist, wird die nächste Forderung bearbeitet.

Werden am selben Tag mehrere Pfändungsbeschlüsse zugestellt, gilt nicht die Uhrzeit als Vorgabe für die Reihenfolge, sondern die Pfändungsbeschlüsse gelten als gleichzeitig zugestellt. Es muss eine Aufteilung des pfändbaren Betrages nach Anteilen vorgenommen werden.

Beispiel
Pfändungsreihenfolge bei mehreren Gläubigern

Für Herrn Müller werden am 15.09. zwei Pfändungsbeschlüsse zugestellt:

- Auto-Handrich, Forderung 8.500,00 €

- Elektro Online Handel, Forderung 1.500,00 €

Nach Erstellung der Lohnabrechnung für September ergibt sich ein pfändbarer Betrag in Höhe von 540,00 €. Der Betrag ist prozentual aufzuteilen.

Gesamtforderung	10.000,00 €	=	100,00%
Auto-Handrich	8.500,00 €	=	85,00%
Elektro Online Handel	1.500,00 €	=	15,00%

Daraus folgt eine Aufteilung des pfändbaren Betrages:

Pfändbarer Betrag	540,00 €	=	100,00%
Auto-Handrich	459,00 €	=	85,00%
Elektro Online Handel	81,00 €	=	15,00%

Der Arbeitgeber kann die Forderungsbeträge auch beim Vollstreckungsgericht **hinterlegen**, wenn er unsicher ist, an wen die Pfändungsbeträge auszuzahlen sind. Als zuständiges Gericht gilt hier das Amtsgericht, dessen Beschluss dem Arbeitgeber zuerst zugestellt wurde. Verlangt einer der Gläubiger eine Hinterlegung, muss der Arbeitgeber alle Forderungsbeträge beim Amtsgericht hinterlegen.

Hinterlegung beim Amtsgericht

Um die Zeit zwischen dem Erlangen eines vollstreckbaren Titels und dem tatsächlichen Beginn des Pfändungsverfahrens durch die Zustellung des Pfändungsbeschlusses zu überbrücken und sich die Ansprüche am Pfandobjekt zu sichern, kann der Gläubiger eine **Pfändungsankündigung** (Vorpfändung) an den Schuldner und den Drittschuldner (Arbeitgeber) zustellen lassen. Mit der **Vorpfändung** wird der Drittschuldner aufgefordert den pfändbaren Lohn nicht an den Schuldner auszuzahlen. Die Pfändungsankündigung sichert die Ansprüche des Gläubigers, wenn binnen eines Monats nach deren Zustellung das Pfändungsverfahren begonnen wird.

Vorpfändung

7.1.1 Lohnabtretung

Bei Verbraucher- oder Konsumentenkrediten kann vom Schuldner eine so genannte Lohnabtretung als Sicherheit hinterlegt werden. Kommt der Schuldner seinen Zahlungsverpflichtungen dann nicht nach, kann der Gläubiger die Lohnabtretung direkt dem Arbeitgeber des Schuldners vorlegen und die Auszahlung der pfändbaren Beträge erwirken. Der Gläubiger benötigt keinen Pfändungsbeschluss vom Amtsgericht wie bei der Lohnpfändung.

In Arbeitsverträgen die bis zum 31.09.2021 abgeschlossen wurden, konnte eine Lohnabtretung an Dritte ausgeschlossen werden. Ab dem 01.10.2021 ist ein Abtretungsausschluss im Arbeitsvertrag nicht mehr möglich.

Abtretungsausschluss im Arbeitsvertrag

Liegen mehrere Lohnabtretungen verschiedener Gläubiger vor, gilt das Ausstellungsdatum der Lohnabtretung als Datum für die Reihenfolge. Erhält ein Arbeitgeber beispielsweise eine zweite Lohnabtretung, die früher als die erste Lohnabtretung datiert ist, muss der Arbeitgeber ab sofort die zweite Lohnabtretung bedienen. Bei Lohnabtretungen spielt das Eingangsdatum beim Arbeitgeber für die Reihenfolge keine Rolle. Bezüglich des Lohnabtretungsbetrages und der Bearbeitungsgebühren gelten die gleichen Regeln wie bei der Lohnpfändung.

Reihenfolge

Bei der Lohnpfändung gilt der Posteingang des Gerichtsbeschlusses beim Arbeitgeber als Stichtag für die Reihenfolge, während bei einer Lohnabtretung das Ausstellungsdatum der Lohnabtretung als Stichtag für die Reihenfolge gilt. Eine später eingehende Lohnabtretung kann also die bestehende Lohnpfändung ausheben, wenn das Ausstellungsdatum der Lohnabtretung vor dem Posteingangsdatum der Lohnpfändung liegt.

Beispiel
Lohnabtretung und Lohnpfändung

> Frau Meier hat bei Abschluss des Kaufvertrages am 03.04. mit der Firma Küchen-Klein für ihre neue Küche eine Ratenzahlungsvereinbarung getroffen und gleichzeitig eine Abtretungsvereinbarung über ihren Arbeitslohn unterschrieben, für den Fall, dass sie der Ratenzahlungsverpflichtung nicht nachkommen sollte.
>
> Seit dem 20.08. liegt dem Arbeitgeber eine Lohnpfändung der Bank von Frau Meier in Höhe von 1.230,50 € vor.
>
> Am 25.08. erhält der Arbeitgeber ein Schreiben von der Firma Küchen-Klein mit der Aufforderung, die noch ausstehenden Ratenzahlungen in Höhe von 2.478,50 € aufgrund der Abtretungserklärung zu überweisen. Die Lohnabtretung hat Vorrang vor der Lohnpfändung, da das Ausstellungsdatum der Lohnabtretung vor dem Posteingangsdatum der Lohnpfändung liegt.

7.1.2 Unterhaltspfändung

Wird einem Arbeitgeber eine Lohnpfändung wegen Unterhalt zugestellt, so gilt für den Fall, dass bereits andere Pfändungen vorliegen, dass diese Vorrang haben. Eine Unterhaltspfändung steht demnach rechtlich nicht über einer Normalpfändung.

Dennoch erfolgt eine bevorzugte Behandlung bei den pfändbaren Bezügen, als auch beim pfändbaren Betrag.

Bei Pfändungen wegen Unterhalt wird in der Regel nicht die amtliche Pfändungstabelle herangezogen, sondern der dem Arbeitnehmer zustehende Auszahlungsbetrag wird im Pfändungs- und Überweisungsbeschluss festgelegt. Wird doch die amtliche Pfändungstabelle bei einer Unterhaltspfändung angewendet, gibt es bei der Berechnung des maßgeblichen pfändbaren Nettoeinkommens Sonderregelungen, z. B. sind 75 % der Überstundenvergütung pfändbar.

7.2 Pfändbarer Betrag

Selbstverständlich kann nicht das gesamte Entgelt eines Schuldners über die Lohnpfändung eingezogen werden. Es muss dem Arbeitnehmer immer ein Restbetrag zur Verfügung bleiben, mit dem er seinen **Lebensunterhalt** bestreiten kann.

Die Grundlage zur Ermittlung des pfändbaren Betrages ist das Arbeitseinkommen. Das Arbeitseinkommen setzt sich zusammen aus allen Zuwendungen, die der Arbeitnehmer im Rahmen seines Arbeitsverhältnisses erhält. Hierzu gehören auch Sachbezüge (z. B. freie Unterkunft, Reisekosten, Verpflegung) und geldwerte Vorteile.

Über das Existenzminimum hinaus sind auch bestimmte Lohnbestandteile vor der Pfändung ganz oder teilweise geschützt.

Unpfändbare Bezüge

Nach § 850a Zivilprozessordnung (ZPO) sind folgende Bezüge **unpfändbar**:

- 50 % der Bezüge für Mehrarbeit (Überstunden: Stundenlohn + Zuschläge)

- Urlaubsgeld, Zuwendungen aus Anlass eines besonderen Betriebsereignisses und Treuegelder

- Aufwandsentschädigungen, Auslösegelder und sonstige soziale Zulagen für auswärtige Beschäftigungen

- Entgelt für selbst gestelltes Arbeitsmaterial

- Gefahren-, Schmutz- und Erschwerniszulagen

- Weihnachtsvergütungen bis zu einer maximalen Höchstgrenze von 710,00 €

- Vermögenswirksame Leistungen

- Heirats- und Geburtsbeihilfen

- Erziehungsgelder, Studienbeihilfen und ähnliche Bezüge

- Sterbegeld und Gnadenbezüge aus Arbeits- oder Dienstverhältnissen

- Blindenzulagen

- Einzahlungen für die Riester-Rente und die Rürup-Rente (§§ 10 und 10a EStG)

- zusätzlich zum laufenden Arbeitsentgelt geleistete Arbeitgeberbeiträge für die Altersvorsorge

- Arbeitnehmeranteile aus Entgeltumwandlungen für die Altersvorsorge (§ 850 ZPO)

Altersrenten werden wie ein Arbeitsentgelt behandelt und sind damit auch pfändbar (§ 851c ZPO). Beträge, die über der Pfändungsfreigrenze liegen sind vollständig pfändbar. Geprüft und festgelegt wird die Höhe des pfändbaren Betrags durch den Rentenversicherungsträger, der für die Rentenzahlung zuständig ist.
Altersrenten

Des Weiteren sind in § 850b ZPO Bezüge festgelegt, die **bedingt pfändbar** sind, d.h. die nur dann gepfändet werden dürfen, wenn die Pfändung sonstiger beweglicher Vermögensgegenstände des Schuldners nicht vollständig zur Befriedigung des Gläubigers geführt haben. Darunter fallen:
Bedingt pfändbare Bezüge

- Schwerbehinderten- oder Erwerbsminderungsrenten

- Unterhaltsrenten

- Einkünfte aus Stiftungen

- Bezüge aus Witwen-, Waisen-, Hilfs- und Krankenkassen, die ausschließlich oder zu einem wesentlichen Teil zu Unterstützungszwecken gewährt werden

- Ansprüche aus Lebensversicherungen, die nur auf den Todesfall des Versicherungsnehmers abgeschlossen sind, wenn die Versicherungssumme 5.400,00 € nicht übersteigt

Beim Bruttoverfahren werden vom Gesamtbruttobetrag alle unpfändbaren Bezüge, Steuer- und Sozialversicherungsbeträge subtrahiert, um das maßgebliche Pfändungseinkommen zu errechnen. Das Bruttoverfahren wurde am 17.04.2013 durch das Nettoverfahren ersetzt, welches ab diesem Zeitpunkt bei der Lohnberechnung angewendet werden muss.
Bruttoverfahren

Bei der Nettomethode werden vom Gesamtbrutto alle unpfändbaren Bezüge subtrahiert. Von dem verminderten Gesamtbrutto werden die fiktiven Steuer- und Sozialversicherungsbeträge berechnet und ebenfalls subtrahiert, um das maßgebliche Pfändungseinkommen zu erhalten. Durch diese Methode wirken sich unpfändbare Bezüge nicht auf die Höhe des pfändbaren Arbeitseinkommens aus.
Nettoverfahren

Nach Abzug der nicht pfändbaren Lohnbestandteile ist das verbleibende Entgelt nur bis zu bestimmten **Grenzen** pfändbar. Damit wird sichergestellt, dass der Schuldner seinen eigenen Lebensunterhalt sowie eventuelle Unterhaltsleistungen an andere Personen bestreiten kann. Der vom maßgeblichen Pfändungseinkommen jeweils pfändbare Teil wird aus der Lohnpfändungstabelle (*siehe Anhang*) entnommen. Die Anzahl der unterhaltsberechtigten Personen entnimmt der Arbeitgeber den Lohnsteuerabzugsmerkmalen oder sonstigen Nachweisen.
Lohnpfändungstabelle

Der Ehegatte/Lebenspartner wird bei der Steuerklasse III als unterhaltspflichtige Person gezählt, während bei den Steuerklassen IV und V der Ehegatte/Lebenspartner nicht als unterhaltspflichtige Person gezählt wird. Kinder werden so lange als unterhaltsberechtigte Person gezählt, solange Kindergeld gezahlt wird.

zu Beispiel
Nettoverfahren

Daniel Müller ist alleinerziehend mit zwei Kindern. Im November erhält er neben seinem monatlichen Gehalt in Höhe von 4.110,00 € ein Weihnachtsgeld in Höhe von 800,00 €.

Nettomethode

Gesamtbrutto	4.910,00 €
- unpfändbare Bezüge	710,00 € *
fiktive steuer- und sozialversicherun	4.200,00 €
- fiktive Abzüge aus 4.200,00 €	
Lohnsteuer	529,16 €
- fiktive AN-Anteile KV, PV, RV und AV aus 4.200,00 €	840,00 €
für die Pfändung maßgebender Nettolohn	2.830,84 €
Pfändungsbetrag gemäß Pfändungstabelle	**242,38 €**

* Weihnachtsgeld ist unpfändbar bis zur maximalen Höchstgrenze von 710,00 €.

Beispiel
Verfahren einer
Lohnpfändung bei
Unterhaltsverpflichtungen

Herr Schubert erhält einen Nettolohn von 2.149,60 € und kommt bereits seit zwei Jahren seinen Unterhaltsverpflichtungen gegenüber seinem Sohn nicht nach. Das Jugendamt verfügt daher eine Pfändung wegen Unterhalt, wonach Herrn Schubert monatlich nur 1.250,00 € ausgezahlt werden dürfen.

Wie hoch ist der höchstmögliche monatliche Pfändungsbetrag?

Nettolohn	2.149,60 €
- Auszahlungsbetrag	1.250,00 €
monatlicher Pfändungsbetrag	**899,60 €**

Praxisaufgaben

Die Lösungen finden Sie unter https://www.edumedia.de/verlag/loesungen.

Wissenskontrollfragen

1) Welches monatliche Arbeitseinkommen ist zur Berechnung des monatlich pfändbaren Betrags maßgebend?

....

....

2) Wie ermittelt der Arbeitgeber den pfändbaren Teil des Arbeitseinkommens?

....

....

3) Gehören Vermögenswirksame Leistungen, Urlaubs- und Weihnachtsgeld zum pfändbaren Arbeitseinkommen?

....

....

4) Der Arbeitnehmer erhält auf seine Überstunden, die er in der Nachtzeit und an Wochenenden arbeitet, steuerfreie Zuschläge. Sind diese Zuschläge pfändbar?

....

....

Übung

Bei Herrn Müller (Bundesland Thüringen) kommt ab diesem Monat zu der bereits vorliegenden Pfändung in Höhe von monatlich 120,00 € eine weitere Pfändung (Gesamtsumme: 3.600,00 €) von einem Kreditinstitut dazu. Herr Müller hat die Lohnsteuerabzugsmerkmale IV/1/rk. Im Monat Juni beträgt sein Gesamtbruttogehalt 4.700,00 €, in diesem ist anteiliges Urlaubsgeld von 300,00 € enthalten. Der maßgebliche Nettolohn für die Pfändungstabelle ist bei der Nettomethode 2.430,49 €.

◆ Berechnen Sie den höchstmöglichen monatlichen Pfändungsbetrag für das Kreditinstitut für den Monat Juni. Verwenden Sie die Lohnpfändungstabelle im Anhang.

....

....

....

Auslandssachverhalte und ausländische Arbeitnehmer

In diesem Kapitel erfahren Sie, wie steuer- und sozialversicherungsrechtlich zu verfahren ist, wenn ein Ausländer in Deutschland arbeitet oder ein Deutscher im Ausland tätig ist.

Inhalt

- Entsendung von Arbeitnehmern ins Ausland
- Ausländische Arbeitnehmer in Deutschland
- Grenzgänger und Grenzpendler

8.1 Entsendung von Arbeitnehmern ins Ausland

Ist ein deutscher Arbeitnehmer im Rahmen eines deutschen Arbeitsverhältnisses vorübergehend im Ausland tätig, behält aber seinen Wohnsitz bzw. gewöhnlichen Aufenthaltsort in Deutschland, so spricht man von einer Entsendung des Arbeitnehmers ins Ausland. Da der in Deutschland ansässige Arbeitgeber zur Durchführung des Lohnsteuerabzugs verpflichtet ist, muss er im Rahmen der Lohn und Gehaltsabrechnung prüfen, ob der entsendete Arbeitnehmer in Deutschland oder im Tätigkeitsland steuerpflichtig ist. Gleiches gilt für die Beitragspflicht in der Sozialversicherung.

8.1.1 Besteuerung von Auslandstätigkeit

Die Steuerpflicht eines ins Ausland entsendeten Arbeitnehmers richtet sich danach, ob die Bundesrepublik Deutschland mit dem Tätigkeitsstaat ein Doppelbesteuerungsabkommen getroffen hat und ob die Grenzgängerregelung anzuwenden ist.

Besteuerung nach Doppelbesteuerungsabkommen

Kein doppelte Besteuerung

Für Fälle, in denen ein Arbeitnehmer in einem Land wohnt und in einem anderen Land arbeitet, hat die Bundesrepublik mit zahlreichen Staaten Doppelbesteuerungsabkommen geschlossen, in denen geregelt ist, in welchem Land der Arbeitnehmer steuerpflichtig ist. Das jeweils andere Land verzichtet auf die entsprechenden Steuern. In fast allen Doppelbesteuerungsabkommen ist festgelegt, dass grundsätzlich der **Tätigkeitsstaat** das Besteuerungsrecht erhält. Sind jedoch folgende Bedingungen erfüllt, liegt das Besteuerungsrecht beim **Wohnsitzstaat**:

- Der Arbeitnehmer hält sich insgesamt nicht länger als 183 Kalendertage während des Kalenderjahres, des Steuerjahres[1] oder einem kalenderjahresübergreifenden Zwölf-Monats-Zeitraum im Tätigkeitsstaat auf

- Die Vergütung wird von einem Arbeitgeber gezahlt wird, der nicht im Tätigkeitsstaat ansässig ist

- Die Vergütung wird nicht von einer Betriebsstätte des Arbeitgebers im Tätigkeitsstaat getragen

Als Wohnsitzstaat gilt dabei das Land, in dem der Arbeitnehmer seinen offiziellen Wohnsitz oder gewöhnlichen Aufenthalt hat. Die Staatsangehörigkeit des Arbeitnehmers ist dabei ohne Belang.

Steuerpflicht und Progressionsvorbehalt

Wird ein Arbeitnehmer aufgrund dieser Regelung in Deutschland besteuert, so ist er **unbeschränkt einkommensteuerpflichtig**. Entgelte, die aufgrund eines Doppelbesteuerungsabkommens im Ausland versteuert werden, unterliegen dennoch in Deutschland dem Progressionsvorbehalt.

Aufteilung des Entgelts

Ergibt sich aufgrund eines Doppelbesteuerungsabkommens eine Steuerpflicht im Tätigkeitsstaat und fällt die Dauer der Auslandstätigkeit nicht genau mit den Abrechnungszeiträumen zusammen, ist der Arbeitslohn zu teilen. Ein Teil des Entgeltes wird dann im Tätigkeitsstaat versteuert, der andere Teil im Wohnsitzland. Bei der Aufteilung ist folgendermaßen vorzugehen:

- Zunächst werden die Bestandteile vom Entgelt abgezogen, die sich eindeutig nur der Auslandstätigkeit oder der Inlandstätigkeit zuordnen lassen (z. B. Auslandszuschläge, Trennungsgeld, Auslöse usw.).

---

1 Steuerjahr in Großbritannien 06.04. bis 05.04. = 12 Steuermonate
Steuerjahr in Deutschland 01.01. bis 31.12 = 12 Steuermonate = 1 Kalenderjahr

■ Der nicht zuzuordnende Entgeltteil, z. B. Urlaubsgeld, Weihnachtsgeld etc., wird dann entsprechend den Arbeitstagen zwischen der Inlands- und der Auslandstätigkeit aufgeteilt. Maßgebend sind dabei nicht die Aufenthaltstage im Ausland, sondern nur die vereinbarten Arbeitstage.

Beispiel
Doppelbesteuerungsab-
kommen

> Herr Müller ist einer der Vertriebsleiter der BestTool AG. Im diesem Jahr war er im Rahmen seiner Tätigkeit für den Zeitraum vom 01.03. bis 31.10. bei einer Tochtergesellschaft der BestTool AG in Italien tätig. Neben seinem regulären Gehalt in Höhe von 7.000,00 € monatlich hat er während seiner Entsendung folgende steuerpflichtige Vergütungen erhalten:
>
> ■ Urlaubsgeld und Weihnachtsgeld in Höhe von jeweils 5.000,00 €
>
> ■ Trennungsgeld in Höhe von 700,00 € monatlich
>
> Die Lohnkosten während der Auslandstätigkeit wurden von der Muttergesellschaft in Deutschland zu einem Drittel und von der Tochtergesellschaft in Italien zu zwei Dritteln getragen. In diesem Kalenderjahr hat er insgesamt an 234 Tage gearbeitet, davon 165 Arbeitstage in Italien und 69 Arbeitstage in Deutschland.
>
> Da Herr Müller mehr als 183 Kalendertage im Jahr in Italien war und ein Teil der Vergütung von der Betriebsstätte in Italien getragen wurde, fällt gemäß Doppelbesteuerungsabkommen das Besteuerungsrecht, für die in Italien erwirtschafteten Lohnbestandteile, Italien zu. In Deutschland sind daher nur die laufenden Bezüge für die Monate Januar, Februar, November und Dezember sowie anteilig die nicht eindeutig der Auslandstätigkeit zuzuordnenden Bezüge (Urlaubs- und Weihnachtsgeld) zu versteuern.
>
> | | |
> |---|---:|
> | 4 Monate Gehalt x 7.000,00 € = | 28.000,00 € |
> | anteiliges Urlaubs- und Weihnachtsgeld | |
> | 10.000,00 € : 234 Arbeitstage x 69 Arbeitstage = | +   2.948,72 € |
> | in Deutschland lohnsteuerpflichtig | **30.948,72 €** |

Besteuerung ohne Doppelbesteuerungsabkommen

Ist ein deutscher Arbeitnehmer in einem Staat tätig, mit dem kein Doppelbesteuerungsabkommen besteht und behält er seinen Wohnsitz bzw. gewöhnlichen Aufenthalt in Deutschland, so ist er nach § 1 EStG **unbeschränkt einkommensteuerpflichtig**. Der inländische Arbeitgeber hat den Lohnsteuerabzug entsprechend vorzunehmen.

Steuerpflichtig in
Deutschland

Auslandstätigkeitserlass

Um bei einer Auslandstätigkeit in einem Land, mit dem kein Doppelbesteuerungsabkommen besteht, eine Doppelbesteuerung zu vermeiden, regelt der Auslandstätigkeitserlass, unter welchen Voraussetzungen der Arbeitslohn aus dieser Tätigkeit **steuerfrei** bleibt. Arbeitslohn, der aufgrund des Auslandstätigkeitserlasses steuerfrei ist, unterliegt dennoch dem Progressionsvorbehalt.

Der Auslandstätigkeitserlass legt folgende Bedingungen zur steuerlichen Befreiung von im Ausland erzielten Arbeitslohn fest:

Bedingungen für
Steuerfreiheit

■ Der Arbeitslohn muss im Rahmen eines Arbeitsverhältnisses erwirtschaftet werden, das mit einem inländischen privaten Arbeitgeber besteht. Für Arbeitnehmer des öffentlichen Dienstes gibt es Sonderregelungen.

■ Die Steuerfreiheit gilt nur für bestimmte Tätigkeiten, insbesondere in der Bergbau- und Mineralgewinnungsbranche. Außerdem werden auch Tätigkeiten (Planen, Errichtung, Inbetriebnahme etc.) rund um Fabriken, Bauwerke, ortsgebundene große Maschinen oder ähnliche Anlagen, sowie das Einbauen, Aufstellen oder Instandsetzen sonstiger Wirtschaftsgüter, begünstigt. Hierzu gehört auch das Betreiben der Anlagen bis zur Übergabe an den Auftraggeber. Der Auslandstätigkeitserlass legt im Einzelnen fest, welche Tätigkeiten begünstigt sind.

■ Die Tätigkeit muss mindestens drei Monate ununterbrochen in Staaten ohne Doppelbesteuerungsabkommen ausgeübt werden.

Antrag auf Steuerfreiheit

Um in den Genuss der Steuerfreiheit zu kommen, muss eine entsprechende **Freistellungsbescheinigung** beim Betriebsstättenfinanzamt beantragt werden. Den Antrag kann sowohl der Arbeitnehmer als auch der Arbeitgeber stellen. Ein Nachweis über tatsächliche Besteuerung durch den Tätigkeitsstaat ist nicht erforderlich. Die Freistellungsbescheinigung ist durch den Arbeitgeber aufzubewahren.

Eintragung auf der Lohnsteuerbescheinigung

Der steuerfrei belassene Arbeitslohn ist in der Lohnsteuerbescheinigung gesondert einzutragen *(Lohnsteuerbescheinigung siehe Anhang)*.

8.1.2 Sozialversicherung bei Auslandstätigkeit

Territorialprinzip

Grundsätzlich basiert die Sozialversicherung auf dem Territorialprinzip, nach dem der Arbeitnehmer in dem Land versichert ist, in dem er die Tätigkeit tatsächlich ausübt.

Ausstrahlung

Eine Ausnahme besteht für Arbeitnehmer, die im Rahmen eines deutschen Arbeitsverhältnisses **vorübergehend** im Ausland tätig sind. Wenn eine solche Entsendung von **vornherein** (d. h. bereits vor Beginn feststehend) zeitlich begrenzt ist, spricht man von einer so genannten Ausstrahlung. In diesem Fall bleiben die Arbeitnehmer in Deutschland versichert. Unerheblich ist dabei, auf welche Dauer die Entsendung befristet wurde und ob die Einkünfte nach einem ggf. bestehenden Doppelbesteuerungsabkommen der ausländischen Einkommensteuer unterliegen.

Sozialversicherungsabkommen

Im Falle einer Ausstrahlung kann es zu **Doppelversicherungen** kommen, da die Festlegung, dass der Arbeitnehmer im deutschen Sozialsystem versichert bleibt, nicht ausschließt, dass er auch der Sozialgesetzgebung des Tätigkeitsstaates unterliegt. Um eine Doppelverbeitragung zu vermeiden, sieht das europäische Gemeinschaftsrecht vor, dass bei einer Ausstrahlung in einen Mitgliedsstaat der EU, in einen Vertragsstaat des Europäischen Wirtschaftsraumes (EWR) oder in die Schweiz unter bestimmten Voraussetzungen allein die deutschen Rechtsvorschriften gelten. Dies muss der entsandte Arbeitnehmer im Beschäftigungsstaat mit einer **A1-Bescheinigung** nachweisen. Die A1-Bescheinigung dokumentiert in diesen Fällen, dass der im Beschäftigungsstaat tätige Arbeitnehmer weiter dem deutschen Sozialrecht unterliegt, Sozialversicherungsabgaben in Deutschland zahlt und daher im Beschäftigungsstaat von zusätzlichen Zahlungen befreit ist.

Die Vorlage der A1-Bescheinigung ist auch bei kurzzeitiger, z. B. eintägiger Auswärtstätigkeit oder kurzfristigen Entsendungen erforderlich.

Der Arbeitgeber beantragt die A1-Bescheinigung bei dem Sozialversicherungsträger (Krankenkasse, Versorgungseinrichtung, Rentenversicherungsträger) bei dem der Arbeitnehmer sozialversichert ist. Die Beantragung muss elektronisch erfolgen und die A1-Bescheinigung wird dem Antragsteller elektronisch zur Verfügung gestellt.

Zeiträume, in denen Arbeitnehmer unter Erfüllung bestimmter Voraussetzungen im deutschen Sozialversicherungssystem versichert bleiben können und nicht den Rechtsvorschriften des Beschäftigungsstaates unterliegen:

Land	Frist
Mitgliedstaaten der Europäischen Union (EU) Mitgliedstaaten des Europäischen Wirtschaftsraum (EWR)	24 Monate
Island, Lichtenstein, Norwegen, Schweiz, Vereinigtes Königreich Großbritanien, Nordirland	24 Monate
Volksrepublik China	48 Monate
Japan	60 Monate
Kanada	60 Monate
USA	60 Monate

Zu beachten ist jedoch, dass die Sozialversicherungsabkommen nicht zwingend alle Sozialversicherungszweige abdecken. So ist z. B. im Abkommen mit Japan lediglich die Renten- und Arbeitslosenversicherung abgedeckt. In solchen Fällen kann es dann durchaus zu einer Doppelverbeitragung kommen, sofern eine Ausstrahlung vorliegt und der Arbeitnehmer im deutschen System hinsichtlich der Kranken-, Pflege- und Unfallversicherung verbleibt. Nähere Informationen sind in jedem Fall rechtzeitig vor der Entsendung beim Sozialversicherungsträger des Arbeitnehmers einzuholen.

Einzelne Sozialversicherungszweige

Beispiel Auslandstätigkeit

Die BestTool AG möchte in den südeuropäischen Markt expandieren. Sie entsendet daher Frau Kühn, Angehörige der Vertriebsabteilung, für drei Monate nach Griechenland. Sie soll dort Verträge mit Zwischenhändlern abschließen und den Markteintritt der BestTool AG vorbereiten. Der Auslandsaufenthalt ist von vornherein auf die drei Monate begrenzt und es liegt eine A1-Bescheinigung vor.

- Wie wird Frau Kühn in dieser Zeit steuerlich und sozialversicherungsrechtlich in Deutschland behandelt?

Da Frau Kühn nur drei Monate in Griechenland tätig ist und von einem in Deutschland ansässigen Arbeitgeber entsandt und bezahlt wird, trifft auf sie die 183-Tage-Regel aus dem Doppelbesteuerungsabkommen mit Griechenland zu, wonach das Wohnsitzland berechtigt ist, Einkommensteuer zu erheben. Die BestTool AG hat daher die Lohnsteuer für Frau Kühn auch für die Zeit der Auslandstätigkeit zu ermitteln und an das Betriebsstättenfinanzamt abzuführen.

Frau Kühn verbleibt ebenfalls in der deutschen Sozialversicherung, da der Auslandsaufenthalt von vornherein zeitlich begrenzt ist (Ausstrahlung). Eine Doppelversicherung im deutschen und griechischen Sozialsystem muss sie nicht befürchten, da die Auslandstätigkeit zudem innerhalb der 24-Monats-Frist liegt und eine A1-Bescheinigung vorliegt. Die BestTool AG hat also die Sozialversicherungsbeiträge für den Zeitraum der Auslandstätigkeit zu ermitteln und an die deutsche Einzugsstelle abzuführen.

8.2 Beschäftigung ausländischer Arbeitnehmer in Deutschland

8.2.1 Papiere ausländischer Arbeitnehmer

Möchte ein Arbeitgeber einen Ausländer in Deutschland beschäftigen, ist es für ihn wichtig, dass sich der Arbeitnehmer legal in Deutschland aufhält und hier arbeiten darf. Für die Einreise und den Aufenthalt benötigen Ausländer einen der insgesamt fünf verschiedenen Aufenthaltstitel, die im Aufenthaltsgesetz festgelegt sind:

Aufenthaltstitel

- Aufenthaltserlaubnis (§ 7 AufenthG)
- Blaue Karte EU (§ 19a AufenthG)
- Erlaubnis zum Daueraufenthalt (§ 9a AufenthG)
- Niederlassungserlaubnis (§ 9 AufenthG)
- Visum (§ 6 AufenthG)

Ausländer im Sinne des Aufenthaltsgesetzes ist, wer nicht die deutsche Staatsangehörigkeit besitzt. Bürger der Europäischen Union haben aufgrund des Freizügigkeitsrechts automatisch ein Aufenthaltsrecht in der Bundesrepublik Deutschland.

Aufenthaltserlaubnis

Die Aufenthaltserlaubnis ist ein Aufenthaltstitel, der befristet zu den im Aufenthaltsgesetz genannten Zwecken erteilt wird:

- Aufenthalt zum Zweck der Ausbildung (§§ 16 und 17 AufenthG)
- Aufenthalt zum Zweck der Erwerbstätigkeit (§§ 18, 18a, 20, 21 AufenthG)
- Aufenthalt aus völkerrechtlichen, humanitären oder politischen Gründen (§§ 22-26, 104a, 104b AufenthG)
- Aufenthalt aus familiären Gründen (§§ 27-36 AufenthG)
- Ausländer und ehemalige Deutsche, die nach Deutschland zurückkehren wollen (§§ 37, 38 AufenthG)
- Ausländer und ehemalige Deutsche, die in einem anderen Mitgliedstaat der Europäischen Union eine Erlaubnis zum Daueraufenthalt besitzen (§ 38a AufenthG)

Blaue Karte EU

Die Blaue Karte EU ist ein Aufenthaltstitel für akademische Fachkräfte, der befristet zu den im Aufenthaltsgesetz genannten Zwecken (s. o.) erteilt wird. Damit haben Arbeitgeber die Möglichkeit hochqualifizierte Fachkräfte aus dem Nicht-EU-Ausland (Drittländer) zu beschäftigen. Der bisherige Personenkreis (Hochschulabsolventen mit Berufserfahrung, Regelberufe) der eine Blaue Karte erhalten hat, wurde um folgende Personenkreise erweitert:

- Berufseinsteiger deren Hochschulabschluss nicht länger als 3 Jahre zurückliegt
- IT-Spezialisten, die keinen Hochschulabschluss haben, aber mindestens 3 Jahre vergleichbare Berufserfahrung nachweisen können.

Die bisherige Liste der Mangel- und Engpassberufe (Ingenieure, Humanärzte, Naturwissenschaftler) wurde um folgende Personenkreise erweitert:

- Tierärzte
- Zahnärzte

- Apotheker

- Lehrer

- akademische und vergleichbare Krankenpflegefachkräfte

- Führungskräfte im Bereich der Informations- und Kommunikationstechnologie

Die Bruttojahresgehaltsgrenze für Regelberufe beträgt 50 % der Beitragsbemessungsgrenze (BBG) der allgemeinen Rentenversicherung West (2024: 45.300,00 €). Die Bruttojahresgehaltsgrenze für Mangel- und Engpassberufen beträgt 45,3 % der Beitragsbemessungsgrenze (BBG) der allgemeinen Rentenversicherung West (2024: 41.041,80 €). Gehaltsgrenzen

Die Blaue Karte EU wird zunächst für vier Jahre erteilt. Inhaber der Blauen Karte EU können nach 33 Monaten hochqualifizierter Beschäftigung und lückenloser Zahlung von Beiträgen zur gesetzlichen Rentenversicherung die Niederlassungserlaubnis beantragen und erhalten. Verfügen sie bereits frühzeitig über gute deutsche Sprachkenntnisse (Sprachniveau B1), wird die Niederlassungserlaubnis bereits nach 21 Monaten erteilt. Familienangehörige von Inhabern der Blauen Karte EU müssen vor der Einreise keine deutschen Sprachkenntnisse nachweisen und dürfen nach der Einreise sofort unbeschränkt erwerbstätig werden. Aufenthaltszeiten mit der Blauen Karte EU in anderen Staaten können für das europarechtlich geregelte Daueraufenthaltsrecht kumuliert werden, wenn der Aufenthalt im Erststaat mindestens 18 Monate beträgt.

Arbeitnehmer die aus einem anderen EU-Land eine Blaue Karte haben, können in Deutschland 90 Tage arbeiten. Für diese 90 Tage benötigen die Arbeitnehmer kein Visum oder eine Arbeitserlaubnis von der Bundesagentur für Arbeit (BA). Kurzfristiger Aufenthalt

Arbeitnehmer die bereits 12 Monate in einem anderen EU-Land gearbeitet haben, können ohne Visum nach Deutschland umziehen und dort eine deutsche Blaue Karte EU bei der Ausländerbehörde beantragen. Langfristiger Aufenthalt

Niederlassungserlaubnis

Die Niederlassungserlaubnis ist ein Aufenthaltstitel, der unbefristet zu den im Aufenthaltsgesetz genannten Zwecken erteilt wird (*siehe „Aufenthaltserlaubnis"*). Sie berechtigt zur Ausübung einer Erwerbstätigkeit, ist räumlich unbeschränkt und darf – außer in durch das Aufenthaltsgesetz zugelassenen Fällen – nicht mit einer Nebenbestimmung versehen werden. Die Voraussetzungen für die Erteilung der Niederlassungserlaubnis sind in § 9 AufenthG festgelegt. Demnach muss ein Antragsteller

- seit fünf Jahren eine Aufenthaltserlaubnis besitzen Voraussetzungen gemäß § 9 AufenthG

- einen gesicherten Lebensunterhalt haben

- mindestens 60 Monate Pflichtbeiträge oder freiwillige Beiträge zur gesetzlichen Rentenversicherung geleistet haben

- eine Erlaubnis für die Beschäftigung haben

- über ausreichende Kenntnisse der deutschen Sprache verfügen

- über Grundkenntnisse der Rechts- und Gesellschaftsordnung und der Lebensverhältnisse im Bundesgebiet verfügen

- über ausreichenden Wohnraum für sich und seine mit ihm in häuslicher Gemeinschaft lebenden Familienangehörigen verfügen

Ausnahmeregelungen gelten für:

- Hochqualifizierte – diese erhalten die Blaue Karte EU

- Anordnungen der obersten Landesbehörden nach § 23 Abs. 2 AufenthG

- Aufenthalt aus humanitären Gründen nach §§ 25, 26 AufenthG

Erlaubnis zum Daueraufenthalt

Die Erlaubnis zum Daueraufenthalt ist ein Aufenthaltstitel, der ebenfalls unbefristet zu den im Aufenthaltsgesetz genannten Zwecken erteilt wird (*siehe „Aufenthaltserlaubnis"*). Die Voraussetzungen für die Erteilung dazu sind im § 9a AufenthG festgelegt. Ausländer aus Drittstaaten (Staaten außerhalb der EU, des Europäischen Wirtschaftsraums und der Schweiz) erhalten diesen Aufenthaltstitel nach fünfjährigem rechtmäßigen Aufenthalt in einem Mitgliedstaat der Europäischen Union. Dieser Titel beinhaltet das Recht auf Weiterwanderung in einen anderen Mitgliedstaat und bietet, wie die Niederlassungserlaubnis, eine weitgehende Gleichstellung von Drittstaatsangehörigen mit eigenen Staatsangehörigen.

Visum

Das Visum ist ein Aufenthaltstitel, der **befristet auf 90 Tage** zu den im Aufenthaltsgesetz genannten Zwecken erteilt wird (*siehe „Aufenthaltserlaubnis"*). Angehörige der EU-Staaten benötigen zur Einreise nach Deutschland kein Visum. Alle übrigen Ausländer sind für Aufenthalte in Deutschland grundsätzlich visumpflichtig. Für Ausländer, die nicht aus den Schengen-Staaten[1] stammen, gestatten die europäischen Gesetze Aufenthalte bis zu 90 Tagen in einem Zeitraum von 180 Tagen.

8.2.2 Lohnsteuer für ausländische Arbeitnehmer

Verpflichtung zum Lohnsteuerabzug bei ausländischen Arbeitnehmern

Generell ist jeder deutsche Arbeitgeber verpflichtet, die Lohnsteuer für seine Arbeitnehmer zu erheben und abzuführen. Dies gilt auch für ausländische Arbeitnehmer. Ebenfalls zum Lohnsteuerabzug verpflichtet ist ein Arbeitgeber für solche Arbeitnehmer im Inland, die von ausländischen verbundenen Unternehmen nach Deutschland entsandt wurden und vom verbundenen Unternehmen bezahlt werden. Gegebenenfalls sind die Arbeitsentgelte dann aufzuteilen, sodass ein Teil des Arbeitslohns in Deutschland und ein Teil im Ausland versteuert wird *(siehe dazu Kapitel 8.1.1)*.

Dagegen ist für Arbeitnehmer, die bei einem inländischen Arbeitgeber beschäftigt sind, jedoch im Ausland arbeiten und auch im Ausland ihren Wohnsitz haben, keine Lohnsteuer einzubehalten - ohne dass hierzu eine gesonderte Freistellung durch das Betriebsstättenfinanzamt zu erfolgen hat. Dem Arbeitnehmer ist jedoch der Erhalt von Arbeitslohn auf einem für das jeweilige Land vorgesehenen Formular zu bescheinigen.

Unbeschränkte und beschränkte Steuerpflicht

Das deutsche Steuersystem unterscheidet grundsätzlich zwischen der unbeschränkten und der beschränkten Einkommensteuerpflicht.

Unbeschränkte Einkommensteuerpflicht

Bei der unbeschränkten Besteuerung wird nach einer Art „Universalprinzip" das so genannte **Welteinkommen**, d. h. sämtliche Einkünfte, egal ob sie im Inland oder im Ausland erzielt wurden, besteuert. Dabei kommt in vielen Fällen jedoch ein **Doppelbesteuerungsabkommen** zur Geltung, indem einer der beiden Staaten zugunsten des anderen Staates auf die Steuern verzichtet, um eine doppelte Besteuerung des Arbeitnehmers zu vermeiden. Ist ein Arbeitnehmer aufgrund eines Doppelbesteuerungsabkommens von der deutschen Einkommensteuer befreit, erhält er vom Finanzamt auf Antrag eine **Freistellungsbescheinigung**.

---

1   Staaten, die dem Schengener Abkommen beigetreten sind: alle EU-Staaten außer Großbritanien, Irland und Zypern

Die beschränkte Steuerpflicht hingegen bewirkt eine Besteuerung nur der inländischen Einkünfte, dies jedoch ohne die Anwendung der familienfreundlichen Steuerklassen und anderer Steuervergünstigungen (z. B. Kinderfreibeträge).

Beschränkte Einkommensteuerpflicht

Für ausländische Arbeitnehmer gilt es festzustellen, ob sie beschränkt oder unbeschränkt steuerpflichtig sind und welche Steuerbegünstigungen sie in Anspruch nehmen dürfen. Dazu sind folgende Kriterien maßgebend:

Besteuerung von Ausländern

▨ Wo hat der Arbeitnehmer seinen Wohnsitz oder gewöhnlichen Aufenthalt?

▨ Besitzt der Ausländer die Staatsangehörigkeit eines EU-Staates? (Nur zur Wahl der Steuerklasse von Belang)

▨ Erzielt er sein Einkommen zum größten Teil in Deutschland (werden mindestens 90 % des Einkommens in Deutschland versteuert)?

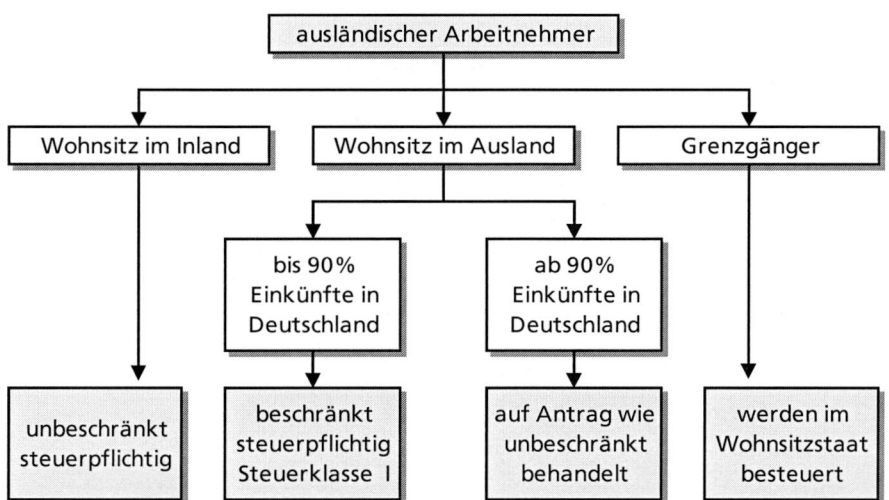

Ausländer mit Wohnsitz in Deutschland

Nach § 1 Abs. 1 EStG sind alle natürlichen Personen, die im Inland einen Wohnsitz oder ihren gewöhnlichen Aufenthalt haben, unbeschränkt einkommensteuerpflichtig. Die Staatsangehörigkeit der betreffenden Person ist dabei unerheblich. Ein in Deutschland wohnender und arbeitender Ausländer hat demnach wie jeder andere Arbeitnehmer seine Lohnsteuerabzugsmerkmale vorzulegen und ist nach diesen im Lohnsteuerabzugsverfahren zu behandeln.

Unbeschränkte Steuerpflicht

Die Bedingung des gewöhnlichen Aufenthalts im Inland erfüllt ein Ausländer, wenn er sich mindestens sechs Monate in Deutschland aufhält; maßgebend ist dabei die Aufenthaltsgenehmigung.

Eine Besonderheit ist, dass verheirateten Arbeitnehmern, deren Ehegatten im Ausland leben, grundsätzlich die Steuerklasse I zugeordnet wird. EU-Ausländer sind unter bestimmten Bedingungen von dieser Regelung ausgenommen.

Steuerklassen

Ausländer mit Wohnsitz im Ausland

In Deutschland arbeitende Ausländer, die ihren Wohnsitz oder ständigen Aufenthalt nicht im Inland haben, sind grundsätzlich beschränkt steuerpflichtig. Der deutschen Einkommensteuer unterliegen dann nur die inländischen Einkünfte, nicht aber das weiter oben bereits erwähnte **Welteinkommen**. Der ausländische Arbeitnehmer erhält in diesem Fall eine Bescheinigung vom Finanzamt, der der Arbeitgeber die maßgeblichen Lohnsteuerabzugsmerkmale entnehmen kann.

Beschränkte Steuerpflicht

Einkommen in Deutschland

§ 1 Abs. 3 EStG billigt ausländischen Arbeitnehmern, die keinen Wohnsitz oder ständigen Aufenthalt im Inland haben zu, zwischen der beschränkten und unbeschränkten Besteuerung zu wählen, wenn das Einkommen ganz oder fast ausschließlich in Deutschland erzielt wird. Dazu müssen folgende Bedingungen erfüllt sein:

- Mindestens 90 % der Gesamteinkünfte im Kalenderjahr unterliegen der deutschen Einkommensteuer oder die nicht der deutschen Einkommensteuer unterliegenden Einkünfte betragen nicht mehr als 11.604,00 € im Kalenderjahr 2024 (Grundfreibetrag).

- Die Höhe, der nicht der deutschen Einkommensteuer unterliegenden Einkünfte, wird durch eine Bescheinigung der zuständigen ausländischen Steuerbehörde nachgewiesen.

Um wie ein unbeschränkt steuerpflichtiger Arbeitnehmer behandelt zu werden, muss der Ausländer einen entsprechenden **Antrag beim Betriebsstättenfinanzamt** stellen. Auf der vom Finanzamt ausgestellten Bescheinigung wird die Steuerklasse vermerkt.

Privilegien für EU-Bürger

EU-Bürger haben hier wiederum einen Sonderstatus. Sie können unter bestimmten Voraussetzungen auch in den Steuerklassen III, IV oder V zusammen mit ihren Ehepartnern veranlagt werden.

Bei in Deutschland arbeitenden Ausländern mit Wohnsitz im Ausland sind die entsprechenden Doppelbesteuerungsabkommen sowie die 183-Tage-Regelung zu beachten *(zu Doppelbesteuerungsabkommen siehe Kapitel 8.1.1)*.

8.2.3 Sozialversicherungsrechtliche Behandlung ausländischer Arbeitnehmer

Sozialversicherungsbeiträge für ausländische Arbeitnehmer

Sozialversicherung im Tätigkeitsland

Das Sozialversicherungsrecht richtet sich nach dem so genannten **Territorialprinzip**: Arbeitnehmer unterliegen grundsätzlich der Sozialgesetzgebung des Landes, in dem die Tätigkeit ausgeführt wird. In Deutschland arbeitende Ausländer sind demnach durch die deutsche Sozialversicherung abgedeckt und daher beitragspflichtig. Der Wohnsitz oder ständige Aufenthalt, die Staatsangehörigkeit oder der Status als EU-Bürger sind dabei unerheblich.

Einstrahlung

Eine Ausnahme besteht für Arbeitnehmer, die im Rahmen eines ausländischen Arbeitsverhältnisses **vorübergehend** in Deutschland tätig sind. Wenn eine solche Entsendung von **vornherein** (d. h. bereits vor Beginn feststehend) zeitlich begrenzt ist, handelt es sich um eine so genannten Einstrahlung; in einem solchen Fall unterliegen die Arbeitnehmer nicht der deutschen Sozialversicherung. Unerheblich ist dabei, für wie lange die Tätigkeit befristet ist und ob die Einkünfte ggf. unter ein Doppelbesteuerungsabkommen fallen.

Mitnahme von Versicherungszeiten und Leistungsansprüchen in der Arbeitslosenversicherung

Anspruch auf Sozialleistungen

Durch die europäische Freizügigkeit ist es EU-Bürgern möglich, in jedem EU-Staat zu arbeiten. Dies bringt mit sich, dass bei Arbeitslosigkeit entsprechende Sozialleistungen entweder im Beschäftigungsland oder im Heimatland beantragt werden können[1]. Dabei werden dem Anspruchsberechtigten alle erworbenen Beitragszeiten oder Versicherungszeiten in der Arbeitslosenversicherung angerechnet - sowohl die im Beschäftigungsland als auch die im Heimatland.

---

1 Dies gilt auch für Staatsangehörige der EWR-Staaten: Island, Norwegen, Liechtenstein, Schweiz

Die Höhe der Leistungen, sofern gewährt, richtet sich nach den Bestimmungen des Landes, in dem sie ausgezahlt wird. Leistungen aus der deutschen Arbeitslosenversicherung können daher nur bezogen werden, wenn die entsprechenden Anspruchsvoraussetzungen erfüllt sind.

Zum Nachweis der erworbenen Versicherungszeiten muss ein deutscher Arbeitgeber einem ausländischen Arbeitnehmer eine **Arbeitsbescheinigung** ausstellen *(Näheres dazu finden Sie im Lehrbuch für Einsteiger)*. Anhand dieser Arbeitsbescheinigung erhält der ausländische Arbeitnehmer von der Bundesanstalt für Arbeit eine Bescheinigung, auf der, die in Deutschland erworbenen Versicherungszeiten, in der Landessprache seines Heimatlandes dokumentiert sind.

Nachweis von Versicherungszeiten

Bezieht ein arbeitsloser Arbeitnehmer bereits in einem EU-Staat Leistungen aus der dortigen Arbeitslosenversicherung und begibt sich in einen anderen EU-Staat, um dort Arbeit zu suchen, so kann er den Leistungsanspruch in das andere Land mitnehmen und dort für längstens drei Monate die Leistungen in voller Höhe weiter beziehen. Der Arbeitslose kann sich innerhalb dieses Zeitraums zur Arbeitssuche auch in mehrere EU-Staaten begeben.

Mitnahme

Beispiel
Ausländische
Arbeitnehmer

> Die BestTool AG stellt einen griechischen und einen türkischen Produktdesigner für vier Monate ein. Sie leben während dieser Zeit zwar in Deutschland, haben hier aber keinen offiziellen Wohnsitz. Ihre Einkünfte erzielen sie im laufenden Kalenderjahr ausschließlich durch die Tätigkeit bei der BestTool AG. Der griechische Arbeitnehmer ist verheiratet; seine Frau und seine neunjährige Tochter leben im Heimatland. Der türkische Arbeitnehmer ist unverheiratet und kinderlos.
>
> ■ Wie sind die ausländischen Arbeitnehmer in diesem Fall beim Lohnsteuerabzug und in der Sozialversicherung zu behandeln?
>
> Die beiden ausländischen Produktdesigner halten sich für vier Monate in Deutschland auf. Sie haben somit keinen Wohnsitz oder gewöhnlichen Aufenthalt im Inland und wären daher beschränkt steuerpflichtig. Da sie jedoch ihr Einkommen im laufenden Kalenderjahr in dieser Zeit ausschließlich in Deutschland erzielen, können sie beim Finanzamt einen Antrag auf unbeschränkte Steuerpflicht stellen. Vor allem der griechische Arbeitnehmer käme dann in den Genuss der familienfreundlichen Steuerklassen und Kinderfreibeträge.
>
> Nach dem Territorialprinzip sind die Produktdesigner während ihrer Tätigkeit in der Bundesrepublik Deutschland in der deutschen Sozialversicherung versichert und entsprechend beitragspflichtig.

8.3 Grenzgänger und Grenzpendler

8.3.1 Grenzgänger

In den meisten Doppelbesteuerungsabkommen wird die Steuer dem Tätigkeitsstaat, d. h. dem Staat, in dem die Betriebsstätte liegt, zugesprochen. Für so genannte Grenzgänger hat die Bundesrepublik z. B. mit **Frankreich** und **Österreich** eine Sonderregelung getroffen. Diese besagt, dass Personen, die im Grenzbereich des einen Landes wohnen und im Grenzbereich des anderen Landes arbeiten, entgegen dem Doppelbesteuerungsabkommen im **Wohnsitzland steuerpflichtig** sind.

AN wohnt in	AN arbeitet in	Grenzzone in Dtl.	Grenzzone im Ausland
Frankreich	Deutschland	30 km	Grenzdepartements Haute-Rhin, Bas-Rhin, Moselle
Deutschland	Frankreich oder Österreich	30 km	30 km
Frankreich oder Österreich	Deutschland	30 km	30 km

45-Tage-Grenze

Voraussetzung ist, dass der Grenzgänger **täglich** in den Wohnsitzstaat zurückkehrt – wobei ein gelegentliches Übernachten des Arbeitnehmer am Arbeitsort unschädlich ist. Als Grenzgänger gilt ein Arbeitnehmer auch dann noch, wenn er höchstens an **20 %** seiner Arbeitstage, maximal jedoch **45 Arbeitstage im Kalenderjahr**, nicht in den Wohnsitzstaat zurückkehrt oder außerhalb der Grenzzone arbeitet. Als Arbeitstage gelten nur Tage, an denen der Arbeitnehmer tatsächlich gearbeitet hat - Krankheits- oder Urlaubstage bleiben außer Acht.

Freistellungsbescheinigung

Um die Steuerbefreiung in Deutschland zu erlangen muss eine entsprechende Freistellungsbescheinigung beim Betriebsstättenfinanzamt beantragt werden. Den Antrag kann sowohl der Arbeitnehmer als auch der Arbeitgeber stellen.

Beispiel
Grenzgänger

> Herr Gouget ist seit 01.03. des Jahres als Verkäufer bei der BestTool AG tätig. Er wohnt in Straßburg und arbeitet in der Betriebsstätte in Kehl, also innerhalb der Grenzzonen. Bis 28.02. war er bei einer Firma in Paris beschäftigt, wo er in der Zeit vom 01.01. bis 28.02. 30 Tagen gearbeitet hat; die restliche Zeit hatte er Urlaub.
>
> Herr Gouget gilt als Grenzgänger, da er nicht mehr als 45 Arbeitstage im Kalenderjahr außerhalb der Grenzzone tätig war. Der Arbeitslohn, den er ab 01.03. von der deutschen Firma erhält, wird im Wohnsitzstaat versteuert. In Deutschland muss eine entsprechende Freistellungsbescheinigung beantragt werden.

8.3.2 Grenzpendler

Als Grenzpendler werden im Ausland wohnhafte Arbeitnehmer bezeichnet, die ihre Einkünfte fast ausschließlich in Deutschland erzielen und täglich an den Wohnort zurückkehren – die also täglich nach Deutschland „hineinpendeln". Dabei ist es unerheblich, in welcher Entfernung sie von der Grenze wohnen und arbeiten – es gibt keine festgelegten Grenzzonen wie bei den Grenzgängern.

Steuerpflicht in Deutschland

Grenzpendler sind in Deutschland **beschränkt steuerpflichtig**, können aber auf Antrag beim Betriebsstättenfinanzamt als unbeschränkt steuerpflichtig behandelt werden *(siehe Kapitel 8.2.2).*

Praxisaufgaben

Die Lösungen finden Sie unter https://www.edumedia.de/verlag/loesungen.

Wissenskontrollfragen

1) Wozu dienen so genannte Doppelbesteuerungsabkommen?

2) Welches Land erhält nach den meisten Doppelbesteuerungsabkommen das Besteuerungsrecht für nicht selbstständige Arbeit?

3) Unter welchen Bedingungen befreit der Auslandstätigkeitserlass, den im Ausland erzielten Arbeitslohn von der deutschen Lohnsteuer?

4) Was besagt das so genannte Territorialprinzip in der Sozialversicherung?

5) Wann spricht man im Sozialversicherungsrecht von einer so genannten Ausstrahlung? Welche Konsequenzen hat eine Ausstrahlung hinsichtlich der Sozialversicherung?

6) Welche Papiere sollte sich ein Arbeitgeber vorlegen lassen, wenn er einen Staatsbürger eines Nicht-EU-Landes in Deutschland beschäftigen möchte?

7) Füllen Sie die Lücken in der Grafik aus.

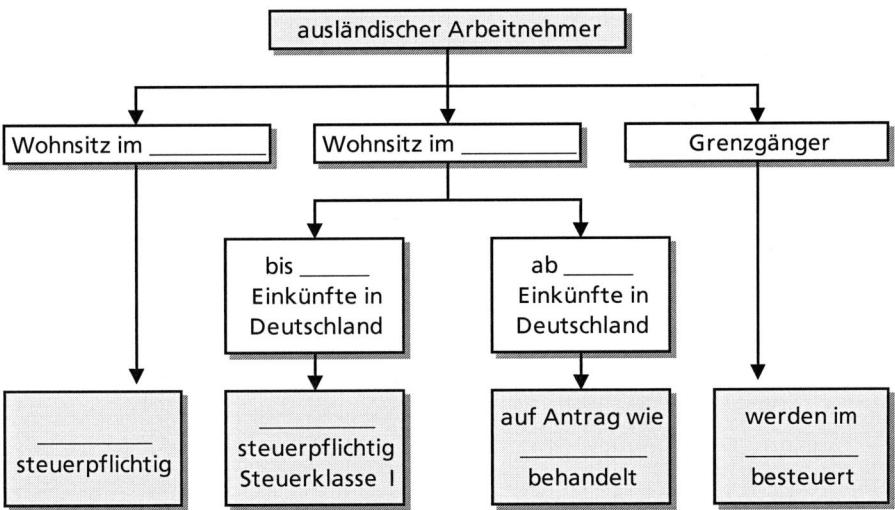

8) Wann spricht man im Sozialversicherungsrecht von einer "Einstrahlung" und welche sozialversicherungsrechtlichen Konsequenzen ergeben sich daraus?

Übung 1

Herr Thoma ist bei der BestTool AG beschäftigt und wohnt in Deutschland, 11 km von der Ländergrenze entfernt. Herr Thoma arbeitet jeden Tag in einer Zweigstelle der Firma in Frankreich. Der Firmensitz der Zweigstelle in Frankreich ist 5 km von der Ländergrenze entfernt. Herr Thoma fährt täglich nach Hause in seinen Wohnsitzstaat Deutschland.

◈ In welchem Land ist Herr Thoma steuerpflichtig? Begründen Sie Ihre Antwort.

....

....

....

9

Reisekosten

Dieses Kapitel erläutert, wie Reisekostenerstattungen des Arbeitgebers jeweils steuer- und sozialversicherungsrechtlich zu behandeln sind, insbesondere wenn es sich um Reisen ins Ausland handelt. Dabei wird vor allem darauf eingegangen, unter welchen Bedingungen eine berufliche Auswärtstätigkeit vorliegt.

Inhalt

- Vorliegen einer Auswärtstätigkeit
- Erste Tätigkeitsstätte
- Steuerliche Anerkennung von Reisekosten
- Reisekosten für Auslandsreisen
- Reisenebenkosten für Auslandsreisen

9.1 Wann liegt eine Auswärtstätigkeit vor?

Reisekosten

Aufwendungen, die einem Arbeitnehmer durch eine Auswärtstätigkeit entstanden sind, können als so genannte Reisekosten vom Arbeitgeber erstattet werden und bleiben innerhalb bestimmter Grenzen steuerfrei (*eine ausführliche Einführung dazu finden Sie im Lehrbuch für Einsteiger*). Analog dazu gelten, vom Arbeitgeber direkt getragene Reisekosten, auch nicht als steuerpflichtiger Arbeitslohn. Im Rahmen der Lohn- und Gehaltsabrechnung ist daher im Einzelfall zu prüfen, ob es sich bei der jeweiligen Reisetätigkeit des Mitarbeiters tatsächlich um eine Auswärtstätigkeit im definierten steuerrechtlichen Sinne handelt.

Definition Auswärtstätigkeit

Gemäß LStR R 9.4 liegt eine Auswärtstätigkeit nur dann vor, wenn eine beruflich veranlasste, vorübergehende Abwesenheit von der Wohnung und - sofern vorhanden - der ersten Tätigkeitsstätte erforderlich ist (wenn keine erste Tätigkeitsstätte vorhanden ist, genügt die Abwesenheit von der Wohnung). Besonderer Prüfung bedürfen daher die drei zentralen Begriffe dieser Definition:

▦ berufliche Veranlassung

▦ erste Tätigkeitsstätte

▦ begrenzte Dauer der Abwesenheit

9.1.1 Prüfung der beruflichen Veranlassung

Damit die Reisetätigkeit eines Arbeitnehmers als Auswärtstätigkeit anerkannt werden kann, muss sie **betriebliche Gründe** haben. Diese sind grundsätzlich anzunehmen, wenn folgende Voraussetzungen gegeben sind:

▦ Die Reisetätigkeit ist auf **Weisung des Arbeitgebers** erfolgt und

▦ die Reisetätigkeit liegt im **überwiegenden Interesse des Arbeitgebers**.

Insbesondere muss geprüft werden, ob tatsächlich ein überwiegendes Interesse des Arbeitgebers gegeben ist, denn die Art der Reise und die Reiseziele können unter Umständen gegen eine berufliche Veranlassung sprechen, auch wenn die Reise auf Weisung des Arbeitgebers unternommen wurde.

Privates Interesse des Arbeitnehmers

Verbindet ein Arbeitnehmer eine Auswärtstätigkeit mit der Verfolgung privater Interessen, so sind die Reisekosten in beruflich und privat veranlasste Kosten aufzuteilen. Dabei gilt: Ist eine Trennung der Kosten selbst mittels Schätzung nicht möglich, gilt die gesamte Reise als privat veranlasst, sodass keine steuerfreien Erstattungen durch den Arbeitgeber möglich sind. Konsequenter Weise sind außerdem etwaige Kostenübernahmen als steuerpflichtige geldwerte Vorteile anzusehen.

Zur Abgrenzung zwischen beruflich und privat veranlassten Kosten sind zunächst die eindeutig zuzuordnenden Bestandteile der Reise aufzuteilen. Sonstige, nicht eindeutig zuordenbare Reisekosten, z. B. Flugkosten, sind zeitanteilig aufzuteilen.

Frau Lehmann reist auf Veranlassung der ModeFix GmbH nach Afrika, um dort Verhandlungen mit Lieferanten exotischer Stoffe zu führen. Für die Verhandlungen benötigt sie zwei Tage. Im Anschluss unternimmt sie eine eintägige Fotosafari, deren Kosten der Arbeitgeber trägt. Auch der dritte Reisetag wird als Arbeitszeit gewertet. Die berufliche Veranlassung der Reise ist wie folgt zu beurteilen:

Die Kosten der Reise sind in einen beruflich und einen privat veranlassten Teil aufzuteilen. Steuerfrei erstattungsfähig sind die Kosten, die sich von den übrigen Kosten eindeutig abgrenzen lassen. Die Kosten für die Übernachtung und die Verpflegung der ersten beiden Tage sowie angefallene Fahrtkosten, welche eindeutig beruflich veranlasst sind. Die Flugkosten können zeitanteilig zugeordnet werden, sodass zwei Drittel steuerfrei verbleiben können.

Beispiel
Berufliche Veranlassung einer Reise

Zusätzliche Reisekosten, die entstehen, indem Ehegatten oder andere Familienangehörige den Arbeitnehmer auf einer Dienstreise begleiten, können grundsätzlich nicht steuerfrei ersetzt oder vom Arbeitgeber übernommen werden. Die Begleitung durch Familienangehörigen kann sogar Auswirkungen auf die Anerkennung der Reise als Dienstreise haben, da sie die rein berufliche Veranlassung in Frage stellen und auf einen zumindest teilweise privaten Charakter der Reise hindeutet.

Begleitung durch Familienangehörige

9.1.2 Prüfung der ersten Tätigkeitsstätte

Die Frage, ob ein Arbeitnehmer über eine oder gar keine erste Tätigkeitsstätte im Betrieb des Arbeitgebers verfügt, ist für die Reisekostenabrechnung immer dann von Belang, wenn es festzustellen gilt, ab welchem Ort oder welcher Zeit eine Reise angetreten wurde, z. B. für die Abrechnung von Verpflegungsmehraufwendungen oder Fahrtkosten.

Als erste Tätigkeitsstätte wird diejenige **ortsfeste betriebliche Einrichtung** angesehen, der ein Arbeitnehmer **dauerhaft** zugeordnet ist. Daher können Fahrzeuge, Schiffe und Flugzeuge nicht als erste Tätigkeitsstätte gelten - sie sind nicht als „ortsfest" zu bezeichnen.

Die arbeitsrechtliche Zuordnung des Arbeitgebers

Nach den gesetzlichen Bestimmungen wird die erste Tätigkeitsstätte durch eine arbeitsrechtliche Zuordnung des Arbeitgebers bestimmt, die dieser dokumentieren muss (z. B. im Arbeitsvertrag, in Einsatzplänen oder dienstlichen Verfügungen). Der Arbeitgeber kann allerdings auch auf eine Zuordnung verzichten oder deutlich formulieren, dass es aus organisatorischen Gründen keine erste Tätigkeitsstätte des Arbeitnehmers gibt. Durch die Zuordnung kann ein Arbeitgeber, dessen Arbeitnehmer in verschiedenen Filialen tätig werden sollen, z. B. auch eine Filiale als erste Tätigkeitsstätte festlegen, in der Mitarbeiter nur in geringem Umfang tätig sind - es muss nicht diejenige Filiale sein, in der sie überwiegend arbeiten.

Als dauerhafte Zuordnung wird angesehen, wenn der Arbeitnehmer in dieser Tätigkeitsstätte

Dauerhafte Zuordnung zur betrieblichen Einrichtung

⬛ unbefristet oder

⬛ für die Dauer des Arbeitsverhältnisses oder

⬛ für mehr als 48 Monate

tätig werden soll. Dabei handelt es sich um eine Betrachtung, die auf die Zukunft gerichtet ist.

Beispiel
Dauer des
Arbeitsverhältnisses

> Herr Ludwig wird von der Energie GmbH als Elektriker für drei Monate befristet eingestellt, um für einen speziellen Kundenauftrag in der Filiale Bonn tätig zu werden.
>
> Die Bonner Filiale gilt wegen der arbeitsrechtlichen Zuordnung des Arbeitgebers als erste Tätigkeitsstätte für Herrn Ludwig.

Beispiel
Unbefristetes
Arbeitsverhältnis

> Frau Öztas wird von der Best Tool AG als Buchhalterin unbefristet eingestellt. Laut Arbeitsvertrag soll sie ihre Tätigkeit in der Filiale Mainz erbringen.
>
> Frau Öztas begründet von Anfang an eine erste Tätigkeitsstätte in der Filiale Mainz.

Mehrere erste
Tätigkeitsstätten

Es ist nicht möglich, dass ein Arbeitnehmer mehrere erste Tätigkeitstätten in einem Arbeitsverhältnis hat, auch wenn er an mehreren Betriebsstätten des Arbeitgebers tätig ist. Allerdings kann ein Arbeitnehmer mit mehreren Arbeitsverhältnissen auch in jedem dieser Arbeitsverhältnisse eine erste Tätigkeitsstätte haben.

Fehlende Zuordnung durch den Arbeitgeber

Zuordnungskriterien

Führt ein Arbeitgeber keine dauerhafte Zuordnung des Arbeitnehmers zu einer betrieblichen Einrichtung durch oder ist diese nicht eindeutig, so wird anhand quantitativer Kriterien entschieden, ob der Mitarbeiter im Betrieb überhaupt eine erste Tätigkeitsstätte hat. Dabei wird geprüft, ob der Arbeitnehmer in einer Betriebsstätte

- typischerweise arbeitstäglich tätig wird oder

- in jeder Arbeitswoche zwei volle Arbeitstage oder

- mindestens ein Drittel seiner vereinbarten Arbeitszeit dauerhaft tätig werden soll (Prognoseentscheidung)

Für die quantitative Zuordnung ist es wichtig, dass der Arbeitnehmer an der jeweiligen betrieblichen Einrichtung seiner eigentlichen Tätigkeit nachgeht. Das heißt, ein Aufsuchen einer Betriebsstätte nur zur Abgabe von Berichten, Aufträgen, zur Wartung eines Fahrzeuges, zur Abholung von Material, etc. führt nicht dazu, dass diese Betriebsstätte als erste Tätigkeitsstätte gewertet wird. Damit hat z. B. ein Kundendienstmonteur im Regelfall keine erste Tätigkeitsstätte, wenn es an der arbeitsrechtlichen Zuordnung durch den Arbeitgeber fehlt.

Sammelstelle

Wenn der Monteur allerdings dauerhaft und typischerweise arbeitstäglich einen durch den Arbeitgeber festgelegten Ort aufsuchen soll - eine so genannte **Sammelstelle**-, muss die Fahrt von der Wohnung zur Sammelstelle genauso behandelt werden wie die Fahrt zwischen Wohnung und erster Tätigkeitsstätte (*siehe Kapitel 9.3.1*). Gleiches gilt für Bus-, Taxi-, Lkw-Fahrer oder Seeleute.

Beispiel
Keine erste Tätigkeitsstätte

> Herr Bartel, Kundendienstmonteur der Energie GmbH, wurde vom Arbeitgeber keiner betrieblichen Einrichtung dauerhaft zugeordnet. Er fährt den Hauptsitz der Firma fast täglich an, um dort den Werkstattwagen inkl. Material und Aufträgen zu übernehmen.
>
> Auch wenn Herr Bartel den Hauptsitz fast täglich aufsucht, begründet er dort keine erste Tätigkeitsstätte, da er dort nicht seine eigentliche berufliche Tätigkeit ausübt.

Beispiel
Mehrere gleichwertige
Tätigkeitsstätten

Herr Kunze ist Schaufensterdekorateur bei der Drogerie-Markt GmbH. Zu seinen arbeitsvertraglich festgelegten Aufgaben gehört es, die Schaufenster der fünf Filialen zu gestalten. In einer kleinen Werkstatt im Haupthaus bereitet er die Dekorationen vor und lagert einzelne Dekorationsartikel. Für die Vorbereitungen verwendet er 35 % seiner regelmäßigen Arbeitszeit.

Wenn Herr Kunze (z. B. durch Festlegung im Arbeitsvertrag) einer bestimmten Filiale zugeordnet wurde, so gilt diese als erste Tätigkeitsstätte, unabhängig davon, wieviel Arbeitszeit er dort verbringt oder welche Tätigkeiten er dort ausführt. Hätte der Arbeitgeber dagegen auf eine Zuordnung verzichtet, würde das Haupthaus als erste Tätigkeitsstätte für Herrn Kunze gelten, da er dort mindestens ein Drittel seiner vereinbarten Arbeitszeit verbringt.

Auswärtstätigkeit beim Kunden

Die Definition der ersten Tätigkeitsstätte ist nicht nur auf betriebliche Einrichtungen des Arbeitgebers beschränkt. Eine ortsfeste betriebliche Einrichtung eines Kunden kann außerdem als erste Tätigkeitsstätte gelten, wenn der Arbeitnehmer dieser dauerhaft zugeordnet wird. Das gilt insbesondere für Leiharbeitnehmer, wenn diese nur für den Einsatz beim Kunden befristet eingestellt wurden.

Weiträumiges Arbeitsgebiet

Ein **weiträumiges Arbeitsgebiet**, das dem Arbeitgeber zuzuordnen ist (z. B. größere zusammenhängende Werksgelände, Flughafengelände, Klinikgelände) stellt keine erste Tätigkeitsstätte dar. Dennoch dürfen die Fahrten zwischen der Wohnung des Arbeitnehmers und dem weiträumigen Arbeitsgebiet nach der Rechtslage ab 2014 nicht als Reisekosten abgerechnet werden, sondern werden wie Fahrten zur ersten Tätigkeitsstätte behandelt.

Sammelstelle

Eine öffentliche Haltestelle oder Schiffsanlegestelle, an der die Übernahme eines Fahrzeuges erfolgt, gelten ebenfalls nicht als erste Tätigkeitsstätte, wenn dort keine ortsfeste betriebliche Einrichtung vorhanden ist. Auch das Zusteigen in ein Betriebsfahrzeug an einem gleichbleibenden Treffpunkt, der nicht zu einer Einrichtung des Arbeitgebers gehört (z. B. Park & Ride Parkplatz) zum Zwecke der Sammelbeförderung an eine auswärtige Tätigkeitsstätte, stellt keine erste Tätigkeitsstätte dar. Dennoch gilt für diese **Sammelstellen**, dass die Fahrt des Arbeitnehmers von der Wohnung bis zur Sammelstelle wie eine Fahrt zur ersten Tätigkeitsstätte behandelt werden muss; es gilt ausdrücklich nur die Entfernungspauschale.

Beispiel
Sammelstelle

Herr Scholz ist Taxifahrer bei der TaxiMeißen GmbH. Laut Festlegung des Arbeitgebers hat er sein Fahrzeug täglich von seinem Kollegen am Bahnhof zu übernehmen und dort nach Ende seiner Schicht dem folgenden Kollegen zu übergeben.

Herr Scholz hat zwar keine erste Tätigkeitsstätte, aber der Bahnhof wird als Sammelstelle angesehen. Daher gilt die Fahrt zwischen seiner Wohnung und dem Bahnhof nicht als Auswärtstätigkeit, d. h. die Fahrtkosten können nicht vom Arbeitgeber steuerfrei ersetzt werden. Die Auswärtstätigkeit beginnt erst, wenn Herr Scholz seine Fahrtätigkeit im Taxi aufnimmt

9.1.3 Prüfung der begrenzten Abwesenheitsdauer

Eine wesentliche Bedingung zur steuerlichen Anerkennung einer Auswärtstätigkeit ist, dass die Abwesenheit von der Wohnung und, sofern vorhanden, der ersten Tätigkeitsstätte nur **vorübergehend** ist. Das heißt, die Dauer der auswärtigen Tätigkeit muss von **vornherein begrenzt** und eine Rückkehr an den ursprünglichen Tätigkeitsort vorgesehen sein; es darf sich z. B. nicht um eine dauerhafte Versetzung an eine andere Betriebsstätte handeln.

9.2 Steuerliche Anerkennung von Reisekosten

Folgende Aufwendungen werden als Reisekosten im Rahmen einer Auswärtstätigkeit anerkannt *(eine ausführliche Einführung dazu finden Sie im Lehrbuch für Einsteiger)*:

- Fahrtkosten
- Übernachtungskosten
- Verpflegungsmehraufwendungen
- Reisenebenkosten

9.2.1 Fahrtkosten

Nach LStR R 9.5 können dem Arbeitnehmer im Rahmen der beruflichen Auswärtstätigkeit die Fahrtkosten zeitlich unbegrenzt erstattet werden *(Näheres dazu finden Sie im Lehrbuch für Einsteiger)*. Zu den Fahrten einer beruflichen Auswärtstätigkeit gehören:

- Fahrten von der Wohnung oder der ersten Tätigkeitsstätte zur auswärtigen Tätigkeitsstätte
- Innerhalb desselben Arbeitsverhältnisses Fahrten zwischen der ersten Tätigkeitsstätte und weiteren
- Fahrten von der Unterkunft am Ort der auswärtigen Tätigkeitsstätte (oder des Einzugsgebiets) zur auswärtigen Tätigkeitsstätte
- Zwischenheimfahrten von der auswärtigen Tätigkeitsstätte zur Wohnung und zurück
- Fahrten von der Wohnung zu ständig wechselnden Tätigkeitsstätten bei einer Einsatzwechseltätigkeit (Arbeitnehmer hat keine erste Tätigkeitsstätte)
- Fahrten bei Übernachtung im Rahmen einer Einsatzwechseltätigkeit von der Wohnung zum Einsatzort und von der auswärtigen Unterkunft zur Tätigkeitsstätte

9.2.2 Fahrtkosten - Einzelnachweis der Pkw-Kosten

Nutzt ein Arbeitnehmer sein **privates Fahrzeug** für eine Auswärtstätigkeit, kann zur steuerfreien Erstattung der Aufwendungen entweder ein **pauschaler** Kilometersatz *(siehe dazu Lehrbuch für Einsteiger)* oder ein anhand der tatsächlichen Kosten ermittelter **individueller** Kilometersatz angesetzt werden. Der individuelle Kilometersatz wird - analog zum privaten Nutzwert bei Privatnutzung von Firmenfahrzeugen - ermittelt, indem die tatsächlichen Gesamtkosten des Fahrzeuges für ein Jahr auf die gefahrenen Jahreskilometer umgerechnet werden. Dazu ist eine exakte Dokumentation der Fahrzeugkosten anhand entsprechender Belege und der Fahrleistung anhand eines **Fahrtenbuches** erforderlich *(siehe dazu auch Kapitel 1.5.1)*.

Anders als bei der Privatnutzung von Firmenfahrzeugen genügt es, für die dienstliche Nutzung von Privatfahrzeugen das Fahrtenbuch und den Gesamtkostennachweis über einen **repräsentativen Zeitraum von mindestens 12 Monaten** hinweg zu führen; dieser Nachweis gilt (solange), bis sich die Verhältnisse wesentlich ändern.

Nachweis über
repräsentativen Zeitraum

Der Gesamtkostennachweis der dienstlichen Nutzung privater Fahrzeuge unterscheidet sich ebenfalls von der Handhabung bei der Privatnutzung. Die Anschaffungskosten werden unter Annahme einer Nutzungsdauer von **sechs Jahren**, entsprechend der amtlichen AfA-Tabelle, ermittelt; bei überdurchschnittlich hoher Fahrleistung kann auch eine entsprechend kürzere Nutzungsdauer anerkannt werden (z. B. vier Jahre bei ca. 100.000 km Laufleistung pro Jahr). Dagegen kann bei einem gebraucht angeschafften Fahrzeug unter Umständen auch von einer längeren Nutzungsdauer ausgegangen werden. Eine Leasingsonderzahlung ist in voller Höhe dem Jahr der Zahlung zuzuordnen. Zu beachten ist, dass **Reisenebenkosten**, wie etwa Parkgebühren, nicht zu den im Rahmen des Gesamtkostennachweises anerkannten Fahrzeugkosten gehören.

Anschaffungskosten

9.2.3 Dreimonatsfrist bei Verpflegungsmehraufwendungen

Verpflegungsmehraufwendungen können nur für die ersten drei Monate einer Auswärtstätigkeit steuerfrei erstattet werden. Bei jeder neu begonnenen Auswärtstätigkeit beginnt die Dreimonatsfrist erneut. Es ist daher unter Umständen im Einzelfall zu klären, ob es sich um eine neu begonnene oder eine fortgeführte Auswärtstätigkeit handelt. Die Dreimonatsfrist ist jedoch nur dann anzuwenden, wenn die berufliche Auswärtstätigkeit an derselben Tätigkeitsstätte durchgeführt wird. Diese liegt dann vor, wenn der Arbeitnehmer dort regelmäßig an mindestens drei Tagen pro Woche tätig ist, somit ist die Dreimonatsfrist auf Auswärtstätigkeiten, die an höchstens zwei Tagen an einer bestimmten Tätigkeitsstätte ausgeführt werden (z. B. Berufsschule), nicht anzuwenden.

> Frau Lehmann wird vorübergehend als Vertretung einer Kollegin im Mutterschutzurlaub zur Zweigniederlassung nach Hamburg entsandt. Dort ist sie für die Zeit vom 01.03. bis 31.08. tätig.
>
> Gemäß der Dreimonatsregelung können die Verpflegungsmehraufwendungen von Frau Lehmann nur in den ersten drei Monaten steuerfrei erstattet werden, also für die Zeit vom 01.03. bis 31.05.

Beispiel
Dreimonatsfrist

> Herr Wagner ist als Werkzeugmeister der BestTool AG tätig und vom Arbeitgeber dem Haupthaus als erste Tätigkeitsstätte zugeordnet worden. Für sechs Monate soll er vorübergehend jeweils mittwochs und freitags in der Filiale Köln arbeiten.
>
> In der Filiale Köln übt er eine Auswärtstätigkeit aus. Da diese nicht mindestens an drei Tagen wöchentlich durchgeführt wird, kann der Arbeitgeber für die gesamte Zeit steuerfreie Verpflegungsmehraufwendungen zahlen; die Dreimonatsfrist gilt hier nicht.

Beispiel
Auswärtstätigkeit an
2 Tagen pro Woche

Dreimonatsfrist bei Unterbrechung der Auswärtstätigkeit

Die Dreimonatsfrist kann durch eine Unterbrechung der Auswärtstätigkeit grundsätzlich nicht ausgesetzt und später fortgeführt, sondern ggf. nur **abgebrochen** und **erneut begonnen** werden. Dabei führt jede Unterbrechung der beruflichen Tätigkeit an derselben Tätigkeitsstätte zu einem Neubeginn der Dreimonatsfrist, wenn sie mindestens vier Wochen andauert. Im Gegensatz zur vorher geltenden Regelung spielt der Grund für diese Unterbrechung keine Rolle mehr, maßgeblich ist nur die Unterbrechungsdauer.

Frau Lehmann (*Beispiel siehe oben*) bricht sich während ihrer Auswärtstätigkeit in Hamburg den Knöchel und verbringt die folgenden fünf Wochen (vom 01.04. bis 04.05.) zur Genesung zu Hause. Am 05.05. nimmt sie ihre Tätigkeit in Hamburg wieder auf.

Da die Auswärtstätigkeit an der Hamburger Tätigkeitsstelle für mindestens vier Wochen unterbrochen wurde, beginnt am 05.05. eine neue Dreimonatsfrist.

9.2.4 Verpflegungsmehraufwendungen bei Auslandsreisen

Auslandstagessätze

Analog zu den Richtlinien für Inlandsreisen *(siehe dazu im Lehrbuch für Einsteiger)* können auch bei Auslandsreisen Verpflegungsmehraufwendungen mit bestimmten **Tagessätzen steuerfrei** ersetzt bzw. bis zum doppelten Tagessatz **pauschal versteuert** werden. Dabei sind die vom Bundesministerium der Finanzen veröffentlichten Auslandstagessätze maßgebend *(siehe Anhang).* Diese wiederum richten sich nach der Dauer der Abwesenheit und nach dem Land, in dem die Tätigkeit ausgeführt wird. Für Länder, die in der Liste nicht aufgeführt sind, ist der Tagessatz von **Luxemburg** maßgebend; für nicht erfasste Übersee- und Außengebiete eines Landes ist der Satz für das Mutterland anzuwenden.

Aufenthalt in mehreren
Ländern

Hält sich der Arbeitnehmer an einem Tag in mehreren Ländern auf, so ist zu unterscheiden, ob er am Ende des Reisetages (24:00 Uhr Ortszeit) im Ausland oder im Inland ist: Beendet der Arbeitnehmer den Reisetag im Ausland, so ist für den gesamten Tag der **Tagessatz des letzten Aufenthaltsortes** maßgeblich - unabhängig von den tatsächlichen Aufenthaltsdauern in den einzelnen Ländern, und unabhängig davon, ob er am letzten Aufenthaltsort des Tages tatsächlich beruflich tätig geworden ist oder dort ggf. nur noch eine Übernachtungsmöglichkeit aufgesucht hat. Beendet der Arbeitnehmer den Reisetag hingegen im Inland, so ist für diesen Reisetag der **Tagessatz des letzten ausländischen Tätigkeitsortes** maßgebend - die reine Durchreise durch ein Land auch mit Übernachtung bleibt außer Acht.

Kurt Stein besucht im Auftrag der ModeFix GmbH während einer zweitägigen Reise Kunden und Lieferanten in Luxemburg, Frankreich, Spanien und Deutschland. Er bricht am 05.07. um 4:00 Uhr morgens in Deutschland auf; er besucht an diesem Tag einen Kunden in Luxemburg und einen Lieferanten in Paris. Da er für den nächsten Tag bereits um 9:00 Uhr einen Termin in Madrid hat, fliegt er noch am 05.07. nach Madrid und kommt dort um 23:30 Uhr an. Am 06.07. besucht er nochmals einen Kunden in Paris und fliegt anschließend zu einem Termin nach Düsseldorf. Noch am selben Tag um 19:00 Uhr kommt er schließlich zu Hause an.

Die Verpflegungsmehraufwendungen können für die Auswärtstätigkeit mit folgenden Tagessätzen steuerfrei erstattet werden:

- Für den 05.07. (Anreisetag) können 28,00 € erstattet werden, da er Madrid (Spanien) zuletzt vor Mitternacht erreicht hat.

- Für den 06.07. (Abreisetag) können 39,00 € angesetzt werden, da Paris (Frankreich) der letzte ausländische Tätigkeitsort an diesem Tag war.

Wäre Herr Stein direkt von Madrid aus über Frankreich nach Hause gefahren, wäre für den 06.07. das Tagegeld für Madrid (Spanien) anzusetzen gewesen, da dies der letzte Tätigkeitsort im Ausland war. Hätte Herr Stein jedoch am 06.07. noch in Frankreich übernachtet, wäre für den 06.07. und den 07.07. jeweils der Tagessatz von Frankreich anzusetzen.

Bei Flugreisen gilt, solange das Endziel nicht erreicht ist, stets das **Abflugland** als letzter Tätigkeitsort eines Reisetages. Zwischenlandungen bleiben außer Acht, es sei denn, dass durch sie Übernachtungen notwendig werden. Für die Zeit der Landung ist die Ortszeit des Zielortes maßgebend. Bei einem mehrtägigen Flug ist demnach am Abreisetag der Tagessatz des Abfluglandes anzuwenden. Erstreckt sich die Flugreise über mehr als zwei Kalendertage, so ist für ganze Tage „in der Luft" der Tagessatz von Österreich maßgeblich.

Flugreisen

Für die Ermittlung der Abwesenheitsdauer ist hingegen die Ortszeit des Ziellandes unerheblich, da es ansonsten aufgrund der Zeitverschiebungen zu Verzerrungen kommen könnte, maßgeblich ist stets die tatsächliche Anzahl der Abwesenheitsstunden, von der Wohnung und der ersten Tätigkeitsstätte.

Beispiel
Verpflegungsmehraufwendungen bei Flugreisen

Herr Stein fliegt am 05.08. morgens 5:00 Uhr von Düsseldorf zu einem Kundenbesuch nach Paris und bricht noch am selben Tag nach Sydney (Australien) auf. Der Flug dauert mit Zwischenlandung zwei Tage, sodass Herr Stein am 07.08. in Sydney landet.

Die Verpflegungsmehraufwendungen für die Auswärtstätigkeit können mit folgenden Tagessätzen steuerfrei erstattet werden:

- Für den 05.08. (Anreisetag) können 39,00 € erstattet werden, da Paris (Frankreich) als Abflugland als letzter Aufenthaltsort an diesem Tag gilt.

- Für den 06.08. sind bei einer Abwesenheitsdauer von 24 Stunden 50,00 € als Tagessatz für Österreich anzusetzen, da es sich um einen ganzen Kalendertag „in der Luft" handelt; eventuelle Zwischenlandungen werden nicht berücksichtigt.

- Für den 07.08. sind bei einer Abwesenheitsdauer von 24 Stunden 57,00 € als Tagessatz für Sydney (Australien) anzusetzen, da Australien mit Landung des Flugzeugs als letzter Aufenthaltsort für diesen Tag gilt.

Bei Schiffsreisen sind, analog zu Abflug- und Landeorten bei Flugreisen, die jeweiligen Landessätze für die Hafenorte der Einschiffung und Ausschiffung anzusetzen. Für Kalendertage „auf See" gilt der Tagessatz für Luxemburg. Für Schiffspersonal unter deutscher Flagge der Handels- und Bundesmarine auf hoher See gilt jedoch das Inlandstagesgeld.

Schiffsreisen

Bei Zug-, Flug- oder Schiffsreisen ist in der Regel eine Bordverpflegung enthalten. Wenn die Rechnung für das Ticket auf den Arbeitgeber ausgestellt ist und von ihm bezahlt wird, gilt diese Verpflegung als eine „vom Arbeitgeber zur Verfügung gestellte Mahlzeit". Es folgt eine Kürzung der Verpflegungspauschale um 20 % für ein Frühstück und um jeweils 40 % für ein Mittag- oder Abendessen.

Bordverpflegung bei Zug-, Flug- oder Schiffsreisen

Eine Kürzung der Verpflegungspauschale erfolgt bei Zug-, Flug- oder Schiffsreisen nur dann, wenn es sich tatsächlich um eine Mahlzeit handelt, ein Angebot von Knabbereien zählt nicht als Mahlzeit und führt damit zu keiner Kürzung der Verpflegungspauschale. Eine Kürzung erfolgt auch dann nicht, wenn anhand des Tarifs feststeht, dass es sich um eine reine Beförderungsleistung handelt.

9.2.5 Übernachtungskosten bei Auslandsreisen

Nachgewiesene Aufwendungen

Als Übernachtungskosten können Aufwendungen **steuerfrei erstattet** werden, die im Rahmen einer Auswärtstätigkeit durch die persönliche Inanspruchnahme einer Unterkunft tatsächlich entstanden sind. Sie sind durch entsprechende Belege nachzuweisen *(Näheres dazu im Lehrbuch für Einsteiger)*. Dies gilt auch für Übernachtungen im Ausland. Im Gegensatz zu Übernachtungen im Inland gilt hier auch nach Ablauf von 48 Monaten keine Höchstgrenze für die steuerfreie Arbeitgebererstattung.

Übernachtung in Verbindung mit Mahlzeiten

Auch bei Auslandsübernachtungen gilt: Sind in den Übernachtungskosten ein Frühstück oder eine andere Mahlzeit im Zusammenhang mit der Übernachtung enthalten, so ist zu unterscheiden, ob es sich um eine Mahlzeit auf Arbeitgeberveranlassung handelt oder nicht. Eine Mahlzeit auf Arbeitgeberveranlassung wird angenommen, wenn die Übernachtungsrechnung auf den Arbeitgeber ausgestellt ist und dieser die Kosten tatsächlich ersetzt.

Verpflegungspauschalen

Eine Versteuerung erfolgt nicht, sofern der Preis der Mahlzeit inkl. Umsatzsteuer den Wert von 60,00 € nicht übersteigt und damit dem Mitarbeiter Verpflegungsmehraufwendungen gezahlt werden können. Stattdessen wird die Verpflegungspauschale kalendertäglich gekürzt, und zwar

- um 20 % für ein Frühstück sowie

- um jeweils 40 % für ein Mittag- oder Abendessen.

Dabei bezieht sich der Kürzungsprozentsatz auf den für diese Reise anzusetzenden vollen Tagessatz bei 24-stündiger Abwesenheit - sowohl bei Inlands- als auch bei Auslandsreisen. Ist auf der Rechnung nicht erkennbar, ob ein Frühstück enthalten war oder nicht, so ist - im Gegensatz zu Inlandsreisen - bei Auslandsreisen davon auszugehen, dass kein Frühstück enthalten war, wenn der Arbeitnehmer dies handschriftlich auf dem Übernachtungsbeleg vermerkt; die Hotelrechnung kann also in voller Höhe steuerfrei erstattet werden.

Beispiel
Übernachtung mit Frühstück im Ausland

Herr Stein unternimmt eine zweitägige Dienstreise nach Paris und übernachtet dort. Er legt mit seiner Reisekostenabrechnung eine Hotelrechnung über 120,00 € für eine Übernachtung mit Frühstück vor.

Die Kosten der Auslandsübernachtung mit Frühstück können wie folgt steuerfrei erstattet werden:

Rechnungsbetrag lt. Beleg	120,00 €
Anreisetag	39,00 €
Abreisetag	39,00 €
abzgl. Frühstück	
anzusetzen mit 20 % des Tagessatzes für	
Verpflegungsmehraufwendungen für Paris (58,00 €)	-11,60 €
steuerfrei ersetzbare Kosten	**186,40 €**

Übernachtungspauschale

Können die Übernachtungskosten nicht im Einzelnen nachgewiesen werden, kann der Arbeitgeber auch bei Auslandsreisen einen **Pauschalbetrag steuerfrei** ersetzen. Die Höhe des Pauschalbetrages hängt vom jeweiligen Übernachtungsland ab und ist dem aktuellen Bundessteuerblatt zu entnehmen. Für dort nicht aufgeführte Länder und Gebiete gelten die Sätze von Luxemburg. Übernachtungspauschalen können selbstverständlich nicht geltend gemacht werden, wenn die Unterkunft vom Arbeitgeber oder aufgrund des Arbeitsverhältnisses von einem Dritten kostenlos oder verbilligt zur Verfügung gestellt wurde.

9.3 Reisenebenkosten bei Auslandsreisen

Neben den auch für Inlandsreisen anerkannten Reisenebenkosten sind für Auslandsreisen zusätzlich unter Anderem folgende Reisenebenkosten erstattungsfähig:

▓ Wechselkursdifferenzen: z. B. bei schlechterem Wechselkurs im Hotel, bei Gebühren für den Auslandseinsatz der Kreditkarte, bei Umtauschgebühren für die Beschaffung von ausländischer Währung etc.

▓ Visagebühren zur Einreise in das jeweilige Land

Dagegen können folgende Kosten nicht steuerfrei erstattet werden, auch wenn sie durch die Auswärtstätigkeit verursacht wurden:

▓ Auslandskrankenversicherung - auch dann nicht, wenn sie ausschließlich für die Auswärtstätigkeit gilt

▓ Waschen von Wäsche während einer längeren Auslandsreise

Praxisaufgaben

Die Lösungen finden Sie unter https://www.edumedia.de/verlag/loesungen.

Wissenskontrollfragen

1) Definieren Sie den Begriff Auswärtstätigkeit.

2) Was versteht man unter einer ersten Tätigkeitsstätte? Wie viele erste Tätigkeitsstätten kann ein Arbeitnehmer haben?

3) Was besagt die so genannte Dreimonatsfrist für Verpflegungsmehraufwendungen?

4) Welche Tagessätze zur steuerfreien Erstattung von Verpflegungsmehraufwendungen sind bei Auswärtstätigkeiten im Ausland anzuwenden, wenn das betreffende Land nicht in der vom Bundesministerium der Finanzen veröffentlichten Liste der Tagessätze aufgeführt ist?

Übung 1

Herr Schröder ist Busfahrer der städtischen Verkehrsbetriebe in Teilzeit. Er übernimmt seinen Bus immer an wechselnden Stellen im Stadtgebiet, und der Arbeitgeber hat weder im Arbeitsvertrag noch in anderen Unterlagen eine Zuordnung des Arbeitnehmers zu einer ersten Tätigkeitsstätte getroffen. Jeweils freitags muss Herr Schröder zum Betriebshof fahren, um dort abzurechnen. Üblicherweise ist er täglich, je nachdem, wo er seinen Bus abholt, zwischen 8,5 und 10,5 Stunden seiner Wohnung fern. Die tägliche Arbeitszeit in seinem Bus beträgt inkl. Pausen 7 Stunden.

a) Hat Herr Schröder eine erste Tätigkeitsstätte? Begründen Sie Ihre Feststellung.

....

....

b) In welcher Höhe kann der Arbeitgeber Herrn Schröder für diese Tage steuerfreie Reisekostenerstattungen gewähren?

....

....

Übung 2

Ein Außendienstmitarbeiter sucht im Rahmen einer eintägigen Dienstreise zunächst einen Kunden in Frankreich und danach einen Lieferanten in Luxemburg auf. Er fährt mit dem Dienstwagen um 7:00 Uhr von zu Hause los und kehrt um 22:00 Uhr zurück.

◆ Welche Verpflegungsmehraufwendungen kann der Arbeitgeber für diesen Tag steuerfrei ersetzen?

....

....

10

Doppelte Haushaltsführung und Umzugskosten

Dieses Kapitel beschäftigt sich mit der steuer- und sozialversicherungsrechtlichen Behandlung von Kostenerstattungen oder Sachbezügen, die der Arbeitgeber im Rahmen einer doppelten Haushaltsführung oder anlässlich eines beruflich bedingten Umzugs des Arbeitnehmers gewährt.

Inhalt

▧ Vorliegen einer doppelten Haushaltsführung

▧ Kostenerstattungen bei doppelter Haushaltsführung

▧ Anerkennung eines beruflich bedingten Umzugs

▧ Kostenerstattung bei Umzügen

10.1 Doppelte Haushaltsführung im In- und Ausland

Kostenerstattung

Wenn die Entfernung zwischen dem Wohn- und Arbeitsort eines Arbeitnehmers für eine tägliche Fahrt zu groß ist, bleibt dem Betroffenen häufig nichts anders übrig, als eine **zweite Wohnung** am Beschäftigungsort zu beziehen. Die durch eine daraus resultierende doppelte Haushaltsführung entstehenden Kosten kann der Arbeitgeber unter bestimmten Voraussetzungen **steuer- und beitragsfrei** erstatten. Auch Sachbezüge, die der Arbeitgeber zur doppelten Haushaltsführung gewährt - etwa die Bereitstellung einer Wohnung - sind aus steuerrechtlicher Sicht meist nicht als geldwerte Vorteile anzusehen. Für die Lohn- und Gehaltsabrechnung ist es daher notwendig, zunächst zu prüfen, ob eine im steuerrechtlichen Sinne anerkannte doppelte Haushaltsführung überhaupt vorliegt, und welche Kostenerstattungen und Sachbezüge des Arbeitgebers letztlich steuerfrei bleiben können.

10.1.1 Anerkennung einer doppelten Haushaltsführung

Bedingungen

Eine steuerrechtlich anerkannte doppelte Haushaltsführung liegt vor, wenn:

- die Hauptwohnung am eigentlichen Wohnsitz einen eigenen Hausstand darstellt
- der Arbeitnehmer am auswärtigen Beschäftigungsort eine zusätzliche Wohnung unterhält
- die doppelte Haushaltsführung aus beruflichen Gründen notwendig ist, und
- die Tätigkeit nicht als Auswärtstätigkeit anzusehen ist (*siehe Kapitel 9*).

Dabei ist es unerheblich, über welchen Zeitraum hinweg die doppelte Haushaltsführung gegeben ist.

Eigener Hausstand

Eine wesentliche Voraussetzung zur Anerkennung der doppelten Haushaltsführung ist der Unterhalt eines eigenen Hausstandes **in der Hauptwohnung** am eigentlichen Wohnsitz. Ein eigener Hausstand liegt vor, wenn zumindest folgende Bedingungen erfüllt sind:

- Bei der Hauptwohnung handelt es sich um eine eingerichtete, den Lebensbedürfnissen des Nutzers entsprechende Wohnung.

- Der Arbeitnehmer bestimmt die Haushaltsführung in dieser Wohnung wesentlich mit und beteiligt sich auch finanziell an den Kosten der Haushaltsführung. Bei Ehe- oder Lebenspartnern kann das ohne Nachweis vermutet werden; in anderen Fällen muss ggf. nachgewiesen werden, dass die Beteiligung mehr als 10 % der monatlichen Haushaltskosten beträgt.

- Die Hauptwohnung ist der räumliche Mittelpunkt der Lebensführung des Arbeitnehmers. Dies ist grundsätzlich anzunehmen, wenn eine regelmäßige Heimfahrt erfolgt. In diesem Fall ist unerheblich, ob in der Hauptwohnung so genanntes hauswirtschaftliches Leben herrscht, während der Arbeitnehmer am auswärtigen Tätigkeitsort weilt. Die Hauptwohnung kann während dieser Zeit also unbewohnt sein, z. B. wenn der Arbeitnehmer unverheiratet ist oder wenn er seinen Ehepartner an den auswärtigen Beschäftigungsort mitnimmt. Liegt die Hauptwohnung im Ausland und findet aufgrund der großen Entfernung keine regelmäßige Heimfahrt statt, kann sie dennoch als Lebensmittelpunkt anerkannt werden, wenn mindestens eine Heimfahrt im Kalenderjahr erfolgt (bei weit entfernten Ländern, z. B. Australien, genügt eine Heimfahrt in zwei Jahren) und in ihr hauswirtschaftliches Leben herrscht, an dem der Arbeitnehmer persönlich und finanziell beteiligt ist.

Zusätzliche Wohnung

Eine weitere grundlegende Voraussetzung zur steuerrechtlichen Anerkennung einer doppelten Haushaltsführung ist die Existenz einer zusätzlichen Wohnung am Beschäftigungsort. Der Begriff „Wohnung" wird dabei sehr großzügig interpretiert. Es wird im Grunde **jede zur Verfügung stehende Unterkunft** anerkannt: Wohnung (auch Eigentum), möbliertes Zimmer, Hotelzimmer, Gemeinschaftsunterkunft, Gleisbauzug, Schiffskajüte, Soldatenunterkunft in einer Kaserne etc.

Berufliche Veranlassung

Die dritte zwingende Voraussetzung zur Anerkennung einer doppelten Haushaltsführung ist, dass die Unterhaltung einer Wohnung am Beschäftigungsort aus **beruflichen Gründen** notwendig ist. Genauer gesagt: Die berufliche Tätigkeit muss eine Aufteilung, der ansonsten einheitlichen Haushaltsführung, auf zwei verschiedene Wohnungen erforderlich machen. Dies ist der Fall, wenn:

- der Arbeitnehmer erstmalig eine Arbeitsstelle am Beschäftigungsort antritt oder
- der Arbeitnehmer durch seinen Arbeitgeber dauerhaft an einen anderen Beschäftigungsort versetzt wird.

Dabei ist es unerheblich, wie oft sich der Arbeitnehmer tatsächlich in der Zweitwohnung aufhält bzw. dort übernachtet, die Wohnung muss ihm jedoch die ganze Zeit zur Verfügung stehen.

10.1.2 Ersatzleistungen bei der doppelten Haushaltsführung

Liegt nach steuerrechtlichen Kriterien eine doppelte Haushaltsführung vor *(zur Anerkennung einer doppelten Haushaltsführung siehe Kapitel 10.1.1)*, kann der Arbeitgeber folgende Aufwendungen, die dem Arbeitnehmer durch die doppelte Haushaltsführung entstehen, **steuer- und beitragsfrei** erstatten:

Steuerfreie Erstattungen

- Fahrt- oder Telefonkosten
- Verpflegungsmehraufwendungen
- Übernachtungskosten
- Umzugskosten *(siehe Kapitel 10.2)*

Anstelle eines Kostenersatzes kann der Arbeitgeber auch gleichwertige **Sachbezüge steuer- und beitragsfrei** zur Verfügung stellen - häufig sorgt der Arbeitgeber beispielsweise für eine Unterkunft, sodass der Arbeitnehmer nicht selbst eine Wohnung anmieten muss.

Steuerfreie Sachbezüge

Erstattung von Fahrtkosten

Der Arbeitgeber kann dem Arbeitnehmer folgende Fahrtkosten, die im Rahmen einer doppelten Haushaltsführung stattgefunden haben, **steuer- und beitragsfrei erstatten**:

- **Erste und letzte Fahrt**
  Zu Beginn der doppelten Haushaltsführung können die Aufwendungen für die erste Hinfahrt und bei der Beendigung der doppelten Haushaltsführung können die Aufwendungen für die letzte Rückfahrt mit dem Reisekostensatz von 0,30 € pro gefahrenem Kilometer oder die nachgewiesen tatsächlichen entstandenen Kosten bei der Nutzung öffentlicher Verkehrsmittel steuer- und beitragsfrei erstattet werden.

■ **Familienheimfahrten**

Als Familienheimfahrt wird die Fahrt von der Zweitwohnung am Ort der ersten Tätigkeitsstätte zum Ort des Hauptwohnsitzes mit eigenem Hausstand (Erstwohnung) und zurück bezeichnet.

Der Arbeitgeber kann dem Arbeitnehmer pro Woche die Aufwendungen für eine Familienheimfahrt mit den Entfernungspauschalen oder den nachgewiesen tatsächlich entstandenen Kosten bei Nutzung öffentlicher Verkehrsmittel steuer- und beitragsfrei erstatten.

Bei wöchentlichen Familienheimfahrten mit öffentlichen Verkehrsmitteln besteht die Wahlmöglichkeit zwischen dem Ansatz der Entfernungspauschalen oder den tatsächlichen Kosten. Fährt der Arbeitnehmer **mehr als einmal** pro Woche nach Hause, kann der Arbeitgeber die Kosten für eine zweite oder weitere Familienheimfahrten nicht steuerfrei ersetzten.

Familienheimflüge

Bei Familienheimflügen dürfen nur die **tatsächlichen Kosten** angesetzt werden; ein Ansatz der Entfernungspauschalen ist nicht erlaubt.

Nutzung von Firmenwagen

Nutzt ein Arbeitnehmer einen Firmenwagen für Familienheimfahrten, erfolgt die Abrechnung im Rahmen der **Privatnutzung von Firmenfahrzeugen**. Dabei ist eine Familienheimfahrt pro Woche nicht als privater Nutzwert zu erfassen. Jede weitere Familienheimfahrt aber ist je nach angewendeter Berechnungsmethode entweder mit 0,002 % des Inlandsbruttolistenneuwagenpreises pro Entfernungskilometer (bei 1 %-Regelung) oder mit dem anhand der Kostenmethode ermittelten Kilometersatz pro gefahrenem Kilometer als steuerpflichtiger Sachbezug anzurechnen.

Fahrten zwischen Zweitwohnung und Tätigkeitsstätte

Für Fahrten zwischen der Zweitwohnung am Beschäftigungsort und der dortigen Tätigkeitsstätte können keine Kosten im Rahmen der doppelten Haushaltsführung geltend gemacht werden. Hier sind die üblichen Bestimmungen für **Fahrten zwischen Wohnung und Tätigkeitsstätte** anzuwenden.

Erstattung von Telefonkosten

Telefongespräch statt Heimfahrt

Anstelle einer wöchentlichen Heimfahrt können auch die Kosten für **ein Telefongespräch pro Woche** steuerfrei ersetzt werden. Voraussetzung ist, dass in dieser Woche tatsächlich **keine Heimfahrt** erfolgt und das Telefonat mit Angehörigen geführt wird, die zum eigenen Haushalt gehören.

Ohne gesonderten Nachweis steuerfrei ersetzbar sind Aufwendungen für ein **15-minütiges Inlandsgespräch** (sowohl die Gesprächsgebühren als auch ein entsprechender Anteil der Grundgebühren). Für die Erstattung eines Gesprächs ins Ausland muss der Arbeitnehmer einen gesonderten Beleg beibringen.

Erstattung von Verpflegungsmehraufwendungen

Zwar muss der Arbeitnehmer zur Anerkennung einer doppelten Haushaltsführung einen eigenen Hausstand in der Wohnung am Beschäftigungsort unterhalten *(zum eigenen Hausstand siehe Kapitel 10.1.1)*; dies setzt jedoch nicht voraus, dass der Arbeitnehmer sich in dieser Wohnung durch entsprechende Koch- und Kücheneinrichtungen selbst versorgen kann. Daher ermöglicht der Gesetzgeber auch bei doppelter Haushaltsführung, analog zu Auswärtstätigkeiten, die **steuerfreie Erstattung** von Verpflegungsmehraufwendungen.

Als steuerfreie Erstattung wird dabei ein festgelegter Tagessatzes von derzeit **32,00 €** für jeden vollen Kalendertag der Abwesenheit von der Erstwohnung anerkannt. Für Tage der An- oder Abreise vermindert sich der Satz auf 16,00 €.

Abwesenheitsdauer	Pauschbetrag für Verpflegungsmehraufwendungen
am An- oder Abreisetag	16,00 €
für mindestens 24 Stunden	32,00 €

Hinweis: Einführung zu Verpflegungsmehraufwendungen siehe auch Lehrbuch für Einsteiger

Bei einer übersteigenden Zahlung über dem Pauschalbetrag für Verpflegungsmehraufwendungen muss der übersteigende Betrag immer individuell versteuert werden, nicht wie bei Auswärtstätigkeiten, wo die Möglichkeit besteht, die ersten übersteigenden 100 % des Pauschalbetrages mit 25 % pauschal zu versteuern. Hingegen ist auch bei der doppelten Haushaltsführung (wie bei Auswärtstätigkeiten) die Dreimonatsfrist zu beachten. Nach Ablauf von **drei Monaten** können Verpflegungsmehraufwendungen nicht mehr steuerfrei erstattet werden - auch nicht, wenn diese durch Belege nachgewiesen werden.

Die Dreimonatsfrist gilt für jede doppelte Haushaltsführung erneut. Wird ein neuer doppelter Haushalt eingerichtet, z. B. bei abermaligem Wechsel des Beschäftigungsortes, können erneut Verpflegungsmehraufwendungen für drei Monate steuerfrei erstattet werden. Gleiches gilt, wenn die Tätigkeit am auswärtigen Beschäftigungsort aus beruflichen Gründen um **mindestens vier Wochen unterbrochen** wird. In diesem Fall beginnt bei Wiederaufnahme der Tätigkeit am auswärtigen Ort eine neue Dreimonatsfrist.

Die Zeiten einer vorangegangenen Auswärtstätigkeit am selben Beschäftigungsort sind auf die Dauer der drei Monate anzurechnen. Führt der Arbeitnehmer während dieser Phase der doppelten Haushaltsführung eine zusätzliche Auswärtstätigkeit durch, ist diese gesondert zu behandeln.

Dreimonatsfrist

Herr Keller, wohnhaft in Freiburg, ist seit dem 01.03. bei einer Zweigniederlassung in Frankfurt/Oder (Bundesland Brandenburg) unbefristet tätig und übernachtet in einer dem Arbeitgeber gehörenden Unterkunft. Ab 01.05. arbeitet er jedoch vorübergehend in der Hauptstelle in Freiburg und wohnt daher zu Hause. Am 01.06. kehrt er wieder zur Zweigniederlassung in Frankfurt/Oder zurück.

In der Zeit vom 01.03. bis 30.04. kann Herr Keller seine Verpflegungsmehraufwendungen aufgrund der bestehenden doppelten Haushaltsführung erhalten. In der Zeit vom 01.05. bis 31.05. kann Verpflegungsmehraufwand aufgrund einer Auswärtstätigkeit erstattet werden, da Herr Keller dem Hauptsitz nicht zuzuordnen ist. Ab 01.06. können ihm erneut für drei Monate Verpflegungsmehraufwendungen steuerfrei erstattet werden, da die doppelte Haushaltsführung für mehr als vier Wochen unterbrochen wurde.

Beispiel
Verpflegungsmehraufwendungen bei doppelter Haushaltsführung

Erstattung von Übernachtungskosten

Neben den Kosten für Familienheimfahrten und Verpflegung stellen die Aufwendungen für die **zusätzliche Unterkunft** (z. B. Mietkosten einer Wohnung) die wohl größte finanzielle Belastung des Arbeitnehmers während einer doppelten Haushaltsführung dar. Die im Rahmen einer doppelten Haushaltsführung entstehenden Übernachtungskosten können daher auch in gewissem Umfang durch den Arbeitgeber steuer- und sozialversicherungsfrei erstattet werden. Häufig stellen Arbeitgeber eine Unterkunft am auswärtigen Beschäftigungsort kostenfrei zur Verfügung. Ein solcher Sachbezug ist im Rahmen der doppelten Haushaltsführung nicht als geldwerter Vorteil zu werten und ist damit steuer- und sozialversicherungsfrei, wenn der Wert dieses Sachbezuges 1.000,00 € nicht überschreitet. Da es sich um einen Freibetrag handelt sind hingegen überschreitende Beträge als geldwerter Vorteil zu behandeln.

Nachweis von
Aufwendungen

Zur Feststellung, der maximal steuerfrei ersetzbaren Übernachtungskosten, ist es bedeutsam, ob diese durch Belege nachgewiesen werden können oder nicht. Übernachtungskosten, die anhand von **Belegen nachgewiesen** werden können, können zwar prinzipiell steuerfrei vom Arbeitgeber erstattet werden, seit 2014 gelten allerdings unterschiedliche Regelungen für Übernachtungskosten bei doppelter Haushaltsführung im In- oder Ausland:

- **Übernachtungen im Inland**
  Nachgewiesene Übernachtungskosten können **bis zu einer Höhe von 1.000,00 €** monatlich steuerfrei erstattet werden.

- **Übernachtungen im Ausland**
  Nachgewiesene Übernachtungskosten können **in voller Höhe** erstattet werden. Allerdings muss hier der realistisch notwendige Rahmen geprüft werden. Als Richtwert dient dabei eine ortsübliche Miete für eine in Lage und Ausstattung vergleichbare Wohnung, die eine Fläche von 60 m2 nicht überschreiten darf.

Können die tatsächlichen Aufwendungen für Übernachtungen **nicht** anhand von Belegen (Einzelnachweisen) **nachgewiesen** werden, sind festgelegte **Erstattungspauschalen** - analog zu Auswärtstätigkeiten - anzuwenden. Während der ersten drei Monate einer doppelten Haushaltsführung sind 20,00 € pro Übernachtung im Inland (für Auslandsübernachtungen ein entsprechender Ländersatz) steuerfrei. Ab dem vierten Monat können nur noch 5,00 € pro Übernachtung (für Auslandsübernachtungen 40 % des Ländersatzes) steuerfrei erstattet werden. Zwingende Voraussetzung einer steuerfreien Erstattung bleibt jedoch auch bei Verwendung der Pauschalen, dass dem Arbeitnehmer **tatsächlich** Übernachtungskosten entstanden sind. Stellt der Arbeitgeber beispielsweise eine Unterkunft zur Verfügung, kann der Arbeitnehmer auch keine Kosten geltend machen.

Wechseln des
Abrechnungsverfahrens

Anders als bei Auswärtstätigkeiten ist während einer doppelten Haushaltsführung kein Wechseln des Abrechnungsverfahrens zwischen einem beleggestützten Einzelnachweis und der Anwendung von Pauschalsätzen ohne Weiteres möglich. Ein Wechsel ist nur zulässig, wenn eine neue doppelte Haushaltsführung vorliegt, oder für eine laufende doppelte Haushaltsführung jeweils zu Beginn eines Kalenderjahres.

10.1.3 Eintragung auf der Lohnsteuerbescheinigung

Erstattet der Arbeitgeber die Kosten einer doppelten Haushaltsführung nicht, kann der Arbeitnehmer die Aufwendungen unter Umständen in seiner persönlichen Einkommensteuererklärung geltend machen. Um zu verhindern, dass bereits erstattete Aufwendungen noch einmal steuerlich geltend gemacht werden, ist der Arbeitgeber verpflichtet, den im Rahmen einer doppelten Haushaltsführung steuerfreien Kostenersatz auf der Lohnsteuerbescheinigung bzw. auf dem an die Finanzverwaltung zu übermittelnden Datensatz zu vermerken.

10.2 Umzugskosten

Heutzutage wird von Arbeitnehmern Mobilität und örtliche Flexibilität verlangt, sodass Umzüge immer häufiger **beruflich begründet** sind. Wenn ein Arbeitgeber die Kosten für einen solchen Umzug übernimmt oder entsprechende Aufwendungen des Arbeitnehmers erstattet, handelt es sich nicht um steuer- oder beitragspflichtigen Arbeitslohn.

10.2.1 Berufliche Veranlassung als Voraussetzung

Durch den Arbeitgeber erstattete Umzugskosten sind nur dann **steuer- und beitragsfrei**, wenn der Umzug aus **beruflichen Gründen** erfolgt ist. Eine berufliche Veranlassung liegt stets dann vor, wenn eine der folgenden Bedingungen zutrifft:

Bedingungen

- Die Zeit, die der Arbeitnehmer für die Hin- und Rückfahrt zwischen Wohnung und erster Tätigkeitsstätte benötigt, **verringert** sich durch den Umzug um mindestens **eine Stunde**. Maßgeblich ist dabei die einmalige tägliche Hin- und Rückfahrt - mehrfache Fahrten (z. B. Heimfahrten während der Mittagspause) werden nicht mitgerechnet. Verringert sich die Fahrtzeit nur um weniger als eine Stunde, kann der Umzug trotzdem als beruflich bedingt anerkannt werden, wenn dadurch die erste Tätigkeitsstätte in akzeptabler Zeit zu Fuß erreichbar geworden ist.

- Der Umzug liegt im überwiegenden **Interesse des Arbeitgebers**. Dies kann z. B. beim Beziehen oder Räumen einer Dienstwohnung der Fall sein, oder wenn der Arbeitgeber aus betrieblichen Gründen verlangen kann, dass der Arbeitnehmer in die unmittelbare Nähe der ersten Tätigkeitsstätte zieht.

- Bei beruflich bedingter **doppelter Haushaltsführung** wird eine Zweitwohnung bezogen oder aufgegeben.

10.2.2 Kostenersatz bei Inlandsumzügen

Maßgebend für die Art und Höhe der Umzugskosten, die vom Arbeitgeber steuer- und beitragsfrei erstattet werden können, ist das Gesetz über die Umzugskostenvergütung (BUKG). Darin sind folgende erstattungsfähige Kosten aufgeführt:

- Beförderungsauslagen
- Reisekosten
- doppelte Mietzahlungen, Mietentschädigungen
- Maklergebühren
- Kosten für zusätzlichen Unterricht der Kinder

Der Arbeitnehmer hat zur Begründung einer steuerfreien Erstattung nachzuweisen, dass diese Kosten tatsächlich entstanden sind. Die entsprechenden Belege hat der Arbeitgeber zu den **Lohnunterlagen** zu nehmen. Über diese tatsächlich entstandenen und nachweisbaren Kosten hinaus kann, außer bei einer doppelten Haushaltsführung, ein **Pauschalbetrag** für sonstige Umzugsauslagen steuerfrei erstattet werden.

Nachweise

Erstattung von Beförderungsauslagen

Der Arbeitgeber kann, die für den **Transport des Umzugsgutes** von der alten in die neue Wohnung tatsächlich angefallenen Auslagen, steuerfrei ersetzen.

Umzugsgut

Als Umzugsgut gelten neben der Wohnungseinrichtung auch andere **bewegliche Gegenstände**, z. B. Fahrräder, Rasenmäher, Moped etc. sowie Haustiere des umziehenden Arbeitnehmers und der Personen, die mit ihm in häuslicher Gemeinschaft leben.

Transportkosten

Als Transportaufwendungen werden die Kosten für ein Umzugsunternehmen einschließlich den Aufwendungen für das Ein- und Auspacken, Beladen, den Transport selbst und eine Transportversicherung anerkannt. Wird der Umzug nicht durch eine Umzugsfirma durchgeführt, sondern vom Arbeitnehmer selbst organisiert, können die tatsächlich entstandenen Kosten, wie zum Beispiel die Miete für einen Lkw oder die Bezahlung von Umzugshelfern, geltend gemacht werden - soweit sie nicht über den Aufwendungen liegen, die für eine Spedition angefallen wären. Die Nutzung eines privaten Pkw wird mit 0,30 € pro gefahrenen Kilometer anerkannt.

Erstattung von Reisekosten

Anerkannte Reisen

Entstehen dem Arbeitnehmer im Zusammenhang mit einem beruflich bedingten Umzug Reisekosten, können diese ebenfalls steuer- und beitragsfrei durch den Arbeitgeber erstattet werden. Für folgende Reisen des Arbeitnehmers und seiner Familie sind Fahrtkosten, Verpflegungsmehraufwendungen, Übernachtungskosten und Reisenebenkosten in Höhe der tatsächlich entstanden Aufwendungen bzw. im Rahmen, der bei Reisekostenabrechnungen üblichen Pauschalsätze, erstattungsfähig *(Einführung zu Reisekostenabrechnung siehe auch Lehrbuch für Einsteiger)*:

- Zur **Suche und Besichtigung** einer neuen Wohnung werden höchstens zwei Reisen für eine Person oder eine Reise für zwei Personen anerkannt. Tage- und Übernachtungsgeld wird je Reise für höchstens zwei Reisetage und zwei Aufenthaltstage gewährt (§ 7 Abs. 2 BUKG).

- Für die Reise zur **Vorbereitung und Durchführung** des Umzuges werden Fahrtkosten gemäß § 7 BUKG erstattet.

- Die Fahrt des Berechtigten (Arbeitnehmer) und seiner Familie vom alten Wohnort zum neuen Wohnort **im Zuge des Umzuges**. Anerkannt wird eine Fahrt und höchstens eine Übernachtung.

Längere Reisen

Gerade für die Suche einer neuen Wohnung an einem weiter entfernten Ort sind oftmals mehrere Reisen oder Reisen über mehrere Tage notwendig. Reicht die begrenzte Regelzeit nicht aus, sollten die Reisen genau dokumentiert werden, um auch über die oben genannten Grenzen hinausgehende Reisekostenerstattungen steuerfrei zu ermöglichen.

Erstattung doppelter Mietzahlungen

Im Rahmen von Wohnungswechseln kommt es immer wieder zu Doppelzahlungen von Miete, weil aufgrund von Kündigungsfristen für einige Wochen oder Monate die alte und die neue Wohnung gleichzeitig gemietet sind bzw. bleiben müssen. Als Umzugskosten anerkannt und somit steuer- und beitragsfrei erstattungsfähig sind daher folgende Aufwendungen für **Wohnungen und Garagen** in ihrer tatsächlichen Höhe:

- Für längstens **sechs Monate** die Miete, die aufgrund von Kündigungsfristen für die alte Wohnung weiter zu zahlen ist, wenn zugleich bereits Miete für die neue Wohnung bezahlt wird. Die alte Wohnung darf in dieser Zeit aber **nicht weitervermietet** oder anderweitig genutzt werden.

- Die notwendigen Auslagen für das Weitervermieten der alten Wohnung innerhalb der restlichen Mietvertragslaufzeit bis zu einem Höchstbetrag von einer Monatsmiete.

- Für längstens **drei Monate** die Miete, die aufgrund der Wohnungsmarktlage für die neue Wohnung gezahlt werden muss, obwohl sie noch nicht bewohnt wird, wenn zugleich Miete für die alte Wohnung gezahlt wird.

Hat der Arbeitnehmer bisher in seinem eigenen **Haus oder seiner Eigentumswohnung** gelebt, wird anstelle der Miete der ortsübliche Mietwert der Wohnung anerkannt. Soweit die Wohnung in dieser Zeit nicht anderweitig vermietet oder genutzt wird, kann eine entsprechende **Mietentschädigung** für längstens ein Jahr steuerfrei gezahlt werden. Mietentschädigungen für eine neue Wohnung im eigenen Haus oder eine neue Eigentumswohnung sind dagegen als steuerpflichtiger Arbeitslohn zu behandeln (§ 8 Abs. 3 BUKG).

Wohneigentum

Erstattung von Maklergebühren

In vielen Städten und Regionen ist es bei der Wohnungssuche aus praktischen Gründen unumgänglich, einen Makler einzuschalten. Als steuerfrei ersetzbare Umzugskosten werden daher auch die Maklergebühren zur **Vermittlung einer Mietwohnung** in ihrer tatsächlich angefallenen Höhe anerkannt.

Maklergebühren für die Vermittlung eines eigenen Hauses, Grundstückes oder einer Eigentumswohnung gelten dagegen nicht als Umzugskosten, da sie als Anschaffungsaufwendungen für privates Immobilieneigentum gewertet werden, die nicht zwingend durch den beruflich bedingten Umzug begründet sind. Ein steuerfreier Ersatz solcher Maklergebühren ist auch dann nicht möglich, wenn vergleichbare Kosten für die Vermittlung einer entsprechenden Mietwohnung angefallen wären.

Erstattung von Unterrichtskosten für die Kinder

Müssen die Kinder eines Arbeitnehmers (Berechtigten) umzugsbedingt zusätzlich unterrichtet werden, können die dafür anfallenden Kosten bis zu einem Höchstbetrag gemäß § 9 Abs. 2 BUKG steuerfrei erstattet werden.

Der Höchstbetrag betragt pro Kind:

- ab dem 01.04.2022 = 1.181,00 €

- ab dem 01.03.2024 = 1.286,00 €

Pauschalbetrag für sonstige Umzugsauslagen

Neben den nachgewiesen Umzugskosten fallen bei einem Umzug auch eine Vielzahl von relativ geringen Kosten an, z. B. Anschlussgebühren für Rundfunk, Fernsehen, Telefon oder Anmeldegebühren. Für derartige Aufwendungen (sonstige Umzugsauslagen) kann der Arbeitgeber dem Arbeitnehmer (Berechtigter) einen Pauschalbeträge zusätzlich zu den nachgewiesenen Umzugsauslagen gewähren. Maßgeblich ist der Tag vor dem Einladen des Umzugsgutes.

Die Pauschalbeträge betragen:

- für Berechtigte (§ 10 Abs. 1 Satz 2 Nr. 1 BUKG)

Pauschalbeträge

ab 01.04.2022	ab 01.03.2024
886,00 €	964,00 €

- für jede weitere Person (Ehegatten, Lebenspartner, ledige Kinder, Stief-/Pflegekinder)

ab 01.04.2022	ab 01.03.2024
590,00 €	643,00 €

Sonderregelungen

Hatte ein Berechtigter am Tage vor dem Einladen des Umzugsgutes keine eigene Wohnung (z. B. ein Auszubildender, der bisher bei den Eltern gewohnt hat) oder wenn ein Berechtigter nach dem Umzug keine Wohnung haben wird, kommt ein Pauschalbetrag gemäß § 10 Abs. 2 BUKG zum Ansatz.

Der Pauschbetrag beträgt:

- ab dem 01.04.2022 177,00 €

- ab dem 01.03.2024 193,00 €

Höhere Kosten

Entstehen dem Arbeitnehmer sonstige Umzugsauslagen, die den Pauschalbetrag übersteigen, können stattdessen folgende **nachgewiesene** Kosten steuerfrei ersetzt werden:

- umzugsbedingte Anschlusskosten (Installation und Deinstallation von Elektro-, Sanitär- und Heizungsgeräten)

- doppelte Telefon-Grundgebühren

- Ummeldegebühren für ein Kfz

- Gebühren für die Änderung von Ausweisen

- Renovierungskosten der alten Wohnung

Maßgebend für die Beträge ist das Datum, zu welchem der Umzug beendet wurde.Folgende Aufwendungen können dagegen nicht steuerfrei ersetzt werden:

- Renovierungskosten der neuen Wohnung

- Im Zusammenhang mit dem Verkauf des alten Eigenheims entstehende Kosten oder ein dadurch entstehender finanzieller Verlust

10.2.3 Kostenersatz bei Auslandsumzügen

Auch bei **beruflich bedingten Auslandsumzügen** kann der Arbeitgeber dem Arbeitnehmer entsprechende Aufwendungen steuer- und beitragsfrei erstatten. Dies trifft sowohl auf Umzüge vom Inland ins Ausland, vom Ausland ins Inland als auch auf Umzüge innerhalb des Auslands zu. Die maßgebenden Regelungen der Auslandsumzugskostenverordnung (AUV) entsprechen im Wesentlichen den Festlegungen des Bundesumzugskostengesetzes (BUKG). In der **tatsächlich angefallenen** Höhe können bei entsprechendem Nachweis folgende Aufwendungen steuerfrei ersetzt werden:

- Beförderungsauslagen

- Kosten für das Ein- und Auspacken, die Lagerung und die Unterstellung des Umzugsgutes

- Reisekosten

- doppelte Mietzahlungen

- Auslagen zur Erlangung einer Wohnung (z. B. Maklergebühren)

- Kosten für zusätzlichen Unterricht der Kinder

- Anschaffungskosten für technische Geräte

- Aufwendungen zum Instandsetzen von Wohnungen

Über diese im Einzelnen nachzuweisenden Kosten kann auch bei Auslandsumzügen zusätzlich der Pauschalbetrag für sonstige Umzugsauslagen steuerfrei erstattet werden.

Pauschalbeträge bei Auslandsumzügen

Die steuerfrei ersetzbaren Pauschalbeträge für sonstige Umzugsaufwendungen sind in der AUV gegenüber dem BUKG an die Erfordernisse eines Auslandsumzuges angepasst. Bei Auslandsumzügen können folgende **Umzugspauschalen** gemäß § 18 AUV steuerfrei erstattet werden:

Berechnungsgrundlagen:

- ab 01.04.2022 5.904,36 €
- ab 01.03.2024 6.427,89 €

	Umzug von Deutschland in ein EU-Land	Umzug von Deutschland in ein Nicht-EU-Land
ab 01.04.2022		
für den Arbeitnehmer	20 % = 1.181,00 €	21 % = 1.240,00 €
für Ehegatte und Lebenspartner	19 % = 1.122,00 €	21 % = 1.240,00 €
für Kinder	10 % = 590,00 €	14 % = 827,00 €
für jede weitere im Haushalt lebende Person (außer den oben genannten Personen)	7 % = 413,00 €	10,5 % = 620,00 €
ab 01.03.2024		
für den Arbeitnehmer	20 % = 1.286,00 €	21 % = 1.350,00 €
für Ehegatte und Lebenspartner	19 % = 1.221,00 €	21 % = 1.350,00 €
für Kinder	10 % = 643,00 €	14 % = 900,00 €
für jede weitere im Haushalt lebende Person (außer den oben genannten Personen)	7 % = 450,00 €	10,5 % = 675,00 €

Die Pauschalen werden kaufmännisch auf volle Euro gerundet.

Bei einem Rückumzug aus dem Ausland nach Deutschland erhält die berechtigte Person 80 % des Pauschalbetrages. Bei einem Umzug am ausländischen Wohnort erhält die berechtigte Person 60 % des Pauschalbetrages.

Geminderte Pauschbeträge

10.2.4 Umzug im Rahmen einer doppelten Haushaltsführung

Als **beruflich veranlasst** gelten auch Umzüge, die im Rahmen einer doppelten Haushaltsführung dazu führen, dass eine bestehende Zweitwohnung am auswärtigen Beschäftigungsort bezogen oder aufgegeben wird. Der Arbeitgeber kann die entstandenen Aufwendungen wie beschrieben steuerfrei ersetzen.

Zu beachten ist jedoch, dass für sonstige Umzugsauslagen kein Pauschalbetrag *(siehe Kapitel 10.2.3)* steuerfrei erstattet werden kann, sondern stets Einzelnachweise erforderlich sind. In diesem Zusammenhang ist allerdings zu sehen, dass das Aufgeben einer Konstellation von Haupt- und Zweitwohnung und das entsprechende Beziehen einer anderen Wohnung am Beschäftigungsort zum Zwecke der Familienzusammenführung einen Umzug im Rahmen der doppelten Haushaltsführung darstellt.

Inlandsumzüge

In Abweichung zur Regelung bei Inlandsumzügen können bei Auslandsumzügen im Rahmen einer doppelten Haushaltsführung die Pauschalen gewährt werden. Ausgenommen sind jedoch Rückumzüge ins Ausland nach einer Unterbrechung im Inland. Für diese ist ein Kostenersatz nur nach Einzelnachweis möglich ist.

Auslandsumzüge

Praxisaufgaben

Die Lösungen finden Sie unter https://www.edumedia.de/verlag/loesungen.

Wissenskontrollfragen

1) Nennen Sie die drei Voraussetzungen einer steuerlich anerkannten doppelten Haushaltsführung.

2) Nennen Sie die vier Kostengruppen, die der Arbeitgeber bei einer doppelten Haushaltsführung steuerfrei erstatten kann.

3) Für wie viele Familienheimfahrten bei einer doppelten Haushaltsführung kann der Arbeitgeber die Fahrtkosten steuerfrei erstatten?

4) Welche Möglichkeiten hat der Arbeitgeber, die Fahrtkosten einer Familienheimfahrt oder eines Familienheimfluges bei doppelter Haushaltsführung steuerfrei zu erstatten?

5)

   a) Welche beiden Abrechnungswege stehen für die steuerfreie Erstattung von Übernachtungskosten bei einer doppelten Haushaltsführung zur Wahl?

   b) Unter welchen Umständen ist ein Wechsel zwischen den Abrechnungsmethoden möglich?

6) Nennen Sie drei Aspekte, aus denen sich die berufliche Veranlassung eines Umzugs begründen lässt.

7) Nennen Sie alle Arten von Umzugskosten, die vom Arbeitgeber steuer- und beitragsfrei erstattet werden können.

8) In welcher Höhe kann ein Pauschalbetrag für sonstige Umzugskosten im Rahmen eines beruflich bedingten Umzugs für einen ledigen Arbeitnehmer (Berechtigter) steuerfrei vom Arbeitgeber erstattet werden?

   a) Umzugstag 02.01. diesen Jahres

   b) Umzugstag 23.03. diesen Jahres

9) Vervollständigen Sie folgende Tabelle zu den steuerfrei ersetzbaren Pauschalbeträgen bei Auslandsumzügen im März diesen Jahres.

Umzugsmonat: März	Umzug von Deutschland in ein EU-Land	Umzug von Deutschland in ein Nicht-EU-Land
für den Arbeitnehmer		
für den Ehegatten oder Lebenspartner		
für Kinder		
für jede weitere im Haushalt lebende Person (außer den oben genannten Personen)		

Übung 1

Herr Rudolph begründet aufgrund einer neuen Arbeitsstelle eine doppelte Haushaltsführung. Seine Ehefrau verbleibt für die Zeit der Befristung des Arbeitsvertrages von einem Jahr in der alten Wohnung. Während der Probezeit von einem halben Jahr kann Herr Rudoph keinen Urlaub nehmen.

Der Arbeitgeber erstattet Herrn Rudolph folgende Kosten:

▒ 12 Monate Hotelkosten mit monatlich pauschal 300,00 €	3.600,00 €
▒ 30 Familienheimfahrten (einfache Wegstrecke 260 km) mit 100,00 € pro Heimfahrt	3.000,00 €
▒ Verpflegungsmehraufwand für 12 Monate mit 5,00 € pro Arbeitstag bei 210 Arbeitstagen	1.050,00 €

◆ Ermitteln Sie den steuerpflichtigen Teil der Kostenerstattungen.

Hinweis: Setzen Sie einen Kalendermonat ohne Urlaub mit 20 Arbeitstagen an. Für jeden Arbeitstag ist eine Übernachtung anzunehmen. Die Übernachtungskosten können nicht durch Belege nachgewiesen werden. Nehmen Sie für jeden Arbeitstag eine Abwesenheitsdauer von mindestens 8 Stunden an.

....

....

....

Übung 2

Frank Hessler beendet nach einem Jahr seine doppelte Haushaltsführung und zieht mit seiner Ehefrau an den 400 km entfernten neuen Beschäftigungsort. Am Umzugstag (10.08. diesen Jahres) haben er und seine Frau die alte Wohnung um 8:00 Uhr verlassen.

Der Arbeitgeber erstattet folgende Umzugskosten:

▒ Fahrtkosten für die Fahrt der Eheleute Hessler mit dem eigenen Pkw am Tag des Umzuges pauschal	100,00 €
▒ Verpflegungskosten	20,00 €
▒ nachgewiesene Speditionskosten	4.500,00 €
▒ 4 Monate Miete für die alte Wohnung wegen Einhaltung der Kündigungsfrist und doppelter Mietbelastung mit 600,00 € pro Monat	2.400,00 €
▒ Renovierung der neuen Wohnung	1.600,00 €
▒ Renovierung der alten Wohnung	1.200,00 €
▒ pauschale Umzugskosten	300,00 €

◆ Ermitteln Sie den steuerpflichtigen Teil der Kostenerstattungen.

....

....

....

Übung 3

Erstellen Sie die Gehaltsabrechnung für Herrn Peter Heilmann für den Monat Oktober. Er hat die Lohnsteuerabzugsmerkmale: IV/2,5/rk und ist freiwillig gesetzlich krankenversichert seit 2001. Seine Krankenkasse hat einen Zusatzbeitragssatz von 1,2 %. Er hat ein monatliches Gehalt von 6.200,00 €. Herr Heilmann hat eine Zweitwohnung, deren monatliche Miete 1.500,00 € beträgt. Sein Arbeitgeber (Bundesland Niedersachsen) gewährt ihm einen monatlichen Zuschuss in Höhe von 1.100,00 € zu seinen Mietkosten der Zweitwohnung. Der Mietzuschuss wird nicht mit der Lohnabrechnung ausgezahlt.

....

....

....

11

Prüfung von Lohnabrechnungen

In diesem Kapitel lernen Sie, wie zu verfahren ist, wenn Lohn- oder Gehaltsabrechnungen fehlerhaft waren und deshalb Steuern oder Beiträge nachgezahlt oder rückerstattet werden müssen. Darüber hinaus lernen Sie die verschiedenen Arten von staatlichen Prüfungen der Lohnabrechnung kennen, denen sich jeder Arbeitgeber zu unterziehen hat.

Inhalt

- Folgen von Fehlern in der Lohnabrechnung

- Lohnsteueraußenprüfung

- Betriebsprüfung

- Prüfung durch die Berufsgenossenschaft

- Künstlersozialabgaben

11.1 Folgen von Fehlern in der Lohnabrechnung

Dank des Einsatzes moderner Computersysteme kommen simple Rechenfehler in Lohn- und Gehaltsabrechnungen nur noch selten vor. Auf der anderen Seite gestaltet sich das Steuer- und Sozialversicherungsrecht immer komplizierter, so dass es zu Fehlern bei der Bestimmung der jeweils **richtigen Bemessungsgrundlage** kommen kann. Welche Bezüge sind steuerpflichtig und welche beitragspflichtig? Welche Freibeträge sind zu berücksichtigen? Welche Geldwerte haben bestimmte Sachbezüge?

Fehlerhafte Lohn- und Gehaltsabrechnungen können steuer- und sozialversicherungsrechtliche Folgen haben.

11.1.1 Steuerrechtliche Folgen von Fehlern in der Lohn- und Gehaltsabrechnung

Ausgleich von Steuerzahlungen

Kommt es durch eine fehlerhafte Gehaltsabrechnung zu einer Über- oder Unterzahlungen von Steuern (Lohnsteuer, Solidaritätszuschlag, Kirchensteuer) kann der Arbeitgeber, die zu viel oder zu wenig gezahlten Steuern durch eine Korrekturabrechnung des betreffenden Monates korrigieren.

Haftungsbefreiende Anzeige § 41c Abs. 4 EStG

Nach der Übermittlung der elektronischen Lohnsteuerbescheinigung an das Betriebsstättenfinanzamt kann der Arbeitgeber keine Korrekturabrechnungen mehr durchführen. Der Arbeitgeber muss Fälle, in denen er die Steuern nicht nachträglich einbehalten kann, dem Betriebsstättenfinanzamt unverzüglich nach Feststellung anzeigen, damit das Betriebsstättenfinanzamt die zu wenig einbehaltenen Steuern vom Arbeitnehmer nachfordern kann. Wurden zu viele Steuern einbehalten bekommt der Arbeitnehmer die zu viel einbehaltenen Steuern im Rahmen einer Einkommensteuerveranlagung zurück.

Haftung des Arbeitgebers

Grundsätzlich ist der Arbeitnehmer **Schuldner** der Steuern. Dennoch kann sich das Betriebsstättenfinanzamt bei zu wenig gezahlter Steuer zunächst an den Arbeitgeber wenden, da dieser eine Einbehaltungs- und Abführungspflicht hat.

Erstattung durch den Arbeitnehmer

In der Regel wird sich der Arbeitgeber eine Steuernachzahlung, die er an das Betriebsstättenfinanzamt zu leisten hatte, **vom Arbeitnehmer erstatten** lassen. Hierbei muss der Arbeitgeber jedoch unter Umständen tarifvertragliche Ausschlussfristen beachten. Übernimmt der Arbeitgeber die Steuerschuld des Arbeitnehmers, stellt diese Entlastung dann wiederum einen **geldwerten Vorteil** dar, der entsprechend vom Arbeitnehmer versteuert werden muss.

Pauschalierte Lohnsteuer

Bei einer Pauschalierung der Lohnsteuer ist der **Arbeitgeber alleiniger Steuerschuldner** - unabhängig davon, ob er die Pauschalsteuer auf den Arbeitnehmer abgewälzt hat oder nicht. Ist die Lohnsteuer auf den Arbeitnehmer abgewälzt worden, kann der Arbeitgeber im Innenverhältnis zum Arbeitnehmer verlangen, dass dieser ihm die anteilige Steuerrückerstattung erstattet.

Steuerhaftung

Nach § 42d EStG haftet der Arbeitgeber gegenüber dem Betriebsstättenfinanzamt für die Steuern (Lohnsteuer, Solidaritätszuschlag, Kirchensteuer), die er im Rahmen der Lohn- und Gehaltsabrechnung zu wenig einbehalten bzw. abgeführt oder im Rahmen des Lohnsteuer-Jahresausgleiches zu viel erstattet hat. Arbeitgeber und Arbeitnehmer sind also als Haftender und Schuldner zusammen und die **Gesamtschuldner** der Lohnsteuer.

Ausdrücklich von der Haftung ausgeschlossen ist der Arbeitgeber, wenn

Haftungsausschluss

- der Arbeitnehmer seiner Pflicht zur Änderung der Lohnsteuerabzugsmerkmale beim Wohnsitzfinanzamt entsprechend seiner persönlichen Lebensverhältnisse nicht nachgekommen ist

- oder der von Arbeitgeber geschuldete Auszahlungsbetrag nicht zur Deckung der Steuern ausreicht.

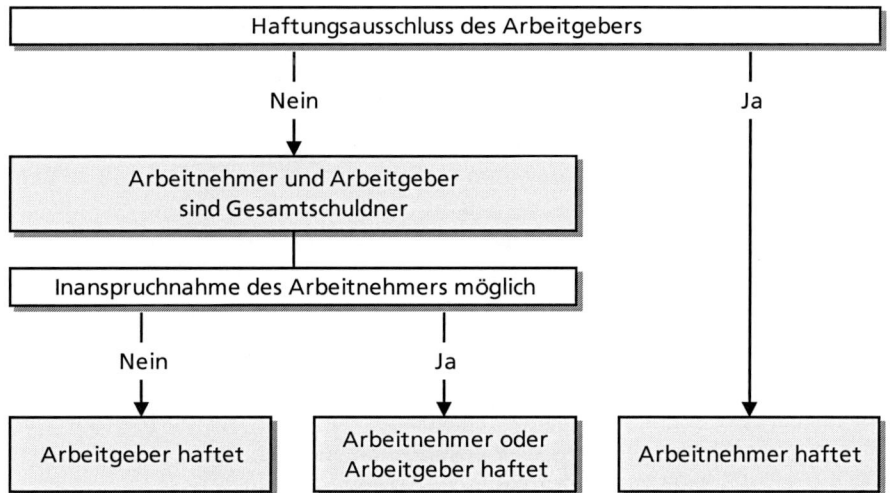

Der Arbeitgeber kann die Haftung außerdem ausschließen, indem er bei Zweifelsfällen eine Anrufungsauskunft nach § 42e EStG an das Betriebsstättenfinanzamt richtet. Bei diesem Verfahren legt der Arbeitgeber gegenüber dem Finanzamt den Sachverhalt dar und erhält hierauf eine **schriftliche Erklärung**, wie in dem speziellen Fall der Lohnsteuerabzug vorgenommen werden soll.

Anrufungsauskunft

Festsetzungsfristen/Verjährungsfristen bei Steuern

Für alle Steuern gibt es Festsetzungsfristen/Verjährungsfristen. Nach Ablauf der Festsetzungsfrist/Verjährungsfrist ist eine Steuerfestsetzung oder eine Aufhebung oder Änderung einer bestehenden Steuerfestsetzung nicht mehr zulässig. Die Festsetzungsfrist beginnt jeweils mit Ablauf des Kalenderjahrs, in dem die Steuer entstanden ist.

Für Steuern gemäß § 169 Abs. 2 Satz 2 AO (z.B. Lohnsteuer, Solidaritätszuschlag, Kirchensteuer) beträgt die Festsetzungsfrist 4 Jahre. Bei vorsätzlichen Steuerhinterziehungen beträgt die Festsetzungsfrist 10 Jahre.

11.1.2 Sozialversicherungsrechtliche Folgen von Fehlern in der Lohnabrechnung

Ausgleich von falschen Beitragszahlungen

Über- oder Unterzahlungen von Sozialversicherungsbeiträgen werden zumeist durch **Verrechnung mit nachfolgenden Zahlungen** ausgeglichen. Ist dies nicht möglich, können auch direkte **Rück- oder Nachzahlungen** erfolgen.

Beitragsschuldner und Erstattungsberechtigte

Außen- und Innenverhältnis

§ 28e Abs. 1 SGB IV legt fest, dass der Arbeitgeber den Gesamtsozialversicherungsbeitrag zu entrichten hat, d. h. sowohl die Arbeitgeber- als auch die Arbeitnehmeranteile. Im **Außenverhältnis** zur Einzugsstelle tritt der Arbeitgeber daher als **alleiniger Beitragsschuldner** auf. Bei zu wenig gezahlten Beiträgen tritt die Einzugsstelle mit ihren Forderungen und Zwangsmaßnahmen stets direkt an den Arbeitgeber heran. Erst im **Innenverhältnis** hat der Arbeitgeber das Recht, die Arbeitnehmeranteile des Gesamtsozialversicherungsbeitrages durch Abzug vom Arbeitsentgelt des Arbeitnehmers nachträglich einzubehalten (§ 28g SGB IV).

Gesetzliche Lastenverschiebung

Liegt der Abrechnungszeitraum, für den zu geringe Beiträge einbehalten wurden, jedoch mehr als **drei Monate** zurück, kann der Arbeitgeber nur dann noch nachträglich die Arbeitnehmerbeiträge einbehalten, wenn ihn selbst **keinerlei Verschulden** am fehlerhaften Abzug traf. Dies ist der Fall, wenn der Arbeitnehmer unrichtige oder unvollständige Angaben gemacht hat oder der Arbeitgeber durch den Sozialversicherungsträger eine unrichtige oder unvollständige Auskunft erhalten hat.

Zahlt der Arbeitgeber Arbeitnehmeranteile an die Einzugsstelle nach und fordert diese nicht vom Beschäftigten ein, obwohl er dazu berechtigt wäre, liegt ein **geldwerter Vorteil** vor.

Erstattung zu Unrecht gezahlter Beiträge

Etwas anders gestalten sich die Anspruchsberechtigungen bei Erstattung zu Unrecht bezahlter Beiträge, denn hier wird nicht zwischen Außen- und Innenverhältnis unterschieden.

Anspruchsberechtigt gegenüber der Einzugsstelle ist derjenige, der die Beiträge getragen hat und nicht der, der sie an die Einzugsstelle gezahlt hat. Danach hat der Arbeitgeber Anspruch auf Erstattung zu viel gezahlter Arbeitgeberbeiträge, der Arbeitnehmer auf zu viel gezahlte Arbeitnehmerbeiträge *(zur Erstattung von Beiträgen siehe auch Kapitel 2.3.1)*.

Der entsprechende Antrag auf Erstattung kann **getrennt** von einander oder **gemeinsam** erfolgen. Mit Zustimmung des Beschäftigten kann der Arbeitgeber auch die Arbeitnehmeranteile mit zurück fordern und dann wiederum an den Mitarbeiter auszahlen oder mit der nächsten Lohnzahlung verrechnen.

Verjährungsfristen bei Sozialversicherungsbeiträgen

Sämtliche Ansprüche auf Sozialversicherungsbeiträge verjähren nach 4 Jahren. Dies gilt sowohl für Ansprüche der Sozialversicherungsträger gegenüber dem Arbeitgeber auf zu wenig gezahlte Beiträge, als auch für Ansprüche von Arbeitgeber oder Arbeitnehmer gegenüber der Einzugsstelle auf Erstattung von zu viel gezahlten Beiträgen. Die Frist beginnt mit Ablauf des Kalenderjahres, in dem die Beiträge fällig geworden sind. Eine Vollstreckungsankündigung oder eine Entscheidung im sozialrechtlichen Verfahren hemmt die Verjährungsfrist von vier Jahren für sechs Monate. Bei vorsätzlich vorenthaltenen Beiträgen beträgt die Verjährungsfrist 30 Jahre.

11.2 Prüfungen des Arbeitgebers durch staatliche Stellen

Um zu kontrollieren, ob Lohnsteuern und Sozialversicherungsabgaben korrekt ermittelt und abgeführt wurden, führen folgende staatlichen Stellen regelmäßige Prüfungen des Arbeitgebers durch:

■ **das Betriebsstättenfinanzamt:** prüft die korrekte Abrechnung, Einbehaltung und Abführung der Lohnsteuer, der Kirchensteuer und des Solidaritätszuschlages

■ **die Rentenversicherungsträger:** prüfen die korrekte Abrechnung und Abführung der Gesamtsozialversicherungsbeiträge, einschließlich die Korrektheit des Lohnnachweises der Berufsgenossenschaft

■ **die Berufsgenossenschaft:** prüft die korrekte Eingruppierung der Gefahrentarife sowie die Zuständigkeit der jeweiligen Berufsgenossenschaft

11.2.1 Prüfung durch das Betriebsstättenfinanzamt

Das Betriebsstättenfinanzamt überprüft und beurteilt im Rahmen einer Lohnsteueraußenprüfung die steuerlichen Sachverhalte auf ihre Richtigkeit. Insbesondere wird dabei auch kontrolliert, ob die **Bemessungsgrundlagen** richtig ermittelt wurden, d. h. ob die Zuordnungen der Vergütungen zu steuerfreien oder steuerpflichtigen Entgeltarten und die Berücksichtigung von Freibeträgen korrekt waren. Das Verfahren einer Außenprüfung ist in der Abgabenordnung (AO) festgelegt.

Lohnsteueraußenprüfung § 42f EStG

Umfang und Prüfungszeiträume einer Lohnsteueraußenprüfung gemäß Betriebsprüfungsordnung (BpO)

Der Arbeitgeber wird spätestens 14 Tage vor dem geplanten Prüftermin in einer schriftlichen oder elektronischen Prüfanordnung über die Zeit, den Umfang und den Bereich der Prüfung informiert (§ 5 Abs. 4 BpO).

Prüfungsanordnung und Prüfungsumfang

Geprüft wird insbesondere:

■ Die korrekte Erfassung aller Arbeitnehmer.

■ Die korrekte Erfassung aller Bezüge, die den Arbeitslohn bilden (Bemessungsgrundlagen), einschließlich sonstiger Bezüge und Sachbezüge.

■ Die korrekte Berechnung, Einbehaltung und Abführung der Steuerabzüge.

■ Die ordnungsgemäße Einhaltung der lohnsteuerlichen Melde- und Aufbewahrungsvorschriften.

Bei Großbetrieben und Unternehmen gemäß § 13 und § 19 BpO können alle Lohnzahlungszeiträume seit der letzten Prüfung kontrolliert werden; auch in den Fällen nach § 18 BpO ist eine Anschlussprüfung möglich. Bei anderen Betrieben beschränkt sich die Prüfung in der Regel auf Lohnzahlungszeiträume des laufenden und der **vorangegangenen drei Kalenderjahre.** Sieht das Finanzamt einen längeren Prüfungszeitraum vor, muss dies in der Prüfungsanordnung begründet werden.

Prüfungszeiträume

Mitwirkungspflichten des Arbeitgebers

Während der Durchführung der Lohnsteueraußenprüfung muss der Arbeitgeber seine Mitwirkungspflichten erfüllen. Dem Prüfer sind alle Unterlagen und Daten, die im Zusammenhang mit den Lohnabrechnungen stehen, zur Verfügung zu stellen. Digitale Unterlagen müssen auf Verlangen des Prüfers in ausgedruckter Form vorgelegt werden.

Datenzugriff

Der Prüfer darf während der Lohnsteueraußenprüfung ausnahmslos auf alle Daten der Lohn- und Finanzbuchhaltung zugreifen. Es gibt zwei Möglichkeiten, um dem Lohnsteueraußenprüfer alle gespeicherten Lohndaten zur Verfügung zu stellen.

- Der Lohnsteueraußenprüfer erhält einen direkten Lesezugriff auf die Lohnprogramme.

- Der Lohnsteueraußenprüfer erhält einen Datenträger, mit dem er die Daten extern auswerten kann.

Der Lohnsteueraußenprüfer setzt während der Lohnsteueraußenprüfung die Prüfsoftware **Interactive Data Extraaction Analysis (IDEA)** ein. Diese Software bietet sehr viele analytische Prüfungsmöglichkeiten; Unregelmäßigkeiten und Manipulationen werden sicher ermittelt.

Digitale Lohnschnittstelle

Um eine Lohnsteueraußenprüfung ohne einen Lohnsteueraußenprüfer durchzuführen wurde eine **digitale Lohnschnittstelle (DLS)** eingerichtet. Arbeitgeber haben damit die Möglichkeit dem Betriebsstättenfinanzamt alle lohnsteuerrelevanten Daten zur Verfügung stellen.

Rechte des Arbeitgebers bei einer Lohnsteueraußenprüfung

Unterrichtung über mögliche Rechtsfolgen

Während der Prüfung ist der Arbeitgeber durch den Prüfer über die festgestellten Sachverhalte und mögliche steuerliche Auswirkungen **laufend zu unterrichten**. Ziehen die Prüfungsergebnisse ein Straf- oder Bußgeldverfahren nach sich, so geschieht dies in einem gesonderten Verfahren, das nicht mehr Bestandteil der Lohnsteueraußenprüfung ist. Bei entsprechendem Verdacht dürfen Ermittlungen nicht bereits während der Außenprüfung begonnen werden; dies allein schon, weil der Arbeitgeber für straf- oder bußgeldrechtlichen Verfahren nicht zur Mitwirkung verpflichtet werden kann.

Schlussbesprechung und Prüfungsbericht

Sofern sich nach den Ergebnissen der Außenprüfung die Notwendigkeit zur Berichtigung der Besteuerungsgrundlagen ergibt, ist eine **Schlussbesprechung** abzuhalten, in der die Ergebnisse der Prüfung, ihre steuerlichen Auswirkungen und strittige Sachverhalte erörtert werden. Nach der Prüfung erhält der Arbeitgeber von der Prüfstelle einen **schriftlichen Bericht** über die Ergebnisse, deren rechtliche Folgen sowie ggf. die Änderung der Besteuerungsgrundlagen. Die Finanzbehörde hat dem Arbeitgeber auf Antrag den Prüfungsbericht vor seiner Auswertung zu übersenden und ihm Gelegenheit zu geben, in angemessener Zeit dazu Stellung zu nehmen.

Verbindliche Zusage

Der Arbeitgeber kann im Anschluss an eine Außenprüfung verlangen, dass das Finanzamt ihm in einer **verbindlichen schriftlichen Zusage** darlegt, wie ein für die Vergangenheit geprüfter und im Prüfungsbericht dargestellter Sachverhalt in Zukunft steuerrechtlich behandelt werden wird.

Inanspruchnahme und Rechtsbehelfe des Arbeitgebers

Haftung des Arbeitgebers

Kommt es nach einer Lohnsteueraußenprüfung zu Nachforderungen von Lohnsteuer durch das Finanzamt, sind grundsätzlich der Arbeitnehmer als Schuldner und der Arbeitgeber als Haftender zusammen die Gesamtschuldner der Lohnsteuer. Unter bestimmten Bedingungen kann jedoch der Arbeitgeber von der Haftung bzw. der Arbeitnehmer von einer Steuerschuld-Inanspruchnahme befreit werden *(siehe Kapitel 11.1.1)*.

Erhält der Arbeitgeber nach einer Lohnsteueraußenprüfung einen Haftungsbescheid über nachzuzahlende Lohnsteuer, kann er innerhalb eines Monats **schriftlich Einspruch** bei der zuständigen Behörde einlegen, in der Regel beim Betriebsstättenfinanzamt. Der Arbeitgeber sollte gleichzeitig beantragen, dass der Vollzug des Haftungsbescheids ausgesetzt wird, da er ansonsten vor der Entscheidung über den Einspruch die geforderten Steuerbeträge fristgerecht zu zahlen hat. Hat ein Einspruch keinen Erfolg, kann darüber hinaus **Klage beim Finanzgericht** bzw. Revision beim Bundesfinanzhof eingereicht werden.

Rechtsbehelfe des Arbeitgebers

Lohnsteuer-Nachschau

Oftmals geht einer Lohnsteueraußenprüfung eine Lohnsteuer-Nachschau voraus, die auch durch das Betriebsstättenfinanzamt durchgeführt wird. Mit dieser unangemeldeten Kontrolle soll die Erfüllung der lohnsteuerrechtlichen Pflichten überprüft und Schwarzarbeit, sowie Scheinarbeitsverhältnisse, aufgedeckt werden. In § 42g EStG sind die Bedingungen für die Lohnsteuer-Nachschau aufgeführt:

- Sie dient der Sicherstellung einer ordnungsgemäßen Einbehaltung und Abführung der Lohnsteuer. Sie ist ein besonderes Verfahren zur zeitnahen Aufklärung steuererheblicher Sachverhalte.

- Sie findet während der üblichen Geschäfts- und Arbeitszeiten statt. Dazu können die Prüfer ohne vorherige Ankündigung und außerhalb einer Lohnsteueraußenprüfung Grundstücke und Räume von Personen betreten, die eine gewerbliche oder freiberufliche Tätigkeit ausüben. Wohnräume dürfen gegen den Willen des Inhabers nur zur Verhütung dringender Gefahren für die öffentliche Sicherheit und Ordnung betreten werden.

- Die von der Lohnsteuer-Nachschau betroffenen Arbeitgeber haben dem Prüfer auf Verlangen alle Unterlagen vorzulegen, die dem Sachverhalt der Nachschau unterliegen (Lohn- und Gehaltsunterlagen, Aufzeichnungen, Bücher, Geschäftspapiere und andere Urkunden). Ferner sind Auskünfte zu erteilen, die zur Feststellung einer steuerlichen Erheblichkeit dienen. Darüber hinaus haben die Arbeitnehmer die Pflicht, ihre Einkünfte und erhaltenen Bescheinigungen darzulegen (§ 42f Abs. 2 Satz 2 und 3 EStG).

- Sofern die Feststellungen der Nachschau es veranlassen, kann ohne vorherige Prüfungsanordnung (§ 196 AO) zu einer Lohnsteueraußenprüfung gemäß § 42f EStG übergegangen werden (auf den Übergang wird schriftlich hingewiesen).

- Sofern in der Lohnsteuer-Nachschau Verhältnisse festgestellt werden, die für die Festsetzung und Erhebung anderer Steuern erheblich sein können, ist eine Auswertung der Ergebnisse zulässig. Voraussetzung dafür ist, dass die Ergebnisse für die Besteuerung von Bedeutung sein können.

11.2.2 Prüfung durch die Rentenversicherungsträger

Die Einbehaltung und Abführung der Gesamtsozialversicherungsbeiträge durch den Arbeitgeber wird nach § 28p SGB IV von den Trägern der Rentenversicherung geprüft. Die Einzelheiten zum Prüfverfahren sind in der Beitragsverfahrensverordnung (BVV) festgelegt.

Überprüfung der Beitragszahlungen

Intervall, Umfang und Ankündigung der Betriebsprüfung

Eine Betriebsprüfung durch den Rentenversicherungsträger findet alle **vier Jahre** statt. Der Arbeitgeber kann aber auch Prüfungen in kürzeren Abständen beantragen. Geprüft werden alle Beiträge, Meldungen und Abgaben zur:

Intervall und Umfang

- Krankenversicherung
- Pflegeversicherung

- Rentenversicherung
- Führen von Lohnunterlagen
- Arbeitslosenversicherung
- Unfallversicherung
- Künstlersozialversicherung

Die Betriebsprüfer der Rentenversicherungsträger sind zudem berechtigt, auch über den Bereich der Lohn- und Gehaltsabrechnung hinaus die **allgemeine Finanzbuchführung** des Betriebes zu prüfen.

Ankündigung

Die Rentenversicherungsträger kündigen eine Prüfung spätestens 14 Tage im Voraus an und schlagen einen Termin vor. Der Arbeitgeber sollte dann überprüfen, ob der Termin mit seiner Arbeitsorganisation in Einklang zu bringen ist (z. B. Urlaub oder Krankheit des für die Lohn- und Gehaltsabrechnung zuständigen Mitarbeiters) und ggf. einen anderen Termin vorschlagen. Die Krankenkassen haben als Einzugsstellen für die Gesamtsozialversicherungsbeiträge das Recht an einer Betriebsprüfung teilzunehmen und auf ihr Verlangen hin angehört zu werden.

Mitwirkungspflichten des Arbeitgebers

Offenlegung von Unterlagen

Der Arbeitgeber ist verpflichtet, auf Verlangen des Prüfers alle Unterlagen vorzulegen, die zur Durchführung der Betriebsprüfung erforderlich sind (insbesondere Lohnkonten, Gehaltsabrechnungen etc.). Zudem sind die Bescheide und Prüfberichte des Finanzamtes, insbesondere die Lohnsteuerhaftungsbescheide vorzulegen, da aus diesen Unterlagen zumeist auch Ansprüche von Beitragsnachzahlungen zur Sozialversicherung abgeleitet werden können.

Durchführen von Testberechnungen

Darüber hinaus ist der Arbeitgeber verpflichtet, auf Verlangen so genannte **Testaufgaben** mit dem von ihm verwendeten **Abrechnungssystem** durchzuführen, damit der Prüfer die Ordnungsmäßigkeit der Beitragsermittlung nachvollziehen kann.

Ergebnis und mögliche Konsequenzen einer Betriebsprüfung

Prüfbericht

Das Ergebnis der Prüfung wird vom Rentenversicherungsträger in einem Bericht festgehalten und dem Arbeitgeber binnen zwei Monaten zugeschickt. Die im Prüfbericht festgestellten Mängel hat der Arbeitgeber unverzüglich zu beheben; dazu können ihm Fristen gesetzt werden. Darüber hinaus hat er Vorkehrungen zu treffen, damit sich die festgestellten Mängel nicht wiederholen. Es kann dem Arbeitgeber auferlegt werden, die ordnungsmäßige Mängelbeseitigung und die getroffenen Vorkehrungen der Prüfstelle mitzuteilen.

Inanspruchnahme nach Prüfung

Ergibt eine Betriebsprüfung, dass **Sozialversicherungsbeiträge nachzuzahlen** sind, tritt die Einzugsstelle mit ihren Forderungen stets nur an den Arbeitgeber heran. Dieser kann die Arbeitnehmeranteile erst im Innenverhältnis zum Arbeitnehmer und nur im beschränkten Maße einfordern *(zur Nachzahlung von Beiträgen siehe Kapitel 11.1.1)*.

Rechtsbehelfe des Arbeitgebers

Gegen einen Nachforderungsbescheid kann der Arbeitgeber innerhalb eines Monats **schriftlich Widerspruch** bei der Prüfstelle einlegen. Wird der Widerspruch abgelehnt, bleibt dem Arbeitgeber der Rechtsweg über das Sozialgericht; ggf. mit entsprechenden Revisionsmöglichkeiten beim Landes- und Bundessozialgericht.

Das Bundesministerium für Arbeit und Soziales hat am 5. November 2013 die Grundsätze zur Übermittlung der Daten für die **elektronisch unterstützte Betriebsprüfung (euBP)** genehmigt. Seit dem 1. Januar 2014 läuft diese im Regelbetrieb und wird den Arbeitgebern optional angeboten.

Die Arbeitgeber erhalten im Rahmen dieses Verfahrens die Möglichkeit, die für die Prüfung relevanten Daten elektronisch abzugeben. Diese Daten werden dann mit Hilfe einer Prüfsoftware analysiert und die daraus gewonnenen Ergebnisse als Hinweise für die Prüfung genutzt. Ziel ist es, die Prüfdauer bei den einzelnen Prüfstellen zu reduzieren. Unter Umständen kann eine Prüfung vor Ort gänzlich entfallen.

11.2.3 Prüfung durch die Berufsgenossenschaft

Die Durchführung der Prüfung durch die jeweilige Berufsgenossenschaft richtet sich gemäß § 166 SGB VII im Wesentlichen nach denselben Grundsätzen wie die Prüfung durch den Rentenversicherungsträger. Seit dem 01.01.2010 ist die Prüfung auf den Rentenversicherungsträger übergegangen (§ 166 Abs. 2 SGB VII). Für Unfallversicherungen, welche nicht nach Lohnsummen die Beiträge festsetzen, prüft die Unfallversicherung weiterhin selbst (§ 166 Abs. 2 Satz2 SGB VII). *Durchführung der Prüfung*

Unrichtige Angaben durch den Arbeitgeber, die als Grundlage zur Berechnung der Beiträge des durch die Berufsgenossenschaft herangezogenen Lohnnachweises dienen, haben auf die **Lohnabrechnung** des Arbeitnehmers keinerlei Auswirkungen, da der Arbeitgeber die Beiträge zur Berufsgenossenschaft alleine trägt. Macht der Arbeitgeber gegenüber der Berufsgenossenschaft vorsätzlich oder fahrlässig falsche oder unvollständige Angaben, die sich auf die Beitragserhebung auswirken (z. B. zu Tätigkeiten des Betriebes, Lohnsummen etc.), kann dies mit einem Bußgeld geahndet werden. *Folgen von Fehlern*

11.3 Künstlersozialabgaben

Das am 01.01.1983 in Kraft getretene Künstlersozialversicherungsgesetz (KSVG) und die vom Gesetzgeber mit der Umsetzung dieses Gesetzes beauftragte Künstlersozialkasse (KSK) sorgen dafür, dass selbständige Künstler und Publizisten sozialen Schutz in der Renten-, Kranken- und Pflegeversicherung erhalten. Künstler im Sinne des Gesetzes ist, wer Musik, darstellende oder bildende Kunst schafft, ausübt oder unterrichtet. Publizist im Sinne des Gesetzes ist, wer als Schriftsteller, Journalist oder in ähnlicher Weise publizistisch tätig ist oder Publizistik unterrichtet.

Die Künstlersozialkasse ist kein Leistungsträger, sondern sie berechnet die Beitragsanteile der Mitglieder, zieht diese ein und leitet dann die vollen Sozialversicherungsbeiträge an die jeweilige Krankenkasse des Mitgliedes weiter. Die Künstlersozialkasse ist ein Geschäftsbereich der Unfallversicherung Bund und Bahn.

Die Mittel für diese Versicherung werden durch Beitragsanteile der Versicherten (50 % der Sozialversicherungsbeträge), durch die Künstlersozialabgabe der Unternehmen (30 % der Sozialversicherungsbeträge) und durch einen Bundeszuschuss (20 % der Sozialversicherungsbeträge) finanziert. *Finanzierungspartner*

11.3.1 Beitragsanteile der Unternehmen

Die Künstlersozialkasse erhebt von den zur Abgabe verpflichteten Unternehmen die Künstlersozialabgabe.

Zur Künstlersozialabgabe sind Unternehmen verpflichtet, die typischerweise künstlerische oder publizistische Werke oder Leistungen kommerziell verwerten, z. B:

■ Verlage, Presseagenturen, Bilderdienste

■ Theater, Orchester, Chöre

■ Theater-, Konzert- und Gastspieldirektionen

- Rundfunk, Fernsehen

- Hersteller von bespielten Bild- und Tonträgern

- Galerien, Kunsthandel

- Variete- und Zirkusunternehmen, Museen

- Aus- und Fortbildungseinrichtungen für künstlerische oder publizistische Tätigkeiten

Abgabepflicht

Zur Künstlersozialabgabe sind aber auch alle anderen Unternehmer verpflichtet, bei denen die Gesamtentgeltsumme aller im Kalenderjahr an selbständige Künstler oder Publizisten erteilten Aufträge die Bagatellgrenze von 538,00 € übersteigt, z. B. Gestaltung von Werbeflyern, Broschüren, Produktverpackungen oder Webseiten oder Musiker für eine Veranstaltung engagieren. Um ihre Meldepflicht nicht zu verletzen, sollten Unternehmen dies im Zweifel von der Künstlersozialkasse klären lassen.

Keine Abgabepflicht

Aufträge an Unternehmen, bei denen wiederum Künstler oder Publizisten angestellt sind, sind hingegen nicht abgabepflichtig, da in diesen Fallen die Künstler oder Publizisten als nichtselbständige Arbeitnehmer bereits über die Zweige der gesetzlichen Sozialversicherung abgesichert sind.

11.3.2 Höhe der Künstlersozialabgabe

Als Bemessungsgrundlage für die Künstlersozialabgabe werden alle Entgelte herangezogen, die ein Abgabepflichtiger im Laufe eines Kalenderjahres an selbständige Künstler oder Publizisten entrichtet. Die Künstlersozialabgabe ermittelt sich dann aus dem aktuellen Abgabesatz, der mit der Bemessungsgrundlage multipliziert wird. Eine Nacherhebung ist für die letzten 5 Jahre möglich.

Künstlersozialabgabesätze

Jahr	Abgabesatz
2019	4,2 %
2020	4,2 %
2021	4,2 %
2022	4,2 %
2023	5,0 %
2024	5,0 %

11.3.3 Prüfung der Abgabepflicht für Unternehmen

Der Gesetzgeber hat die Zuständigkeit für die Durchführung von Betriebsprüfungen aufgeteilt. Eine Überprüfung der Künstlersozialabgabebeträge erfolgt alle 4 Jahre durch den zuständigen Rentenversicherungsträger im Rahmen einer **Gesamtsozialversicherungsbeitragsprüfung**. Die Künstlersozialkasse überwacht die rechtzeitige und vollständige Zahlung der Beitragsanteile der Künstlersozialabgabe durch die Unternehmen und kann zusätzlich prüfen, ob die Unternehmen ihren Meldepflichten nach dem Künstlersozialversicherungsgesetz und dem Künstlersozialabgabestabilisierungsgesetz ordnungsgemäß nachkommen.

Praxisaufgaben

Die Lösungen finden Sie unter https://www.edumedia.de/verlag/loesungen.

Wissenskontrollfragen

1) Wenn aufgrund einer fehlerhaften Gehaltsabrechnung zu geringe Lohnsteuerbeträge ermittelt wurden, kann dies dazu führen, dass Lohnsteuer an das Betriebsstättenfinanzamt nachgezahlt werden muss. Beurteilen Sie steuerrechtlich den Umstand, dass ein Arbeitgeber eine solche Lohnsteuernachzahlung leistet, ohne sich den entsprechenden Betrag vom Arbeitnehmer erstatten zu lassen.

2) Unterscheiden Sie die beiden lohnsteuerrechtlichen Begriffe Festsetzungsverjährung und Zahlungsverjährung voneinander.

3) Wer ist gegenüber der Einzugsstelle Schuldner der Sozialversicherungsbeiträge? Gehen Sie auch auf die Begriffe Außenverhältnis und Innenverhältnis ein.

4) Wer ist gegenüber der Einzugsstelle bei Rückzahlung zu viel entrichteter Beiträge anspruchsberechtigt?

5)

  a) Nach welcher Frist verjähren die Ansprüche der Sozialversicherungsträger auf zu wenig gezahlte Beiträge?

  b) Nach welcher Frist verjähren die Ansprüche von Arbeitgeber und Arbeitnehmer auf Rückzahlung zu viel gezahlter Beiträge?

  c) Wann beginnen die Verjährungsfristen für Sozialversicherungsbeiträge?

6) Welche staatlichen Stellen können Prüfungen der Lohn- und Gehaltsabrechnungen eines Arbeitgebers durchführen?

7) Vervollständigen Sie folgenden Text:

  Bei Großbetrieben können alle Lohnzahlungszeiträume seit _____ kontrolliert werden. Bei anderen Betrieben beschränkt sich die Prüfung in der Regel auf Lohnzahlungszeiträume des laufenden und der vorangegangenen _____ Kalenderjahre.

8) Vervollständigen Sie folgenden Text:

  Eine Betriebsprüfung durch den Rentenversicherungsträger findet alle _____ Jahre statt. Der _____ kann aber auch Prüfungen in kürzeren Abständen beantragen.

  Die Betriebsprüfer der Rentenversicherungsträger sind zudem berechtigt, auch über den Bereich der Lohn- und Gehaltsabrechnung hinaus die _____ des Betriebes zu prüfen.

9) Wozu dienen so genannte Testberechnungen bei einer Betriebsprüfung durch den Rentenversicherungsträger?

10) Welche drei Finanzierungspartner zahlen Beiträge an die Künstlersozialkasse und wie hoch ist der prozentuale Beitragsanteil des jeweiligen Finanzierungspartners?

11) Welche Aufgaben hat die Künstlersozialkasse?

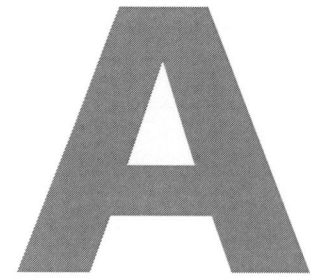

Anhang

Inhalt

Pauschale Kirchensteuer-Sätze im vereinfachten Verfahren

Bundesland	Steuersatz
Bayern, Bremen, Hessen, Nordrhein-Westfahlen, Rheinland-Pfalz, Saarland	7 %
Niedersachsen, Schleswig-Holstein	6 %
Berlin, Brandenburg, Mecklenburg-Vorpommern, Sachsen, Sachsen-Anhalt, Thüringen	5 %
Baden-Württemberg	4,5 %
Hamburg	4 %

Auslandstagessätze für steuerfreie Reisekostenerstattung

Land	Verpflegungsmehraufwendungen 2024		Pauschbetrag Übernachtung
	bei 24 h Abwesenheit je Kalendertag	am An- und Abreisetag bzw. bei Abwesenheit > 8 h je Kalendertag	
Australien	57,00 €	38,00 €	173,00 €
- Canberra	74,00 €	49,00 €	186,00 €
- Sydney	57,00 €	38,00 €	173,00 €
Frankreich	53,00 €	36,00 €	105,00 €
- Paris	58,00 €	39,00 €	159,00 €
Italien	42,00 €	28,00 €	150,00 €
- Mailand	42,00 €	28,00 €	191,00 €
- Rom	48,00 €	32,00 €	150,00 €
Luxemburg	63,00 €	42,00 €	139,00 €
Österreich	50,00 €	33,00 €	117,00 €
Spanien	34,00 €	23,00 €	103,00 €
- Barcelona	34,00 €	23,00 €	144,00 €
- Kanarische Inseln	36,00 €	24,00 €	103,00 €
- Madrid	42,00 €	28,00 €	131,00 €
- Palma de Mallorca	44,00 €	29,00 €	142,00 €

Beitragssätze in der Sozialversicherung

Beitrag	allgemeine Beitragssätze (z.B. AOK, DAK, TKK, ...)	
	ab 01.01.2023	ab 01.01.2024
KV allgemein	14,60 %	14,60 %
KV ermäßigt	14,00 %	14,00 %
KV Zusatz	individuell	individuell
RV	18,60 % *	18,60 % *
AV	2,60 %	2,60 %
PV	3,05 % **	3,40 % **
PV Zuschlag	0,35 %	0,60 %
U 1	individuell	individuell
U 2	individuell	individuell
U 3 (INSO)	0,06 %	0,06 %
KV freiwillig	728,18 €	755,55 €
KV freiwillig Zusatz	individuell	individuell
PV freiwillig	152,12 €	175,95 €
PV freiwillig Zuschlag	17,46 €	31,05 €

* Der Beitragssatz in der Knappschaft beträgt in der RV 24,7 % (AN 9,3 % und AG 15,4 %).
** PV-Sonderregelung in Sachsen (AN 2,2 % und AG 1,2 %)

Geringfügig Beschäftigte	Unternehmer ab		Privathaushalt ab	
	01.01.2023	01.01.2024	01.01.2023	01.01.2024
pauschale KV	13,00 %	13,00 %	5,00 %	5,00 %
pauschale RV	15,00 %	15,00 %	5,00 %	5,00 %
U 1 (80 %)	1,10 %	1,10 %	1,10 %	1,10 %
U 2 (100 %)	0,24 %	0,24 %	0,24 %	0,24 %
U 3 (INSO)	0,06 %	0,06 %	-	-

Beitragsbemessungsgrenzen

2024

Versicherungszweig	Beitragsbemessungsgrenze	
	monatlich	jährlich
Kranken- und Pflegeversicherung	5.175,00 €	62.100,00 €
Renten- und Arbeitslosenversicherung (West) allgemein	7.550,00 €	90.600,00 €
Renten- und Arbeitslosenversicherung (Ost) allgemein	7.450,00 €	89.400,00 €
Renten- und Arbeitslosenversicherung (West) Knappschaft-Bahn-See	9.300,00 €	111.600,00 €
Renten- und Arbeitslosenversicherung (Ost) Knappschaft-Bahn-See	9.200,00 €	110.400,00 €

2023

Versicherungszweig	Beitragsbemessungsgrenze	
	monatlich	jährlich
Kranken- und Pflegeversicherung	4.987,50 €	59.850,00 €
Renten- und Arbeitslosenversicherung (West) allgemein	7.300,00 €	87.600,00 €
Renten- und Arbeitslosenversicherung (Ost) allgemein	7.100,00 €	85.200,00 €
Renten- und Arbeitslosenversicherung (West) Knappschaft-Bahn-See	8.950,00 €	107.400,00 €
Renten- und Arbeitslosenversicherung (Ost) Knappschaft-Bahn-See	8.700,00 €	104.400,00 €

Bezugsgrößen (§ 18 Absatz 1 und 2, SGB IV)

Bezugsgrößen in der Sozialversicherung sind Rechengrößen.

Versicherungszweig	Beitragsbemessungsgrenze	
	monatlich	jährlich
Kranken- und Pflegeversicherung	3.535,00 €	42.420,00 €
Renten- und Arbeitslosenversicherung (West) allgemein	3.535,00 €	42.420,00 €
Renten- und Arbeitslosenversicherung (Ost) allgemein	3.465,00 €	41.580,00 €

Versicherungspflichtgrenze / Jahresarbeitsentgeltgrenzen

Versicherungszweig	2023	2024
allgemeine Jahresentgeltgrenze (Neufälle ab 01.01.2003)	66.600,00 €	69.300,00 €
besondere Jahresentgeltgrenze (Altfälle bis 31.12.2002)	59.850,00 €	62.100,00 €

Steuerfreier Arbeitgeberzuschuss zur privaten Kranken- und Pflegeversicherung

Private Versicherung	monatl. AG-Zuschuss max.	
	mit Krankengeld	ohne Krankengeld
Krankenversicherung	421,77 €	406,24 €
Pflegeversicherung	87,98 €	87,98 €

Der steuerfreie Arbeitgeberzuschuss beträgt 50 % der Versicherungsprämie der privaten KV/PV, jedoch maximal die Tabellenwerte.

Ausnahme im Bundesland Sachsen: Arbeitgeberpflegeversicherungszuschuss maximal 62,10 €

Grundformel zur Berechnung des Übergangsbereiches

$$BE = F \times 538 + \left(\left[\frac{2000}{2000-538} \right] - \left[\frac{538}{2000-538} \right] \times F \right) \times (AE - 538)$$

$$BE\ Arbeitnehmer = \frac{2000}{(2000-538)} \times (AE - 538)$$

AE = Arbeitsentgelt
BE = beitragspflichtige Einnahmen

Berechnung:
F = 0,6846

14,6 % KV + 1,7 % durchschnittlicher ZBS KV + 18,6 % RV + 2,6 % AV + 3,4 % PV = 40,90 %

28,00 % : 40,90 % = 0,6846

Meldeschlüssel für die Meldungen zur Sozialversicherung nach DEÜV

Schlüsselzahl-Abgabegrund

Anmeldungen

10 Anmeldung wegen Beginn einer Beschäftigung

11 Anmeldung wegen Krankenkassenwechsel

12 Anmeldung wegen Beitragsgruppenwechsel

13 Anmeldung wegen sonstiger Gründe/Änderungen im Beschäftigungsverhältnis

17 Beginn der Elternzeit

20 Sofortmeldung bei Aufnahme einer Beschäftigung nach § 28a Absatz 4 SGB IV

Jahresmeldungen/Unterbrechungsmeldungen/ sonstige Entgeltmeldungen

50 Jahresmeldung

51 Unterbrechung ohne Fortzahlung des Arbeitsentgelts für mindestens einen Monat wegen Bezug einer Entgeltersatzleistung bzw. Anspruch auf Entgeltersatzleistungen (z.B. Krankengeld). Das Versicherungsverhältnis bleibt während der Zahlung der Entgeltersatzleistung erhalten.

52 Unterbrechungsmeldung wegen Elternzeit

53 Unterbrechung wegen gesetzlicher Dienstpflicht oder freiwilligem Wehrdienst

54 Meldung einmalig gezahlten, nicht ausschließlich in der Unfallversicherung beitragspflichtigen Arbeitsentgelts (Sondermeldung)

55 Meldung von nicht vereinbarungsgemäß verwendetem Wertguthaben (Störfall)

56 Meldung des Unterschiedsbetrages bei Entgeltersatzleistungen während der Altersteilzeitarbeit

57 Gesonderte Meldung nach § 194 SGB VI

58 GKV-Monatsmeldung

92 Jahresmeldung Unfallversicherung, ab 01.01.2016

Abmeldungen

30 Abmeldung wegen Ende einer versicherungspflichtigen Beschäftigung, auch wenn das Beschäftigungsverhältnis fortdauert

31 Abmeldung wegen Krankenkassenwechsel

32 Abmeldung wegen Beitragsgruppenwechsel

33 Abmeldung wegen sonstiger Gründe/Änderungen im Beschäftigungsverhältnis

34 Abmeldung wegen Ende einer sozialversicherungspflichtigen Beschäftigung nach § 7 Abs. 3 Satz 1 SGB IV

35 Abmeldung wegen Arbeitskampf von länger als einem Monat

36 Abmeldung wegen Wechsel des Entgeltabrechnungssystems (optional)

37 Ende der Elternzeit

40 Gleichzeitige An- und Abmeldung wegen Ende einer Beschäftigung

49 Abmeldung wegen Tod

Änderungsmeldungen

60 Änderung des Namens des Beschäftigten

61 Änderung der Anschrift des Beschäftigten

62 Änderung des Aktenzeichens oder der Personalnummer des Beschäftigten

63 Änderung der Staatsangehörigkeit des Beschäftigten

Meldungen in Insolvenzfällen

70 Jahresmeldung für freigestellte Arbeitnehmer

71 Meldung des Vortages der Insolvenz/der Freistellung

72 Entgeltmeldung zum rechtlichen Ende der Beschäftigung

91 Sondermeldung Unfallversicherung bis 31.12.2015

Schlüsselzahl-Personengruppen

101 Sozialversicherungspflichtig Beschäftigte ohne besondere Merkmale

102 Auszubildende ohne besondere Merkmale

103 Beschäftigte in Altersteilzeit

104 Hausgewerbetreibende

105 Praktikanten, Auszubildende ohne Arbeitsentgelt

106 Werkstudenten

107 Behinderte Menschen in anerkannten Werkstätten oder gleichartigen Einrichtungen

108 Bezieher von Vorruhestandsgeld

109 Geringfügig entlohnte Beschäftigte nach § 8 Abs. 1 Nr. 1 SGB IV

110 Kurzfristig Beschäftigte nach § 8 Abs. 1 Nr. 2 SGB IV

111 Personen in Einrichtungen der Jugendhilfe, Berufsbildungswerken oder ähnlichen Einrichtungen für behinderte Menschen

112 Mitarbeitende Familienangehörige in d. Landwirtschaft

113 Nebenerwerbslandwirte

114 Nebenerwerbslandwirte - saisonal beschäftigt

116 Ausgleichsgeldempfänger nach dem FELEG

118 berufsmäßig unständig Beschäftigte

119 Versicherungsfreie Altersvollrentner und Versorgungsbezieher wegen Alters

120 Versicherungspflichtige Altersvollrentner und Versorgungsbezieher wegen Alters. Der Personengruppenschlüssel 120 ist erst für Meldezeiträume ab 01.07.2017 zulässig.

121 Auszubildende, deren Arbeitsentgelt die Geringverdienergrenze nach § 20 Abs. 3 Satz 1 Nr. 1 SGB IV nicht übersteigt

122 Auszubildende in einer außerbetrieblichen Einrichtung

123 Personen, die ein freiwilliges soziales, ein freiwilliges ökologisches Jahr oder einen Bundesfreiwilligendienst leisten

124 Heimarbeiter ohne Anspruch auf Entgeltfortzahlung im Krankheitsfall

127 Behinderte Menschen, die im Anschluss an eine Beschäftigung in einer anerkannten Werkstatt in einem Integrationsprojekt beschäftigt sind

140 Seeleute

141 Auszubildende in der Seefahrt

142 Seeleute in Altersteilzeit

143 Seelotsen

144 Auszubildende in der Seefahrt, deren Arbeitsentgelt die Geringverdienergrenze nach § 20 Abs. 3 Satz 1 Nr. 1 SGB IV nicht übersteigt

149 In der Seefahrt beschäftigte versicherungsfreie Altersvollrentner und Versorgungsbezieher wegen Alters

150 In der Seefahrt beschäftigte versicherungspflichtige Altersvollrentner und Versorgungsbezieher wegen Alters. Der Personengruppenschlüssel 150 ist erst für Meldezeiträume ab 01.07.2017 zulässig.

190 Beschäftigte, bei denen keine Kranken-, Pflege-, Renten- und Arbeitslosenversicherungspflicht besteht, sondern nur eine Pflichtversicherung zur gesetzlichen Unfallversicherung

307 Bezieher von Übergangsgeld

901 nicht sozialversicherungspflichtige Beschäftigte, Sonderfälle

Schlüsselzahl-Staatsangehörigkeiten (Auszug)

000 deutsch

129 französisch

137 italienisch

149 norwegisch

152 polnisch

157 schwedisch

161 spanisch

163 türkisch

Schlüsselzahl-Entgelt im Übergangsbereich/Midijob

0 kein Arbeitsentgelt innerhalb des Übergangsbereichs

1 Arbeitsentgelt durchgehend im Übergangsbereich

2 Arbeitsentgelt sowohl innerhalb als auch außerhalb des Übergangsbereichs

Schlüsselzahl-Beitragsgruppen

Beitrag zur Krankenversicherung

0 kein Beitrag

1 allgemeiner Beitrag

2 erhöhter Beitrag (nur für Meldezeiträume bis 31.12.2008)

3 ermäßigter Beitrag

4 Beitrag zur landwirtschaftlichen KV

5 Arbeitgeberbeitrag zur landwirtschaftlichen KV

6 Pauschalbeitrag für geringfügig Beschäftigte

9 Firmenzahler bei freiwilliger Krankenversicherung

Beitrag zur Arbeitslosenversicherung

0 kein Beitrag

1 voller Beitrag

2 halber Beitrag

Beitrag zur Rentenversicherung

0 kein Beitrag

1 voller Beitrag

3 halber Beitrag

5 Pauschalbetrag für geringfügig Beschäftigte

Beitrag zur Pflegeversicherung

0 kein Beitrag

1 voller Beitrag

2 halber Beitrag

Schlüsselzahl-Kennziffern für Stellung im Beruf und Ausbildung

Ausgeübte Tätigkeit

Es ist die Schlüsselzahl der aktuell ausgeübten Tätigkeit gemäß der „Klassifikation der Berufe 2010" (KldB 2010) anzugeben.

Höchster allgemeinbildender Schulabschluss

1 ohne Schulabschluss

2 Haupt-/Volksschulabschluss

3 Mittlere Reife oder gleichwertiger Abschluss

4 Abitur/Fachabitur

9 Abschluss unbekannt

Höchster beruflicher Ausbildungsabschluss

1 ohne beruflichen Ausbildungsabschluss

2 Abschluss einer anerkannten Berufsausbildung

3 Meister-/Techniker- oder gleichwertiger Fachschulabschluss

4 Bachelor

5 Diplom, Magister, Master, Staatsexamen

6 Promotion

9 Abschluss unbekannt

Arbeitnehmerüberlassung

1 nein

2 ja

Form des Arbeitsvertrages

1 unbefristeter Arbeitsvertrag, Vollzeit

2 unbefristeter Arbeitsvertrag, Teilzeit

3 befristeter Arbeitsvertrag, Vollzeit

4 befristeter Arbeitsvertrag, Teilzeit

Musterkalendarium

	Jan	Feb	Mrz	Apr	Mai	Juni	Juli	Aug	Sep	Okt	Nov	Dez
Montag									1			1
Dienstag				1			1		2			2
Mittwoch	1			2			2		3	1		3
Donnerstag	2			3	1		3		4	2		4
Freitag	3			4	2		4	1	5	3		5
Samstag	4	1	1	5	3		5	2	6	4	1	6
Sonntag	5	2	2	6	4	1	6	3	7	5	2	7
Montag	6	3	3	7	5	2	7	4	8	6	3	8
Dienstag	7	4	4	8	6	3	8	5	9	7	4	9
Mittwoch	8	5	5	9	7	4	9	6	10	8	5	10
Donnerstag	9	6	6	10	8	5	10	7	11	9	6	11
Freitag	10	7	7	11	9	6	11	8	12	10	7	12
Samstag	11	8	8	12	10	7	12	9	13	11	8	13
Sonntag	12	9	9	13	11	8	13	10	14	12	9	14
Montag	13	10	10	14	12	9	14	11	15	13	10	15
Dienstag	14	11	11	15	13	10	15	12	16	14	11	16
Mittwoch	15	12	12	16	14	11	16	13	17	15	12	17
Donnerstag	16	13	13	17	15	12	17	14	18	16	13	18
Freitag	17	14	14	18	16	13	18	15	19	17	14	19
Samstag	18	15	15	19	17	14	19	16	20	18	15	20
Sonntag	19	16	16	20	18	15	20	17	21	19	16	21
Montag	20	17	17	21	19	16	21	18	22	20	17	22
Dienstag	21	18	18	22	20	17	22	19	23	21	18	23
Mittwoch	22	19	19	23	21	18	23	20	24	22	19	24
Donnerstag	23	20	20	24	22	19	24	21	25	23	20	25
Freitag	24	21	21	25	23	20	25	22	26	24	21	26
Samstag	25	22	22	26	24	21	26	23	27	25	22	27
Sonntag	26	23	23	27	25	22	27	24	28	26	23	28
Montag	27	24	24	28	26	23	28	25	29	27	24	29
Dienstag	28	25	25	29	27	24	29	26	30	28	25	30
Mittwoch	29	26	26	30	28	25	30	27		29	26	31
Donnerstag	30	27	27		29	26	31	28		30	27	
Freitag	31	28	28		30	27		29		31	28	
Samstag			29		31	28		30			29	
Sonntag			30			29		31			30	
Montag			31			30						

Sonn- und Feiertage sind grau hinterlegt.

Lohnsteuerbescheinigung

Ausdruck der elektronischen Lohnsteuerbescheinigung für 2024
Nachstehende Daten wurden maschinell an die Finanzverwaltung übertragen.

Korrektur/Stornierung

Datum:

Identifikationsnummer:

Personalnummer:

Geburtsdatum:

Transferticket:

Dem Lohnsteuerabzug wurden im letzten Lohnzahlungszeitraum zugrunde gelegt:

Steuerklasse/Faktor

Zahl der Kinderfreibeträge

Steuerfreier Jahresbetrag

Jahreshinzurechnungsbetrag

Kirchensteuermerkmale

Anschrift und Steuernummer des Arbeitgebers:

	vom - bis	
1. Bescheinigungszeitraum		
2. Zeiträume ohne Anspruch auf Arbeitslohn	Anzahl „U"	
Großbuchstaben (S, M, F, FR)		
	EUR	Ct
3. Bruttoarbeitslohn einschl. Sachbezüge ohne 9. und 10.		
4. Einbehaltene Lohnsteuer von 3.		
5. Einbehaltener Solidaritätszuschlag von 3.		
6. Einbehaltene Kirchensteuer des Arbeitnehmers von 3.		
7. Einbehaltene Kirchensteuer des Ehegatten/Lebenspartners von 3. (nur bei Konfessionsverschiedenheit)		
8. In 3. enthaltene Versorgungsbezüge		
9. Ermäßigt besteuerte Versorgungsbezüge für mehrere Kalenderjahre		
10. Ermäßigt besteuerter Arbeitslohn für mehrere Kalenderjahre (ohne 9.) und ermäßigt besteuerte Entschädigungen		
11. Einbehaltene Lohnsteuer von 9. und 10.		
12. Einbehaltener Solidaritätszuschlag von 9. und 10.		
13. Einbehaltene Kirchensteuer des Arbeitnehmers von 9. und 10.		
14. Einbehaltene Kirchensteuer des Ehegatten/Lebenspartners von 9. und 10. (nur bei Konfessionsverschiedenheit)		
15. (Saison-)Kurzarbeitergeld, Zuschuss zum Mutterschaftsgeld, Verdienstausfallentschädigung (Infektionsschutzgesetz), Aufstockungsbetrag und Altersteilzeitzuschlag		
16. Steuerfreier Arbeitslohn nach — a) Doppelbesteuerungsabkommen (DBA)		
— b) Auslandstätigkeitserlass		
17. Steuerfreie Arbeitgeberleistungen, die auf die Entfernungspauschale anzurechnen sind		
18. Pauschal mit 15 % besteuerte Arbeitgeberleistungen für Fahrten zwischen Wohnung und erster Tätigkeitsstätte		
19. Steuerpflichtige Entschädigungen und Arbeitslohn für mehrere Kalenderjahre, die nicht ermäßigt besteuert wurden - in 3. enthalten		
20. Steuerfreie Verpflegungszuschüsse bei Auswärtstätigkeit		
21. Steuerfreie Arbeitgeberleistungen bei doppelter Haushaltsführung		
22. Arbeitgeberanteil/-zuschuss — a) zur gesetzlichen Rentenversicherung		
— b) an berufsständische Versorgungseinrichtungen		
23. Arbeitnehmeranteil — a) zur gesetzlichen Rentenversicherung		
— b) an berufsständische Versorgungseinrichtungen		
24. Steuerfreie Arbeitgeberzuschüsse — a) zur gesetzlichen Krankenversicherung		
— b) zur privaten Krankenversicherung		
— c) zur gesetzlichen Pflegeversicherung		
25. Arbeitnehmerbeiträge zur gesetzlichen Krankenversicherung		
26. Arbeitnehmerbeiträge zur sozialen Pflegeversicherung		
27. Arbeitnehmerbeiträge zur Arbeitslosenversicherung		
28. Beiträge zur privaten Kranken- und Pflege-Pflichtversicherung oder Mindestvorsorgepauschale		
29. Bemessungsgrundlage für den Versorgungsfreibetrag zu 8.		
30. Maßgebendes Kalenderjahr des Versorgungsbeginns zu 8. und/oder 9.		
31. Zu 8. bei unterjähriger Zahlung: Erster und letzter Monat, für den Versorgungsbezüge gezahlt wurden		
32. Sterbegeld; Kapitalauszahlungen/Abfindungen und Nachzahlungen von Versorgungsbezügen - in 3. und 8. enthalten		
33. unbesetzt		—
34. Freibetrag DBA Türkei		
Finanzamt, an das die Lohnsteuer abgeführt wurde (Name und vierstellige Nr.)		

8.23

Quelle: Bundesfinanzministerium

Eintragungen in Zeile 2 der Lohnsteuerbescheinigung

In der Zeile 2 der Lohnsteuerbescheinigung sind die Angaben zu den Großbuchstaben F, S, M, U und FR einzutragen.

Eintragung des Großbuchstabens F

Der Großbuchstabe „F" ist einzutragen, wenn der Arbeitgeber dem Arbeitnehmer eine steuerfreie Sammelbeförderung zwischen Wohnung und erster Tätigkeitsstätte oder eine Sammelbeförderung zu einem vom Arbeitgeber bestimmten Sammelpunkt oder weiträumigen Tätigkeitsgebiet kostenlos oder verbilligt zur Verfügung stellt und der Arbeitnehmer diese Sammelbeförderung in Anspruch nimmt.

Eintragung des Großbuchstabens S

Ist bei der Besteuerung eines sonstigen Bezugs der Arbeitslohn aus einem früheren Arbeitsverhältnis nicht in die Ermittlung des voraussichtlichen Jahresarbeitslohns einbezogen worden, so ist dies in der Lohnsteuerbescheinigung durch die Eintragung des Großbuchstabens „S" zu vermerken. Der Großbuchstabe „S" ist nur im Rahmen des ersten Arbeitsverhältnisses (Steuerklassen I bis V) zu bescheinigen.

Eintragung des Großbuchstabens M

Der Großbuchstabe „M" ist einzutragen, wenn dem Arbeitnehmer während einer beruflichen Auswärtstätigkeit oder im Rahmen einer beruflichen doppelten Haushaltsführung vom Arbeitgeber oder auf dessen Veranlassung von einem Dritten eine gemäß § 8 Abs. 2 Satz 8 EStG mit dem amtlichen Sachbezugswert zu bewertende Mahlzeit zur Verfügung gestellt wird. Es besteht eine Bescheinigungspflicht.

Eintragung der Anzahl der im Lohnkonto vermerkten Großbuchstaben U

Einzutragen ist die Anzahl der im Lohnkonto vermerkten Großbuchstaben „U". Eine Eintragung erfolgt, wenn bei einem bestehenden Arbeitsverhältnis für mindestens fünf aufeinanderfolgende Arbeitstage kein Anspruch auf Arbeitslohn besteht.

Eintragung der Großbuchstaben FR

Die Großbuchstaben „FR" und das jeweilige Bundesland sind einzutragen, wenn der Arbeitnehmer gemäß § 39 Abs. 4 Nr. 5 EStG französischer Grenzgänger ist. Grenzgänger sind Arbeitnehmer, die Wohnsitz und Arbeitsort in zwei unterschiedlichen Staaten haben und arbeitstäglich pendeln. Bei Grenzgängern aus Frankreich ist eine weitere Voraussetzung, dass diese innerhalb einer Grenzzone von 30 Kilometern wohnen und arbeiten.

- Bundesland Baden-Württemberg: FR1

- Bundesland Rheinland-Pfalz: FR2

- Bundesland Saarland: FR3

Lohnsteueranmeldung

- Bitte weiße Felder ausfüllen oder ☒ ankreuzen und Hinweise auf der Rückseite beachten -

2024

Zeile		
1	Fallart	Steuernummer	Unter-fallart
2	**11**		**62**

30 Eingangsstempel oder -datum

Lohnsteuer-Anmeldung 2024

Anmeldungszeitraum

Finanzamt

bei **monatlicher** Abgabe bitte ankreuzen

bei **vierteljährlicher** Abgabe bitte ankreuzen

24 01 Jan.		**24 07** Juli		**24 41** I. Kalender-vierteljahr	
24 02 Feb.		**24 08** Aug.		**24 42** II. Kalender-vierteljahr	
24 03 März		**24 09** Sept.		**24 43** III. Kalender-vierteljahr	
24 04 April		**24 10** Okt.		**24 44** IV. Kalender-vierteljahr	
24 05 Mai		**24 11** Nov.		bei **jährlicher** Abgabe bitte ankreuzen	
24 06 Juni		**24 12** Dez.		**24 19** Kalender-jahr	

Arbeitgeber - Anschrift der Betriebsstätte - Telefonnummer - E-Mail

Berichtigte Anmeldung
(falls ja, bitte eine „1" eintragen)........ **10**

Zahl der Arbeitnehmer (einschl. Aushilfs- und Teilzeitkräfte)............... **86**

zu Zeile 22: Zahl der Arbeitnehmer mit BAV-Förderbetrag.................. **90**

Zeile			EUR	Ct
18	Summe der einzubehaltenden Lohnsteuer [1][2]	**42**		
19	Summe der pauschalen Lohnsteuer - ohne § 37b EStG - [1]	**41**		
20	Summe der pauschalen Lohnsteuer nach § 37b EStG [1]	**44**		
21	abzüglich Kürzungsbetrag für Besatzungsmitglieder von Handelsschiffen	**33**		
22	abzüglich Förderbetrag zur betrieblichen Altersversorgung nach § 100 EStG (BAV-Förderbetrag) [1]	**45**		
23	Verbleiben [1]	**48**		
24	Solidaritätszuschlag [1][2]	**49**		
25	pauschale Kirchensteuer im vereinfachten Verfahren	**47**		
26	Evangelische Kirchensteuer - ev [1][2]	**61**		
27	Römisch-Katholische Kirchensteuer - rk [1][2]	**62**		
28				
29				
30				
31				
32				
33	**Gesamtbetrag** [1]	1) Negativen Beträgen ist ein **Minuszeichen** voranzustellen 2) Nach Abzug der im Lohnsteuer-Jahresausgleich erstatteten Beträge	**83**		

34 Ein Erstattungsbetrag wird auf das dem Finanzamt benannte Konto überwiesen, soweit der Betrag nicht mit Steuerschulden verrechnet wird.

35 **Verrechnung des Erstattungsbetrags erwünscht/Erstattungsbetrag ist abgetreten** (falls ja, bitte eine „1" eintragen)............. **29**
Geben Sie bitte die Verrechnungswünsche auf einem besonderen Blatt oder auf dem beim Finanzamt erhältlichen Vordruck „Verrechnungsantrag" an.

36 Das **SEPA-Lastschriftmandat** wird ausnahmsweise (z. B. wegen Verrechnungswünschen) für diesen Anmeldungszeitraum **widerrufen** (falls ja, bitte eine „1" eintragen) **26**
Ein ggf. verbleibender Restbetrag ist gesondert zu entrichten.

37 Über die Angaben in der Steueranmeldung hinaus sind weitere oder abweichende Angaben oder Sachverhalte zu berücksichtigen (falls ja, bitte eine „1" eintragen) **23**
Diese ergeben sich aus der beigefügten Anlage, welche mit der Überschrift „Ergänzende Angaben zur Steueranmeldung" gekennzeichnet ist.

Datenschutzhinweis:
Die mit der Steueranmeldung angeforderten Daten werden auf Grund der §§ 149, 150 der Abgabenordnung und des § 41a des Einkommensteuergesetzes erhoben. Die Angabe der Telefonnummer und der E-Mail-Adresse ist freiwillig.
Informationen über die Verarbeitung personenbezogener Daten in der Steuerverwaltung und über Ihre Rechte nach der Datenschutz-Grundverordnung sowie über Ihre Ansprechpartner in Datenschutzfragen entnehmen Sie bitte dem allgemeinen Informationsschreiben der Finanzverwaltung. Dieses Informationsschreiben finden Sie unter www.finanzamt.de (unter der Rubrik „Datenschutz") oder erhalten Sie bei Ihrem Finanzamt.

38 Datum, Unterschrift

3.23 - **LStA** - Lohnsteuer-Anmeldung 2024 -

Quelle: Bundesfinanzministerium

Beitragsnachweis

Arbeitgeber

Arbeitgebernummer

bitte auch auf Scheck bzw. Überweisungsträger angeben

Beitragskonto-Nr. des Arbeitgebers oder Betriebsnummer

	Tag	Monat	Jahr
Zeitraum von			
	Tag	Monat	Jahr
bis			

Zutreffendes bitte ankreuzen

Rechtskreis ☐ Ost ☐ West

☐ Dauer-Beitragsnachweis

Beitragsnachweis

Beiträge zur		Beitrags-gruppe	Gesamtbeitrag Euro, Cent
Krankenversicherung • allgemeiner Beitrag		1000	
Krankenversicherung • ermäßigter Beitrag		3000	
Rentenversicherung • voller Beitrag		0100	
Rentenversicherung • halber Beitrag	*Arbeitger-anteil*	0300	
Arbeitsförderung • voller Beitrag		0010	
Arbeitsförderung • halber Beitrag	*Arbeitger-anteil*	0020	
sozialen Pflegeversicherung		0001	
Kankenversicherung für freiwillig Krankenversicherte	*NKV*		
Pflegeversicherung für freiwillig Krankenversicherte	*P10*		
Kassenindividueller Zusatzbeitrag für Pflichtversicherte	*Z02*		
Kassenindividueller Zusatzbeitrag für freiwillig Versicherte	*Z03*		
Insolvenzgeld-Umlage	*005*	0050	
Umlage nach dem Arbg.-Aufwendungsgesetz für Krankheitsaufwendungen	*UE1*	U1	
für Mutterschaftsaufwendungen	*UM2*	U2	
Gesamtsumme			
abzüglich Erstattung nach dem Arbg.-Aufwendungsgesetz bei Krankheit/Mutterschaft			./.
zu zahlender Betrag/Guthaben			

Es wird bestätigt, dass die Angaben mit denen der Lohn- und Gehaltsunterlagen übereinstimmen und in diesen sämtliche Entgelte enthalten sind.

Datum, Unterschrift

Beitragsnachweis für geringfügig Beschäftigte

Arbeitgeber	Betriebsnummer des Arbeitgebers	Steuernummer des Arbeitgebers*)

Deutsche Rentenversicherung
Knappschaft-Bahn-See
Minijob-Zentrale
45115 Essen

Zeitraum:
von

	Tag	Monat	Jahr

bis

	Tag	Monat	Jahr

Rechtskreis**)   Ost ☐   West ☐

Dauer-Beitragsnachweis ☐

bisheriger Dauer-Beitragsnachweis
gilt erneut ab nächsten Monat**) ☐

Korrektur-Beitragsnachweis
für abgelaufene Kalenderjahre**) ☐

Beitragsnachweis für geringfügig Beschäftigte (einschließlich einheitlicher Pauschalsteuer)	Beitrags-gruppe	Euro	Cent
Beiträge zur Krankenversicherung für geringfügig Beschäftigte	6000		
Beiträge zur Rentenversicherung - voller Beitrag bei Verzicht auf die Rentenversicherungsfreiheit -	0100		
Beiträge zur Rentenversicherung für geringfügig Beschäftigte	0500		
Umlage nach dem Gesetz über den Ausgleich von Arbeitgeberaufwendungen (AAG) für Krankheitsaufwendungen	U1		
Umlage nach dem Gesetz über den Ausgleich von Arbeitgeberaufwendungen (AAG) für Mutterschaftsaufwendungen	U2		
Umlage Insolvenzgeldaufwendungen	0050		
einheitliche Pauschalsteuer	St		
Gesamtsumme			

| Es wird bestäigt, dass die Angaben mit denen der Lohn- und Gehaltsunterlagen übereinstimmen und in diesen sämtliche Entgelte enthalten sind. | abzüglich Erstattung gemäß § 1 AAG | | |
| | zu zahlender Betrag/Guthaben | | |

Datum, Unterschrift

*) Die Steuernummer ist nur anzugeben, sofern
die einheitliche Pauschalsteuer an die
Minijob-Zentrale abgeführt wird.

**) Zutreffendes ankreuzen

SV-Meldung

Allgemein
Grund* Stornierung Vorgangs ID
☐

Firma
Betriebsnummer* Rechtskreis (Betriebsstätte)*

Name 1* Name 2 Name 3

Straße/Hausnummer Anschriftenzusatz

Land PLZ* Ort*

Einzugstelle/Krankenkasse
Betriebsnummer*
...

Beschäftigte(r)
Versicherungsnummer Personalnummer Aktuelle Staatsangehörigkeit*

Name* Vorsatz Zusatz Titel

Vorname* Namensänderung

Straße Hausnummer Anschriftenzusatz

Land Postleitzahl* Ort*

SV-Daten
Personengruppe* Statuskennzeichen Saisonarbeitnehmer Midijob (bis 30.06.2019 Gleitzone)*

Meldedaten
Zeitraum **Beitragsgruppen**
Beginn* Ende* KV* RV* AV* PV*

tt.mm.jjjj tt.mm.jjjj

Angaben zur Tätigkeit
Tätigkeitsschlüssel Schulabschluss Berufsausbildung AÜG Vertragsform
...

Währung* Beitragspflichtiges Bruttoarbeitsentgelt (Ohne Nachkommastellen)

Entgelt (ohne Nachkommastellen), das ohne die Anwendung des § 163 Abs. 10 SGB VI i.V.m. § 20 Abs.2 SGB IV (Midijobs) in der Rentenversicherung beitragspflichtig wäre (tatsächliches Entgelt)
Entgelt Rentenberechnung

Geburtsangaben (Wenn keine Versicherungsnummer angegeben werden kann)
Geburtsname* Geburtsnamensvorsatz Geburtsnamenszusatz

Geburtsdatum* Geburtsort* Geschlecht*

tt.mm.jjjj

Regelaltersrententabelle (Altersrente ohne Abzüge)

Anhebung der Regelaltersgrenze auf 67

Geburtsjahr des Versicherten	Anhebung um ... Monate	Anhebung auf das Alter ...	
		Jahr	Monat
1947	1	65	1
1948	2	65	2
1949	3	65	3
1950	4	65	4
1951	5	65	5
1952	6	65	6
1953	7	65	7
1954	8	65	8
1955	9	65	9
1956	10	65	10
1957	11	65	11
1958	12	66	0
1959	14	66	2
1960	16	66	4
1961	18	66	6
1962	20	66	8
1963	22	66	10
ab 1964	24	67	0

Altersrente ohne Abzüge ab 63 (Voraussetzung 45 Jahre in RV eingezahlt)

Geburtsjahr des Versicherten	Anhebung um ... Monate	Anhebung auf das Alter ...	
		Jahr	Monat
1953	2	63	2
1954	4	63	4
1955	6	63	6
1956	8	63	8
1957	10	63	10
1958	12	64	0
1959	14	64	2
1960	16	64	4
1961	18	64	6
1962	20	64	8
1963	22	64	10
ab 1964	24	65	0

Versorgungsfreibetrag (§ 19 Abs. 2 EStG)

| Jahr des Rentenbeginns | Versorgungsfreibetrag | | jährlicher Zuschlag |
| | Grundfreibetrag | | |
	in % der Bemessungsgrundlage	jährlicher Höchstbetrag	
2005	40,0	3.000,00 €	900,00 €
2006	38,4	2.880,00 €	864,00 €
2007	36,8	2.760,00 €	828,00 €
2008	35,2	2.640,00 €	792,00 €
2009	33,6	2.520,00 €	756,00 €
2010	32,0	2.400,00 €	720,00 €
2011	30,4	2.280,00 €	684,00 €
2012	28,8	2.160,00 €	648,00 €
2013	27,2	2.040,00 €	612,00 €
2014	25,6	1.920,00 €	576,00 €
2015	24,0	1.800,00 €	540,00 €
2016	22,4	1.680,00 €	504,00 €
2017	20,8	1.560,00 €	468,00 €
2018	19,2	1.440,00 €	432,00 €
2019	17,6	1.320,00 €	396,00 €
2020	16,0	1.200,00 €	360,00 €
2021	15,2	1.140,00 €	342,00 €
2022	14,4	1.080,00 €	324,00 €
2023	14,0	1.050,00 €	315,00 €
2024	13,6	1.020,00 €	306,00 €
2025	13,2	990,00 €	297,00 €
2026	12,8	960,00 €	288,00 €
2027	12,4	930,00 €	279,00 €
2028	12,0	900,00 €	270,00 €
2029	11,6	870,00 €	261,00 €
2030	11,2	840,00 €	252,00 €
2031	10,8	810,00 €	243,00 €
2032	10,4	780,00 €	234,00 €
2033	10,0	750,00 €	225,00 €
2034	9,6	720,00 €	216,00 €
2035	9,2	690,00 €	207,00 €
2036	8,8	660,00 €	198,00 €
2037	8,4	630,00 €	189,00 €
2038	8,0	600,00 €	180,00 €
2039	7,6	570,00 €	171,00 €
2040	7,2	540,00 €	162,00 €
2041	6,8	510,00 €	153,00 €
2042	6,4	480,00 €	144,00 €
2043	6,0	450,00 €	135,00 €
2044	5,6	420,00 €	126,00 €
2045	5,2	390,00 €	117,00 €
2046	4,8	360,00 €	108,00 €
2047	4,4	330,00 €	99,00 €
2048	4,0	300,00 €	90,00 €
2049	3,6	270,00 €	81,00 €
2050	3,2	240,00 €	72,00 €
2051	2,8	210,00 €	63,00 €
2052	2,4	180,00 €	54,00 €
2053	2,0	150,00 €	45,00 €
2054	1,6	120,00 €	36,00 €
2055	1,2	90,00 €	27,00 €
2056	0,8	60,00 €	18,00 €
2057	0,4	30,00 €	9,00 €
2058	0,0	0,00 €	0,00 €

Altersentlastungsbeträge und deren Höchstsätze

Auf die Vollendung des 64. Lebensjahres folgendes Kalenderjahr	Altersentlastungs-betrag gem. § 24a EStG (%)	jährlicher Höchstbetrag	monatlicher Höchstbetrag
2005	40,0	1.900,00 €	159,00 €
2006	38,4	1.824,00 €	152,00 €
2007	36,8	1.748,00 €	145,67 €
2008	35,2	1.672,00 €	139,33 €
2009	33,6	1.596,00 €	133,00 €
2010	32,0	1.520,00 €	126,67 €
2011	30,4	1.444,00 €	120,33 €
2012	28,8	1.368,00 €	114,00 €
2013	27,2	1.292,00 €	107,67 €
2014	25,6	1.216,00 €	101,33 €
2015	24,0	1.140,00 €	95,00 €
2016	22,4	1.064,00 €	88,67 €
2017	20,8	988,00 €	82,33 €
2018	19,2	912,00 €	76,00 €
2019	17,6	836,00 €	69,67 €
2020	16,0	760,00 €	63,33 €
2021	15,2	722,00 €	60,17 €
2022	14,4	684,00 €	57,00 €
2023	14,0	665,00 €	55,42 €
2024	13,6	646,00 €	53,83 €
2025	13,2	627,00 €	52,25 €
2026	12,8	608,00 €	50,67 €
2027	12,4	589,00 €	49,08 €
2028	12,0	570,00 €	47,50 €
2029	11,6	551,00 €	45,92 €
2030	11,2	532,00 €	44,33 €
2031	10,8	513,00 €	42,75 €
2032	10,4	494,00 €	41,17 €
2033	10,0	475,00 €	39,58 €
2034	9,6	456,00 €	38,00 €
2035	9,2	437,00 €	36,42 €
2036	8,8	418,00 €	34,83 €
2037	8,4	399,00 €	33,25 €
2038	8,0	380,00 €	31,67 €
2039	7,6	361,00 €	30,08 €
2040	7,2	342,00 €	28,50 €
2041	6,8	323,00 €	26,92 €
2042	6,4	304,00 €	25,33 €
2043	6,0	285,00 €	23,75 €
2044	5,6	266,00 €	22,17 €
2045	5,2	247,00 €	20,58 €
2046	4,8	228,00 €	19,00 €
2047	4,4	209,00 €	17,42 €
2048	4,0	190,00 €	15,83 €
2049	3,6	171,00 €	14,25 €
2050	3,2	152,00 €	12,67 €
2051	2,8	133,00 €	11,08 €
2052	2,4	114,00 €	9,50 €
2053	2,0	95,00 €	7,92 €
2054	1,6	76,00 €	6,33 €
2055	1,2	57,00 €	4,75 €
2056	0,8	38,00 €	3,17 €
2057	0,4	19,00 €	1,58 €
2058	0,0	0,00 €	0,00 €

Auszug aus der Pfändungstabelle (01.07.2023 bis 30.06.2024)

monatliches Nettoeinkommen in €	pfändbarer Betrag in € nach Anzahl der unterhaltspflichtigen Personen					
bis	0	1	2	3	4	5
1409,99	0,00	0,00	0,00	0,00	0,00	0,00
1419,99	5,40	0,00	0,00	0,00	0,00	0,00
1429,99	12,40	0,00	0,00	0,00	0,00	0,00
1439,99	19,40	0,00	0,00	0,00	0,00	0,00
1449,99	26,40	0,00	0,00	0,00	0,00	0,00
1949,99	376,40	4,98	0,00	0,00	0,00	0,00
1959,99	383,40	9,98	0,00	0,00	0,00	0,00
1969,99	390,40	14,98	0,00	0,00	0,00	0,00
1979,99	397,40	19,98	0,00	0,00	0,00	0,00
1989,99	404,40	24,98	0,00	0,00	0,00	0,00
2239,99	579,40	149,98	2,38	0,00	0,00	0,00
2249,99	586,40	154,98	6,38	0,00	0,00	0,00
2259,99	593,40	159,98	10,38	0,00	0,00	0,00
2269,99	600,40	164,98	14,38	0,00	0,00	0,00
2279,99	607,40	169,98	18,38	0,00	0,00	0,00
2529,99	782,40	294,98	118,38	0,58	0,00	0,00
2539,99	789,40	299,98	122,38	3,58	0,00	0,00
2549,99	796,40	304,98	126,38	6,58	0,00	0,00
2559,99	803,40	309,98	130,38	9,58	0,00	0,00
2569,99	810,40	314,98	134,38	12,58	0,00	0,00
2829,99	992,40	444,98	238,38	90,58	1,58	0,00
2839,99	999,40	449,98	242,38	93,58	3,58	0,00
2849,99	1006,40	454,98	246,38	96,58	5,58	0,00
2859,99	1013,40	459,98	250,38	99,58	7,58	0,00
2869,99	1020,40	464,98	254,38	102,58	9,58	0,00
3119,99	1195,40	589,98	354,38	177,58	59,58	0,39
3129,99	1202,40	594,98	358,38	180,58	61,58	1,39
3139,99	1209,40	599,98	362,38	183,58	63,58	2,39
3149,99	1216,40	604,98	366,38	186,58	65,58	3,39
3159,99	1223,40	609,98	370,38	189,58	67,58	4,39
4279,99	2007,40	1169,98	818,38	525,58	291,58	116,39
4289,99	2014,40	1174,98	822,38	528,58	293,58	117,39
4298,81	2021,40	1179,98	826,38	531,58	295,58	118,39

Der Mehrbetrag über 4.298,81 € ist voll pfändbar.

Übersicht zur steuer- und sozialversicherungsrechtlichen Behandlung von Beiträgen zur betrieblichen Altersvorsorge

Unterstützungs-kasse	vollständig **steuerfrei**	zusätzlich durch AG	vollständig **beitragsfrei**
		durch Entgeltumwandlung	**beitragsfrei bis zu 4 %** der BBG der RV (West)

Pensionsfond	**steuerfrei bis zu 8 %** der BBG der RV (West) ab 01.01.2005: Freibetrag gilt bei AG-Wechsel pro AG im ersten Arbeitsverhältnis	zusätzlich durch AG	**beitragsfrei bis zu 4 %** der BBG der RV (West)
		durch Entgeltumwandlung	**beitragsfrei bis zu 4 %** der BBG der RV (West)
	daüber hinaus: **individuell** zu versteuern		**beitragspflichtig**

Pensionskasse (kapitalgedeckt) erstes Dienstverhältnis pro Kalenderjahr	**steuerfrei bis zu 8 %** der BBG der RV (West)	zusätzlich durch AG	**beitragsfrei bis zu 4 %** der BBG der RV (West)
		durch Entgeltumwandlung	**beitragsfrei bis zu 4 %** der BBG der RV (West)
	bis **1.752,00 € / 2.148,00 € (Gruppen) mit 20 % pauschalierbar (auf steuerfreien Betrag anzurechnen)**	zusätzlich durch AG	**beitragsfrei**, soweit pauschal versteuert
		durch Gehaltsumwandlung	nur aus Einmalentgelt **beitragsfrei**, soweit pauschal versteuert
	darüber hinaus: **individuell** zu versteuern		**beitragspflichtig**
	Behandlung ab 01.01.2005 (auch Altverträge, da Verzicht auf Steuerfreiheit nicht möglich)		
	steuerfrei bis zu 8 % der BBG der RV (West)	zusätzlich durch AG	beitragsfrei bis zu 4 % der BBG der RV (West)
	Freibetrag gilt bei AGWechsel pro AG im ersten Dienstverhältnis	durch Gehaltsumwandlung	**beitragsfrei bis zu 4 %** der BBG der RV (West)
	darüber hinaus: **individuell** zu versteuern		**beitragspflichtig**

Direktversicherung je erstes Arbeitsverhältnis pro Kalenderjahr	**Altverträge bis 31.12.2004** und Verzicht auf Steuerfreiheit ab 01.01.2005 – vorzulegen bis 30.06.2005		
	bis **1.752,00 € /2.148,00 € (Gruppen) mit 20 % pauschalierbar (auf steuerfreien Betrag anzurechnen)**	zusätzlich durch AG	**beitragsfrei**, soweit pauschal versteuert
		durch Entgeltumwandlung	nur aus Einmalentgelt **beitragsfrei**, soweit pauschal versteuert
	darüber hinaus: **individuell** zu versteuern		**beitragspflichtig**
	Neuverträge ab 01.01.2005 bzw. entsprechende Altverträge ab 01.01.2005 ohne Verzichtserklärung des AN		
	steuerfrei bis zu 8 % der BBG der RV (West)	zusätzlich durch AG	**beitragsfrei bis zu 4 %** der BBG der RV (West)
	Freibetrag gilt bei AG-Wechsel pro AG im ersten Dienstverhältnis	durch Entgeltumwandlung	**beitragsfrei bis zu 4 %** der BBG der RV (West)
	darüber hinaus: **individuell** zu versteuern		**beitragspflichtig**

Tarifpartnermodell, Sozialpartnermodell ab 01.01.2018	**steuerfrei bis zu 8 %** der BBG der RV (West)	durch Entgeltumwandlung	**beitragsfrei bis zu 4 %** der BBG der RV (West)
	daüber hinaus: **individuell** zu versteuern		**beitragspflichtig**

Glossar

Abzugsbeträge
Als gesetzliche Abzugsbeträge werden die Steuern und Abgaben bezeichnet, die der Arbeitgeber im Rahmen der Lohn- und Gehaltsabrechnung vom Gesamt-Brutto eines Arbeitnehmers abzieht und an das Finanzamt bzw. die Krankenkasse abführt. Dazu gehören die Lohnsteuer, die Kirchensteuer und der Solidaritätszuschlag sowie die Beiträge zur gesetzlichen Sozialversicherung.

Arbeitgeber
Arbeitgeber ist, wer einen Arbeitnehmer in einem Arbeitsverhältnis beschäftigt und dabei Gläubiger von Arbeitsleistung und Schuldner von Arbeitsentgelt ist. Arbeitgeber können u. a. Unternehmen, Freiberufler, Gewerbetreibende, Kommunen, Länder und der Bund sowie Privathaushalte sein.

Arbeitnehmer
Arbeitnehmer ist, wer sich vertraglich gegenüber einem Anderen gegen Entgelt zur Leistung von Diensten verpflichtet hat und dabei in einer persönlichen Abhängigkeit zum Arbeitgeber steht, d. h. den Weisungen des Arbeitgebers unterliegt, fest in die Arbeitsorganisation eines Betriebes eingebunden ist und kein eigenes unternehmerisches Risiko trägt.

Arbeitsentgelt / Arbeitslohn
Arbeitsentgelt ist die Vergütung, die ein Arbeitnehmer im Rahmen eines Arbeitsverhältnisses vom Arbeitgeber für seine Arbeitsleistung erhält. Das steuer- und sozialversicherungspflichtige Gesamt-Brutto dient als Bemessungsgrundlage zur Berechnung der gesetzlichen Abzugsbeträge. Arbeitsentgelt kann in Form von Geldleistungen oder Sachbezügen als laufende oder einmalige Zahlung erbracht werden.

Arbeitslosenversicherung
Die Arbeitslosenversicherung ist ein Zweig der gesetzlichen Sozialversicherung. Sie sichert unter bestimmten Voraussetzungen das Risiko einer Arbeitslosigkeit ab. Träger ist die Bundesagentur für Arbeit.

Arbeitsverhältnis
Als Arbeitsverhältnis wird ein vertraglich geregeltes Beschäftigungsverhältnis zwischen einem Arbeitnehmer und einem Arbeitgeber bezeichnet.

Beitragsbemessungsgrenze
In den einzelnen Zweigen der Sozialversicherung sind jeweils nur Beiträge auf Arbeitsentgelt bis zu einer Höchstgrenze zu leisten. Entgelte, die über diese Beitragsbemessungsgrenze hinaus gehen, sind beitragsfrei in der Sozialversicherung.

Bemessungsgrundlage
Als Bemessungsgrundlage wird der Entgeltbetrag bezeichnet, der als Berechnungsbasis für eine Erhebung von Steuern oder Sozialversicherungsbeiträgen dient. Man spricht in diesem Zusammenhang auch vom Gesamt-Brutto.

Bezugsgröße
Die Bezugsgröße ist eine Rechengröße, aus der andere sozialversicherungsrechtliche Werte berechnet werden. Sie entspricht dem Durchschnittsentgelt aller in der gesetzlichen Rentenversicherung versicherten Arbeitnehmer im vorvergangenen Kalenderjahr, aufgerundet auf den nächsthöheren, durch 420 teilbaren Betrag. Für das Jahr 2024 beträgt der Mindestbetrag 265,13 € (West 42.420,00 € : 160) bzw. 258,88 € (Ost 41.580,00 € : 160).

Direktversicherung
Die Direktversicherung ist eine Form der betrieblichen Altersvorsorge, bei der Beiträge in eine Kapitallebensversicherung oder Rentenversicherung eingezahlt werden.

Einmalzahlung / sonstiger Bezug / Einmalentgelt
Einmalzahlungen (steuerrechtlich sonstige Bezüge genannt) sind Entgeltbestandteile, die nicht fortlaufend (z. B. monatlich) sondern nur einmalig gezahlt werden. Darunter fallen z. B. Weihnachtsgeld, Urlaubsgeld, Abfindungen usw.

ELStAM-Datei
In der ELStAM-Datei sind die persönlichen Daten und die Lohnsteuerabzugsmerkmale eines Arbeitnehmers eingetragen.

Entgeltfortzahlung
Arbeitgeber sind gesetzlich verpflichtet Arbeitsentgelt für bestimmte Ausfallzeiten zu zahlen, so als hätte der Arbeitnehmer in diesem Zeitraum gearbeitet. Dazu gehören gesetzliche Feiertage, krankheitsbedingte Arbeitsunfähigkeit, bezahlter Erholungsurlaub und Mutterschutzzeiten.

Freibetrag
Ein Freibetrag ist ein Betrag, der bei der Besteuerung immer steuerfrei bleibt, er mindert die Steuerbemessungsgrundlage. Bei Überschreitung des Freibetrags muss - im Gegensatz zur Freigrenze - nicht der gesamte Betrag versteuert werden, sondern nur der Betrag, der den Freibetrag übersteigt.

Freigrenze
Eine Freigrenze ist ein Betrag, bis zu welchem die Besteuerung steuerfrei bleibt. Bei Überschreitung der Freigrenze muss - im Gegensatz zum Freibetrag - der Gesamtbetrag versteuert werden.

Geringfügig entlohnte Beschäftigte
Beschäftigungsverhältnisse, die mit einem monatlichen Entgelt von höchstens 538,00 € vergütet werden, sind so genannte geringfügig entlohnte Beschäftigungsverhältnisse. Sie unterliegen in der Steuer und Sozialversicherung besonderen Ermäßigungen und Erhebungsverfahren.

Kirchensteuer
Bestimmte Religionsgemeinschaften sind in Deutschland berechtigt von ihren Mitgliedern Kirchensteuer zu erheben. Sie wird als Zuschlagsteuer beim Lohnsteuerabzugsverfahren vom Arbeitgeber einbehalten und an das Betriebsstättenfinanzamt abgeführt. Bemessungsgrundlage ist der Lohnsteuerbetrag.

Krankenversicherung
Die Krankenversicherung ist ein Zweig der gesetzlichen Sozialversicherung. Sie sichert die allgemeine ärztliche und zahnärztliche Versorgung der Mitglieder ab. Träger sind die Allgemeinen Ortskrankenkassen (AOK), Ersatzkassen (DAK, KKH, Barmer), Innungskrankenkasse (IKK), Betriebskrankenkasse (BKK), Deutsche Rentenversicherung Knappschaft-Bahn-See, See-Krankenkasse, Landwirtschaftliche Krankenkasse und die Künstlersozialkasse.

Künstlersozialkasse
Die Künstlersozialkasse ist ein Geschäftsbereich der Unfallversicherung Bund und Bahn und ist verantwortlich für die Kontrolle der Einhaltung und Umsetzung der Künstlersozialversicherungsgesetze.

Künstlersozialversicherung
Die Künstlersozialversicherung ist Teil der gesetzlichen Sozialversicherung, speziell für Künstler und Publizisten.

Kurzfristig Beschäftigte

Kurzfristige Beschäftigungsverhältnisse sind im Sozialversicherungsrecht solche Arbeitsverhältnisse, die von vornherein auf drei Monate oder 70 Arbeitstage im Jahr begrenzt sind und nicht berufsmäßig ausgeübt werden. Das Steuerrecht definiert kurzfristige Beschäftigungen als Arbeitsverhältnisse, die nur gelegentlich und nicht mehr als 18 zusammenhängende Arbeitstage bestehen und deren Vergütung einen Stundenlohn von 19,00 € und 150,00 € pro Arbeitstag durchschnittlich nicht übersteigt.

Lohnsteuer

Die Lohnsteuer ist eine besondere Erhebungsform der Einkommensteuer auf das Arbeitsentgelt abhängig beschäftigter Arbeitnehmer. Bemessungsgrundlage ist der steuerpflichtige Bruttoarbeitslohn.

Lohnsteuerabzug

Im Lohnsteuerabzugsverfahren errechnet der Arbeitgeber für jeden seiner Arbeitnehmer auf Basis des steuerpflichtigen Bruttoarbeitslohns und der persönlichen Lohnsteuerabzugsmerkmale die Steuerabzugsbeträge, die vom Bruttoentgelt einbehalten und an das zuständige Finanzamt abgeführt werden.

Lohnsteuerklassen

Arbeitnehmer sind in so genannte Lohnsteuerklassen eingeteilt. Je nach Steuerklasse unterscheidet sich der Lohnsteuersatz und somit die monatliche Steuerbelastung durch den Lohnsteuerabzug. Durch die unterschiedlichen Steuerklassen werden z. B. Familien durch den Gesetzgeber steuerlich begünstigt.

Lohnsteuertabelle

Die Lohnsteuertabelle (Tages-, Monats- oder Jahreslohnsteuertabelle) dient dem Arbeitgeber zur korrekten Ermittlung der Steuerabzugsbeträge im Rahmen des Lohnsteuerabzugsverfahrens.

Meldungen

Für jeden Arbeitnehmer hat der Arbeitgeber bestimmte Sachverhalte (Bruttoentgelte, Beginn, Ende, Änderungen des Arbeitsverhältnisses usw.) der zuständigen Krankenkasse zu melden. Es sind insbesondere An- und Abmeldungen, Unterbrechungsmeldungen, Änderungsmeldungen und Jahresmeldungen zu erstatten.

Mindestlohn

Ab 01.01.2024 hat jeder Arbeitnehmer Anspruch auf einen Mindestlohn in Höhe von 12,41 €. (*Sonderregelungen siehe Kapitel 1.2 im Lehrbuch Lohn für Einsteiger*). Eine Erhöhung kann alle zwei Jahre durch die Mindestlohnkommission erfolgen.

Nettolohn / Nettoverdienst

Das um die gesetzlichen Abzugsbeträge geminderte Gesamt-Brutto wird als Nettolohn bzw. Nettoverdienst bezeichnet. Vom Nettolohn können in der Gehaltsabrechnung weitere Beträge abgezogen oder hinzugerechnet werden, um den auszuzahlenden Betrag zu erhalten.

Pauschale Lohnsteuer

Der Gesetzgeber ermöglicht für bestimmte Entgeltbestandteile eine pauschale Erhebung der Lohnsteuer. Die Steuerabzugsbeträge werden dann nicht anhand der individuellen Lohnsteuerabzugsmerkmale ermittelt, sondern mit einem pauschalen Steuersatz abgezogen. Mit festen Sätzen pauschal versteuerter Arbeitslohn ist in den meisten Fällen beitragsfrei in der Sozialversicherung.

Pflegeversicherung

Die Pflegeversicherung ist ein Zweig der gesetzlichen Sozialversicherung. Sie sichert die Versorgung der Mitglieder im Pflegefall ab. Träger sind die Pflegekassen der gesetzlichen Krankenkassen.

Progressionsvorbehalt

Bezüge, die dem Progressionsvorbehalt unterliegen sind zwar selbst steuerfrei, erhöhen aber die Steuer auf übrige steuerpflichtige Einkünfte.

Rentenversicherung

Die Rentenversicherung ist ein Zweig der gesetzlichen Sozialversicherung. Sie sichert das wirtschaftliche Risiko im Alter durch eine Altersrente und eine vollständige oder teilweise Erwerbsunfähigkeit durch eine Erwerbsminderungsrente ab. Träger sind die Landes- und Bundesversicherungsanstalten und die Knappschaft-Bahn-See.

Sachbezug

Als Sachbezüge werden geldwerte Vorteile bezeichnet, die einem Arbeitnehmer aus einem Arbeitsverhältnis zufließen. Darunter fallen z. B. die private Nutzung eines Firmenwagens, kostenlose Verpflegung oder eine kostenlose Unterkunft.

Solidaritätszuschlag

Der Solidaritätszuschlag wird als Zuschlagssteuer beim Lohnsteuerabzugsverfahren vom Arbeitgeber einbehalten und an das Betriebsstättenfinanzamt abgeführt. Bemessungsgrundlage ist der Lohnsteuerbetrag. Es gibt Freigrenzen bis zu denen kein Solidaritätszuschlag erhoben wird. Werden diese Freigrenzen überschritten setzt die Milderungszone ein. Innerhalb dieser Milderungszone erhöht sich der Prozentsatz zur Berechnung des Solidaritätszuschlages von 0 % auf 5,5 %. Ab den Jahreslohnsteuerbeträgen von 33.710,00 € (Lohnsteuerklassen I, II, IV, V, VI) und 67.420,00 € (Lohnsteuerklasse III) beträgt der Zuschlagssatz 5,5 %.

Sozialversicherung

Die gesetzliche Sozialversicherung besteht aus den fünf Zweigen Kranken-, Pflege-, Renten-, Arbeitslosen- und Unfallversicherung. Die Beiträge werden auf der Bemessungsgrundlage des Bruttoentgeltes erhoben und von Arbeitnehmer und Arbeitgeber je zur Hälfte getragen. Ausnahme ist die gesetzliche Unfallversicherung, deren Beiträge allein der Arbeitgeber bezahlt.

Steuerabzugsbeträge

Die Steuerabzugsbeträge setzen sich aus der abzuführenden Lohnsteuer, der Kirchensteuer und dem Solidaritätszuschlag zusammen.

Übergangsbereich

Als Übergangsbereich wird das monatliche Arbeitsentgelt zwischen 538,01 € und 2.000,00 € bezeichnet. Anhand einer besonderen Berechnungsformel werden für diese Entgelte die Arbeitnehmerbeiträge zur Sozialversicherung auf Basis einer verminderten Bemessungsgrundlage erhoben.

Umlagen

Kleine und mittlere Betriebe sind zur Teilnahme an den Lohnfortzahlungsversicherungen verpflichtet. Gegen die Zahlung der Umlagen U1 und U2 erhalten Sie von der Ausgleichskasse die Aufwendungen für Lohnfortzahlungen im Krankheitsfall und bei Mutterschutz teilweise oder vollständig erstattet. Eine weitere Umlage ist die Insolvenzgeldumlage (U3). Umlagepflichtig sind alle Arbeitgeber; ausgenommen von der U3 sind Privathaushalte, der Bund, Länder und Gemeinden sowie Körperschaften, Stiftungen und Anstalten des öffentlichen Rechts (über deren Vermögen ist ein Insolvenzverfahren nicht zulässig).

Im Falle der Zahlungsunfähigkeit eines Arbeitgebers haben Arbeitnehmer Anspruch auf Ersatz des nicht gezahlten Arbeitslohns für die letzten 3 Monate vor Eröffnung des Insolvenzverfahrens von der Bundesagentur für Arbeit.

Abkürzungsverzeichnis

AAG	Aufwendungsausgleichgesetz
AEntG	Arbeitnehmer-Entsendegesetz
AGG	Allgemeines Gleichbehandlungsgesetz
AltEinkG	Alterseinkünftegesetz
AltTZG	Altersteilzeitgesetz
ArbnErfG	Arbeitnehmererfindungsgesetz
ArbZG	Arbeitszeitgesetz
ArbZAbsichG	Gesetz zur sozialrechtlichen Absicherung flexibler Arbeitszeitregelungen
AUV	Auslandsumzugsverordnung
AÜG	Arbeiterüberlassungsgesetz
AV	Arbeitslosenversicherung
BAföG	Bundesausbildungsförderungsgesetz
BAFzA	Bundesamt für Familie und zivilgesellschaftliche Aufgaben
bAV	betriebliche Altersvorsorge
BBG	Beitragsbemessungsgrenze
BBiG	Berufsbildungsgesetz
BEEG	Bundeselterngeld- und Elternzeitgesetz
BerzGG	Bundeserziehungsgesetz
BetrAVG	Gesetz zur Verbesserung der betrieblichen Altersvorsorge
BFH	Bundesfinanzhof
BFM	Bundesfinanzministerium
BGB	Bürgerliches Gesetzbuch
BKEG	Bürokratieentlassungsgesetz
BMG	Beitragsbemessungsgrundlage
BpO	Betriebsprüfungsordnung
BRKG	Bundesreisekostengesetz
BRSG	Betriebsrentenstärkungsgesetz
BUG	Bildungsurlaubsgesetz
BürgEntlG	Bürgerentlastungsgesetz
BurlG	Bundesurlaubsgesetz
BUKG	Bundesumzugskostengesetz
BVV	Beitragsverfahrensverordnung
BZSt	Bundeszentralamt für Steuern
DBA	Doppelbesteuerungsabkommen
DEÜV	Datenerfassungs- und -übermittlungsverordnung
DSRV	Datenstelle der Rentenversicherung
DTA EEL	Datenaustausch Entgeltersatzleistungen
DV	Direktversicherung
eAU	elektronische Arbeitsunfähigkeitsbescheinigung
EBV	Entgeltbescheinigungsverordnung
eGK	elektronische Gesundheitskarte
EntgFG	Entgeltfortzahlungsgesetz
ElStAM	elektronische Lohnsteuerabzugsmerkmale
EmoG	Elektromobilitätsgesetz
EStG	Einkommensteuergesetz
eTIN	elektronische Transfer-Identifikations-Nummer
euBP	elektronisch unterstützte Betriebsprüfung
ev	evangelisch
EZulV	Erschwerniszulagenverordnung
FELEG	Gesetz zur Förderung der Einstellung der landwirtschaftlichen Erwerbstätigkeit
FPfZG	Familienpflegezeitgesetz
GKV	Gesetzliche Krankenversicherung
GoBD	Grundsätze zur ordnungsgemäßen Führung und Aufbewahrung von Büchern, Aufzeichnungen und Unterlagen in elektronischer Form sowie zum Datenzugriff
GVWG	Gesundheitsversorgungsweiterentwicklungsgesetz
gwV	geldwerter Vorteil
HGB	Handelsgesetzbuch
IfSG	Infektionsschutzgesetz
JAEG	Jahresarbeitsentgeltgrenze
JAL	Jahresarbeitslohn
KiSt	Kirchensteuer
KldB	Klassifikation der Berufe
KSAStabG	Künstlersozialabgabestabilisierungsgesetz
KSchG	Kündigungsschutzgesetz
KSK	Künstlersozialkasse
KSVG	Künstlersozialversicherungsgesetz
KuG	Kurzarbeitergeld
KugverlV	Kurzarbeitergeldverlängerungsverordnung
KugZuV	Kurzarbeitergeldzugangsverordnung
KV	Krankenversicherung
LSt	Lohnsteuer
LStDV	Lohnsteuerdurchführungsverordnung
LStK	Lohnsteuerkarte
LStR	Lohnsteuerrichtlinie
LStÄR	Lohnsteueränderungsrichtlinie
MiLoG	Mindestlohngesetz
MuSchG	Mutterschutzgesetz
NachwG	Nachweisgesetz
PflegeZG	Pflegezeitgesetz
PAP	Programmablaufplan
PV	Pflegeversicherung
rk	römisch-katholisch
RV	Rentenversicherung
Saison-KuG	Saisonkurzarbeitergeld
Schwarz-ArbG	Schwarzarbeitsbekämpfungsgesetz
SvEV	Sozialversicherungsentgeltverordnung
SGB	Sozialgesetzbuch
SolZ	Solidaritätszuschlag
SolzG	Solidaritätszuschlaggesetz
Stkl	Lohnsteuerklasse
SvEV	Sozialversicherungsentgeltverordnung
TVG	Tarifvertragsgesetz
TzBfG	Teilzeit- und Befristungsgesetz
USG	Unterhaltssicherungsgesetz
USt	Umsatzsteuer
UVB	Unfallversicherung Bund und Bahn
vwL	vermögenswirksame Leistungen
ZAG	Zahlungsdiensteaufsichtsgesetz
ZPO	Zivilprozessordnung

Internetseiten

www.arbeitsagentur.de

www.bildungsurlaub.de

www.bgbl.de (Bundesgesetzblatt)

www.bundesanzeiger-verlag.de

www.bundesfinanzministerium.de

www.deutsche-rentenversicherung.de

www.gesetze-im-internet.de

www.juris.de (Onlineportal für Rechtsinformationen)

www.kbs.de (Knappschaft-Bahn-See)

www.kirchensteuerinfo.de

www.kuenstlersozialkasse.de

www.mindestlohn-kommission.de

www.uv-bund-bahn.de (Unfallversicherung Bund und Bahn)

www.zoll.de

Sachwortverzeichnis

Xpert Business

Titel	Preis*	ISBN/Bestellnr.
Finanzbuchführung 1	24,95 €	978-3-86718-500-4
Finanzbuchführung 1 - Übungen und Musterklausuren	27,95 €	978-3-86718-550-9
Finanzbuchführung 2	24,95 €	978-3-86718-501-1
Finanzbuchführung 2 - Übungen und Musterklausuren	27,95 €	978-3-86718-551-6
Finanzbuchführung mit Lexware	25,95 €	978-3-86718-502-8
Finanzbuchführung mit DATEV	25,95 €	978-3-86718-592-9
DATEV für Mittelstand	25,95 €	978-3-86718-599-8
Intensivkurs Finanzbuchführung - Betriebliche Übungsfallstudie	19,95 €	978-3-86718-594-3
Up-To-Date 2024 - Finanzbuchführung	12,95 €	978-3-86718-033-7
Einnahmen-Überschussrechnung	24,95 €	978-3-86718-598-1
Intensivkurs Lohn und Gehalt - Betriebliche Übungsfallstudie	19,95 €	978-3-86718-597-4
Lohn und Gehalt 1	25,95 €	978-3-86718-503-5
Lohn und Gehalt 1 - Übungen und Musterklausuren	27,95 €	978-3-86718-553-0
Lohn und Gehalt 2	25,95 €	978-3-86718-504-2
Lohn und Gehalt 2 - Übungen und Musterklausuren	27,95 €	978-3-86718-554-7
Lohn und Gehalt mit Lexware	25,95 €	978-3-86718-505-9
Lohn und Gehalt mit DATEV	25,95 €	978-3-86718-595-0
Up-To-Date 2024 - Lohn und Gehalt	12,95 €	978-3-86718-034-4
Personalwirtschaft	25,95 €	978-3-86718-512-7
Personalwirtschaft - Übungen und Musterklausuren	25,95 €	978-3-86718-562-2
Kosten- und Leistungsrechnung	25,95 €	978-3-86718-511-0
Kosten- und Leistungsrechnung - Übungen und Musterklausuren	19,95 €	978-3-86718-561-5
Controlling	27,95 €	978-3-86718-508-0
Controlling - Übungen und Musterklausuren	25,95 €	978-3-86718-558-5
Bilanzierung	27,95 €	978-3-86718-507-3
Bilanzierung - Übungen und Musterklausuren	25,95 €	978-3-86718-557-8
Betriebliche Steuerpraxis	29,95 €	978-3-86718-515-8
Finanzwirtschaft	25,95 €	978-3-86718-510-3
Finanzwirtschaft - Übungen und Musterklausuren	25,95 €	978-3-86718-560-8

Xpert Business
WirtschaftsWissen

Titel	Preis*	ISBN/Bestellnr.
Systeme und Funktionen der Wirtschaft	17,95 €	978-3-86718-600-1
Wirtschafts- und Vertragsrecht	17,95 €	978-3-86718-601-8
Unternehmensorganisation und -führung	17,95 €	978-3-86718-602-5
Produktion, Materialwirtschaft und Qualitätsmanagement	17,95 €	978-3-86718-603-2
Finanzen und Steuern	17,95 €	978-3-86718-604-9
Marketing und Vertrieb	17,95 €	978-3-86718-605-6
Personal- und Arbeitsrecht	17,95 €	978-3-86718-606-3
Rechnungswesen und Kostenrechnung	17,95 €	978-3-86718-607-0
Betriebswirtschaft kompakt	29,95 €	978-3-86718-613-1
WirtschaftsWissen plus	29,95 €	978-3-86718-614-8

* Preise inkl. MWSt., Änderungen vorbehalten. Aktuelle Preise finden Sie auf https://edumedia.de/shop

Xpert personal business skills

Titel	Preis*	ISBN/Bestellnr.
Wirksam vortragen - Rhetorik 1	17,95 €	978-3-86718-080-1
Erfolgreich verhandeln - Rhetorik 2	17,95 €	978-3-86718-081-8
Zeit optimal nutzen - Zeitmanagment	17,95 €	978-3-86718-082-5
Erfolgreich verkaufen - Verkaufstraining	17,95 €	978-3-86718-083-2
Projekte realisieren - Projektmanagement	17,95 €	978-3-86718-084-9
Konflikte lösen - Konfliktmanagement	17,95 €	978-3-86718-085-6
Erfolgreich moderien - Moderationstraining	17,95 €	978-3-86718-086-3
Probleme lösen und Ideen entwickeln	17,95 €	978-3-86718-087-0
Kompetent entscheiden und verantwortungsbewusst handeln	17,95 €	978-3-86718-088-7
Teams erfolgreich entwickeln und leiten	17,95 €	978-3-86718-089-4
Präsentationen gekonnt durchführen	17,95 €	978-3-86718-091-7

Xpert culture communication skills

Titel	Preis*	ISBN/Bestellnr.
Interkulturelle Kompetenz	19,95 €	978-3-86718-200-3
Cross-cultural competence (englischsprachige Ausgabe)	19,95 €	978-3-86718-201-0
Interkulturelle Kompetenz in Gesundheit und Pflege	11,95 €	978-3-86718-203-4
Interkulturelle Kompetenz in der Verwaltung	16,95 €	978-3-86718-204-1
Leben und Arbeiten in Deutschland	11,95 €	978-3-86718-202-7

Büroorganisation

Titel	Preis*	ISBN/Bestellnr.
Büroorganisation, Chefassistenz und Arbeitsoptimierung	31,95 €	978-3-86718-404-5
LOTUS NOTES- und IT-Anwendungen	11,95 €	978-3-86718-401-4

* Preise inkl. MWSt., Änderungen vorbehalten. Aktuelle Preise finden Sie auf https://edumedia.de/shop

Wissenstrainer
Interaktive Lernsoftware

Programmversion		Preis ab**	ISBN/Bestellnr.
Wissenstrainer Xpert Business Finanzbuchführung 1	560 Wissenskontrollfragen	24,95 €	978-3-86718-970-5
Wissenstrainer Xpert Business Finanzbuchführung 2	558 Wissenskontrollfragen	24,95 €	978-3-86718-971-2

** Edu-Versionen (für berechtigte Kunden wie Schüler, Studenten, Lehrkräfte, Kursteilnehmer, Bildungseinrichtungen)

Buchungstrainer
Interaktive Lernsoftware

Programmversion		Preis ab*	ISBN/Bestellnr.
Buchungstrainer Xpert Business Finanzbuchführung 1	mit 250 Belegen	24,95 €	978-3-86718-930-9
	mit 500 Belegen	39,95 €	
	mit 750 Belegen (Bundle)	49,95 €	
Buchungstrainer Xpert Business Finanzbuchführung 2	mit 250 Belegen	24,95 €	978-3-86718-931-6
	mit 500 Belegen	39,95 €	
	mit 750 Belegen (Bundle)	49,95 €	

EduMedia Script Service

Titel	Preis*	ISBN/Bestellnr.
Buchführung Nachschlagewerk	19,90 €	978-386718-152-5
Buchführung - Aufgaben Version für Dozierende	22,40 €	978-386718-154-9
Buchführung - Aufgaben Version für Teilnehmende	16,60 €	978-386718-155-6
Einstieg in Finanzbuchhaltung mit DATEV Nachschlagewerk	13,40 €	978-386718-153-2
Einstieg in Finanzbuchhaltung mit DATEV - Fallstudien Version für Dozierende	17,90 €	978-386718-150-1
Einstieg in Finanzbuchhaltung mit DATEV - Fallstudien Version für Teilnehmende	16,40 €	978-386718-151-8
Einstieg in Lohn und Gehalt mit DATEV Nachschlagewerk	13,40 €	978-386718-158-7
Einstieg in Lohn und Gehalt mit DATEV - Fallstudien Version für Dozierende	18,40 €	978-386718-156-3
Einstieg in Lohn und Gehalt mit DATEV - Fallstudien Version für Teilnehmende	16,40 €	978-386718-157-0

* Preise inkl. MWSt., Änderungen vorbehalten. Aktuelle Preise finden Sie auf https://edumedia.de/shop